彩图 2.11

彩图 3.10

彩图 3.14

彩图 3.15

彩图 3.16

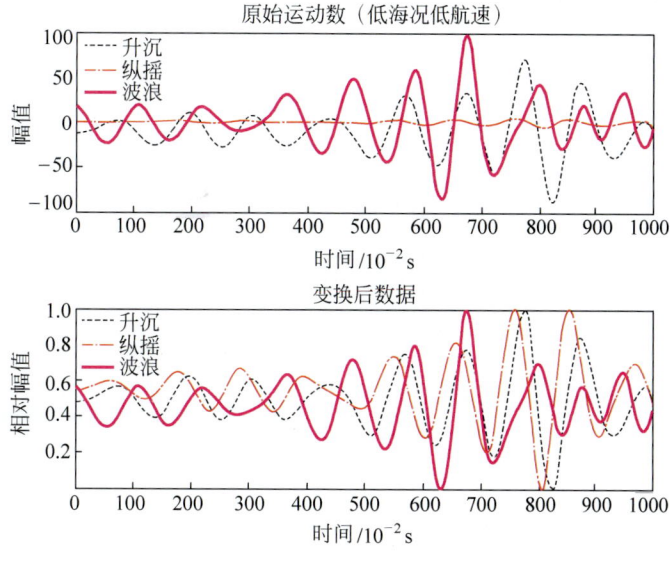

彩图 7.5

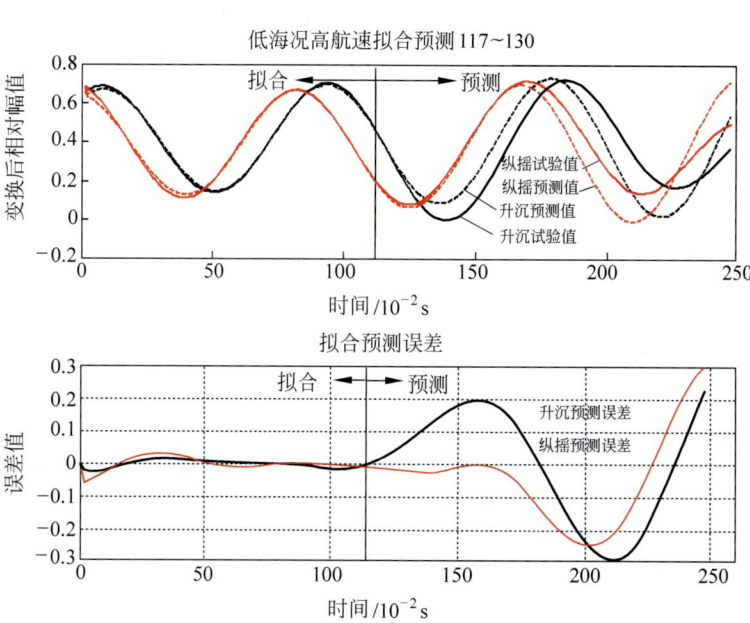

彩图 7.7

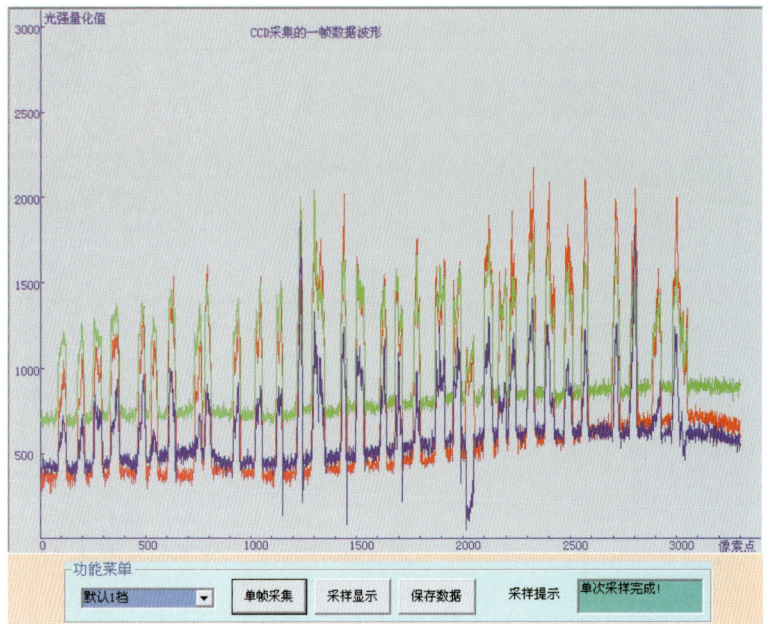

彩图 8.15

彩图 10.1

彩图 10.2

数学建模

沈继红 高振滨 张晓威 主编

清华大学出版社
北京

内容简介

快速发展的科技本质上是一种数学技术的跨越,因而越来越多的行业——有些是数学应用的非传统行业如社会学、生态学、农业学等——渴求数学的参与。本书从数学建模的产生开始,全面而细致地讲解数学建模在解决各类实际问题中的应用。本书力图打破数学建模的神秘感,各节完全从真实的问题入手,让读者体验从问题提出到数学建模再到问题解决的亲身感受。通过本书,读者可以掌握基本的数学建模过程、方法和技巧。我们试图通过本书使读者能够搭建起从客观世界到数学理论的一座桥梁,从而实现数学知识与客观问题的对接。

本书可作为大专院校本科生数学建模课程的教材,也可以作为工程技术人员自学的参考书籍。

版权所有,侵权必究。举报: 010-62782989, beiqinquan@tup.tsinghua.edu.cn。

图书在版编目(CIP)数据

数学建模 / 沈继红,高振滨,张晓威主编. —北京: 清华大学出版社,2011.10(2022.1重印)
ISBN 978-7-302-26357-9

Ⅰ. ①数… Ⅱ. ①沈… ②高… ③张… Ⅲ. ①数学模型 Ⅳ. ①O141.4

中国版本图书馆 CIP 数据核字(2011)第 156649 号

责任编辑: 石 磊　赵从棉
责任校对: 赵丽敏
责任印制: 曹婉颖

出版发行: 清华大学出版社
　　网　　址: http://www.tup.com.cn, http://www.wqbook.com
　　地　　址: 北京清华大学学研大厦 A 座　　邮　　编: 100084
　　社 总 机: 010-62770175　　邮　　购: 010-62786544
　　投稿与读者服务: 010-62776969, c-service@tup.tsinghua.edu.cn
　　质 量 反 馈: 010-62772015, zhiliang@tup.tsinghua.edu.cn
印 装 者: 三河市龙大印装有限公司
经　　销: 全国新华书店
开　　本: 185mm×230mm　　印　张: 13.25　　插 页: 2　　字　数: 293 千字
版　　次: 2011 年 10 月第 1 版　　印　次: 2022 年 1 月第 7 次印刷
定　　价: 39.00 元

产品编号: 042041-03

经常有人问我,什么叫数学建模? 我说,简单地讲,就是利用数学理论对实际问题进行模拟。 看到对方有些狐疑,我继续解释——比如 2010 年冰岛火山爆发,火山灰四处飘逸,造成英国、德国等许多欧洲国家的航班取消,有人在网上宣布,火山灰也会飘到中国,形成酸雨,劝大家下雨时一定躲避。 消息很快不胫而走,造成一定程度的恐慌。 这时,有专家辟谣,讲火山灰飘到中国已经微乎其微,根本形成不了酸雨。 到底哪种说法对? 得有一个科学的说法使人信服。 其实,火山灰的扩散是一个自然现象,可以建立一个数学模型对这样一个过程进行模拟,最终算出火山灰飘到中国的浓度,也自然会科学地回答你,中国是否会形成酸雨。 这个过程就是数学建模。

数学建模并不是新的概念,人类在不断认识自然并利用自然为自身造福的过程中,数学体系在逐步建立与完善,数学建模也一直伴随着人类解决自然界或生产实践中的各类难题。 20 世纪后半叶,数学开始全面介入到从日常生活到国际事务的方方面面,其应用领域已远远超出传统的力学、天文学等领域,逐步渗透到经济、社会、生态、农业、体育乃至军事活动中。

数学建模作为一门大学的数学课程,已经成为大部分高等学校的共识。 本书的作者从事数学建模的教学及竞赛辅导工作已有 20 年,对数学建模的教学有着诸多体会。 基于多年的教学经历,我们在撰写本书时极力突出以下几个特点。

(1) 结构上的数学化。 本书主要作为一本大学阶段的数学建模教科书,或者作为数学建模的一本入门教材,其基点落在引领读者梳理数学与客观世界的关系,或者说是沿着数学的脉络切入客观世界。 这样做看起来迎合了数学的特点,而实际上,多少有点与数学建模的真实含义背道而驰。 数学建模正常的思路应该是——先给出实际问题,然后从问题入手考虑如何对其建立数学模型。 但是,作为一本教材,我们考虑还是应该侧重于讲解如何搭建数学与客观世界的桥梁,从这个意义上讲,按照数学分支进行章节的分类更易于让读者对数学建模有一个整体的认识。

(2) 内容上的可读性。 当然,我们不想让结构上的安排混淆数学建模的真实含义。 实际上,我们在每个模型的编排上还是尽量还原客观问题的本来面目。 因此,每个数学模型都具有强烈的原问题驱动性。 从实际问题入手是叙述每个模型的基本特征。 换句话说,在每个模型中,问题是占有主导地位的,解决问题着重强调数学模型的建立,而数学理论的讲解则在其次。 在阐述数学的知识时,我们基本上采取说明式的方法阐述数学的原理和思想，省略了大量的定理证明。我们尽量在数学的描述上做到简练、实用。

（3）问题的时代真实感。我们还注意到，虽然数学理论是经典的，但数学建模完全可以具有时代性。我们希望书中的实际问题离读者不要太远，否则，客观问题的真实性会因为时代的久远而显得模糊。我们一方面搜集了生活中人们经常碰到的问题，同时也搜集了近些年发生的事情或实际问题，以使读者更能体会数学建模的应用性和威力。

从发展的角度讲，数学的知识是无限的。数学的应用与技巧千变万化，难以穷尽。因此，想通过大量的例子来涵盖数学建模的全部无异于九天揽月。我们希望通过本书尽量给读者一个整体的解决实际问题的数学建模过程。

数学建模涉及的数学分支众多，尤其是我们希望更多的新的东西加入到本书中来，因此，在编写这本书时吸收了许多教师的加入。本书由沈继红、高振滨及张晓威主编，罗跃生、朱磊、王淑娟、戴运桃、许丽艳、徐耀群、孙薇、衣凤岐、柴艳有、周双红、廉春波、郭金龙参与了编写，书中很多模型是作者们最近取得的成果。另外，一些研究生帮助整理了校对格式，在此表示感谢。

由于水平有限，书中的错误及疏漏之处在所难免，诚望专家和读者提出批评。

编　者
2011.6.4

目 录

第1章 数学建模概论 ································· 1

　1.1 数学模型概念 ································· 1
　1.2 一个简单的数学模型实例 ······················· 2
　1.3 建立模型的方法、步骤和模型的分类 ·············· 4
　1.4 开放性的数学思维 ····························· 5

第2章 初等模型 ····································· 7

　2.1 核竞争模型 ··································· 7
　2.2 方桌问题 ····································· 8
　2.3 音律的麻烦 ··································· 9
　2.4 市场稳定问题 ································ 12
　2.5 技术进步的作用 ······························ 15
　2.6 围棋模型 ···································· 17
　2.7 如何跑步节省能量 ···························· 21
　2.8 香肠配方问题 ································ 22
　2.9 斑点猫头鹰的生态危机 ························ 24

第3章 微分方程模型 ································ 27

　3.1 人口模型 ···································· 27
　3.2 捕鱼问题 ···································· 29
　3.3 广告模型 ···································· 31
　3.4 Vanmeegeren的艺术伪造品 ····················· 32
　3.5 观众厅地面的升起曲线 ························ 35
　3.6 越战的难题 ·································· 39
　3.7 地中海鲨鱼问题 ······························ 43
　3.8 克罗地亚的"绿色波浪" ························ 45
　3.9 交通堵塞问题 ································ 48

  3.10 动物表皮斑纹形成的猜想 ·················· 50
  3.11 木材含水量的测定 ······················ 52

第 4 章 数学规划模型 ····················· 56
  4.1 森林资源的合理开采 ····················· 56
  4.2 10 选 6＋1 体育彩票销售问题 ················ 59
  4.3 上海的经济增长为何要减缓 ·················· 61
  4.4 投资的选择 ························· 65

第 5 章 对策与决策模型 ···················· 69
  5.1 诺曼底战役的斗智斗勇 ···················· 69
  5.2 沿江企业的潜在风险 ····················· 74
  5.3 AIG 巨额奖金风波 ····················· 77
  5.4 污水处理厂建设费用的纠纷 ·················· 83

第 6 章 图论模型 ························ 87
  6.1 如何到世博园 ······················· 87
  6.2 频率分配问题 ······················· 90
  6.3 一种翻牌游戏 ······················· 91

第 7 章 不确定问题模型 ···················· 94
  7.1 运动员选材问题 ······················ 94
  7.2 船体分段的智能识别 ····················· 97
  7.3 双氰胺的生产 ······················· 103
  7.4 舰船运动极短期预报 ····················· 109
  7.5 船体可靠度和寿命模型 ···················· 113

第 8 章 现代方法模型 ····················· 119
  8.1 污染数字的识别 ······················ 119
  8.2 中国经济的弯道减速 ····················· 123
  8.3 变电站选址问题 ······················ 128
  8.4 航迹融合问题 ······················· 131
  8.5 旅行商问题 ························ 139
  8.6 大米的色选问题 ······················ 143

第 9 章 Mathematica 简介 ……………………………………………… 151

9.1 Mathematica 的集成环境及基本操作 …………………………… 151
9.2 Mathematica 表达式及其运算规则 ……………………………… 155
9.3 符号数学运算 ……………………………………………………… 163
9.4 数值分析 …………………………………………………………… 174
9.5 图形绘制 …………………………………………………………… 179
9.6 Mathematica 程序设计 …………………………………………… 183

第 10 章 建模实践问题 …………………………………………………… 190

参考文献 ……………………………………………………………………… 203

第1章 数学建模概论

我们以及我们的世界太需要数学了,但人们却往往视而不见。自从人类萌发了认识自然、改造自然之念,幻想着改造自然之时,数学便一直成为人们手中的有力武器。牛顿的万有引力定律、伽利略发明的望远镜让世界为之震惊,其关键理论却是数学。然而,社会的发展却使数学日益脱离自然的轨道,逐渐发展成高深莫测的"专项技巧"。数学被神化,同时,又被束之高阁。

近半个世纪以来,数学的形象有了很大的变化,数学已经不再单纯是数学家与少数物理学家、天文学家、力学家手中的神秘武器,它越来越深入地应用到各行各业之中,几乎在人类社会生活的每个角落都在显示它的无穷威力。这一点尤其表现在生物、政治、经济、体育乃至军事等数学应用的非传统领域。数学甚至可以渗透到人类难以琢磨的情感领域——《自然》杂志上登载了匈牙利与美国的科学家的一份研究报告,其内容是关于预测友谊是否会保持长久的一个数学公式。我们看到,数学不再仅仅作为一种工具和手段,而日益成为一种"技术"参与到实际问题中。近年来,随着计算机技术的不断进步,数学的应用更得到突飞猛进的发展。

利用数学方法解决实际问题时,首先要进行的工作是建立数学模型,然后才能在此模型的基础上对实际问题进行理论求解及分析。需要指出的是,虽然数学在解决实际问题时会起到关键的作用,但数学模型的建立要符合实际情况。建立一个符合实际情况的数学模型是我们解决实际问题的关键之一。

1.1 数学模型概念

或许我们对客观实际中的模型并不陌生。敌对双方在某地区作战时,都务必需要这个地区的主体作战地形模型;在采煤开矿或打井时,我们需要描述本地区的地质结构的地形图;出差或旅游到外地,总要买一张注明城市中各种地名及交通路线的交通图;而在编制计算机程序时,我们往往要先画出框图。我们看到,这些图能够简单明了地说明我们所需要事物的特征,从而帮助我们顺利地解决各种实际问题。

模型在我们的生活中也是无处不在的。进入科技展厅,我们会看到水电站模型、人造卫星模型;游逛魔幻城,我们会对各种几乎逼真的模拟物而惊诧万分;为了留念,我们会与美丽的风景一起留在照片上。还有各种动物或飞机、汽车等儿童玩具,这些以不同方式被缩小了的客观事物都是我们生活中极平常的模型。

一般地说,模型是我们所研究的客观事物有关属性的模拟,它应当具有事物中我们关心和需要的主要特性。

当然,数学模型较以上实物模型或形象模型复杂和抽象得多,它是运用数学的语言或工具,对部分现实世界的信息(现象、数据等)加以翻译、归纳的产物。数学模型经过演绎、求解以及推断,给出数学上的分析、预报、决策或控制,再经过翻译和解释,回到现实世界之中。

最后,这些推断或结果必须经过实际的检验,完成实践——理论——实践这一循环。如果检验的结果是正确的或基本正确的,即可用来指导实际,否则,要重新考虑翻译、归纳的过程,修改数学模型。

华盛顿大学的数学家詹姆斯·默里教授在2003年8月7日举行的一个国际会议上提出了两个简单的数学公式,并称可以根据这两个公式成功地预测新婚夫妇婚姻的牢固度。默里教授用10年的时间对100对夫妇进行了相关的测验。他让新婚夫妇与心理医生就性、孩子、金钱等话题进行交谈,并给新婚夫妇在谈话过程中的表情或手势打分。积极的反应加分,消极的反应则减分。默里教授根据这些分数进行分析研究,逐渐得出了针对丈夫及妻子的两个等式。根据两个等式的平衡性,就可预测夫妇二人今后的婚姻状况。这听起来有点儿悬,但默里教授称这种测验方法的准确率可以达到94%。作为一种模型,当然要经得起客观实际的考验。事实上,默里教授每隔两年就要对照参加测验的夫妇的婚姻状况来检测公式的正确性。

具体地说,作为一种数学方法,数学模型是为了某个特定的目的,在做出一些必要的简化假设下,运用适当的数学工具得到一个数学结构。它或者能够解释特定现象的现实性态,或者能够预测对象的未来性态,或者能够提供处理对象的最优决策或控制。

1.2 一个简单的数学模型实例

一辆汽车在拐弯时急刹车,结果冲到路边的沟里(见图1.1),交通警察立即赶到了事故现场。司机申辩说,当他进入弯道时刹车失灵,他还一口咬定,进入弯道时其车速为每小时40英里(这是该路的速度上限,约合每秒17.92 m)。警察验车时证实该车的制动器在事故发生时确实失灵,然而,司机所说的车速是否真实可信呢?

现在,让我们帮警察计算一下司机所报速度的真实性。

连接刹车痕迹的初始点和终点,用 x 表示沿连线汽车横向所走出的距离,用 y 表示竖直的距离,如图1.2及表1.1所示。

表 1.1   m

x	0	3	6	9	12	15	16.6	18	21	24	27	30	33.3
y	0	1.19	2.15	2.82	3.28	3.53	3.55	3.54	3.31	2.89	2.22	1.29	0

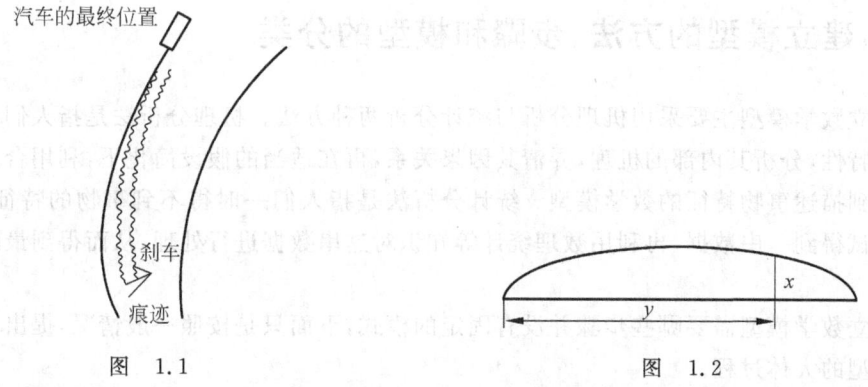

图 1.1   图 1.2

在上面的表中,我们给出了外侧刹车痕迹的有关值,而且,经过测量还发现,该车并没有偏离它所行驶的转弯路线,也就是说,它的车头一直指向切线方向。可以假设,该车的重心是沿一个半径为 r 的圆作圆周运动。另外,在出事过程中,制动器失灵,而司机又不可能去踩油门加速,因此,汽车在整个过程中无外力作用,我们可以进一步假设汽车的重心作匀速圆周运动。

假设摩擦力作用在该车速度的法线方向上,并设汽车的速度为 v。显然,摩擦力提供了向心力,设摩擦系数为 μ,则有

$$\mu m g = m \frac{v^2}{r}$$

其中 m 为汽车质量,g 为重力加速度。由上式易得

$$v = \sqrt{\mu g r} \tag{1-1}$$

如何计算圆周半径 r?如图 1.3 所示,假设已知弦的长度为 c,弓形的高度为 h,由勾股定理知

$$r^2 = (r-h)^2 + \left(\frac{c}{2}\right)^2$$

由表 1.1 中数据很容易算出 $c=33.27$,$h=3.55$ 后,得

$$r = 40.75 \text{ m}$$

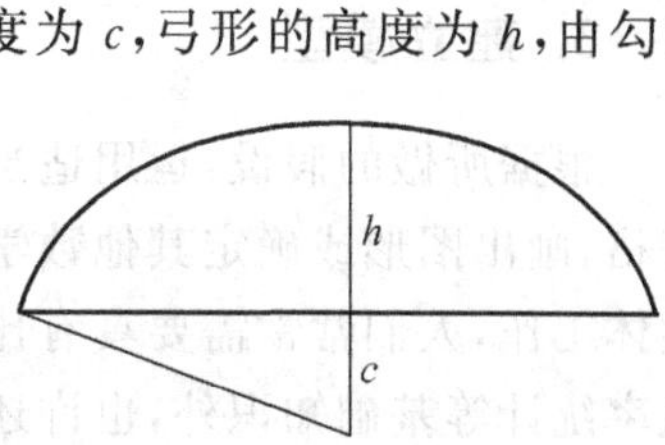

根据实际路面与汽车轮胎的情况,可以测量出摩擦系数 μ,经过实际测试得到

图 1.3

$$\mu g = 8.175 \text{ m/s}^2$$

将此结果代入式(1-1)中,得

$$v = 18.25 \text{ m/s}$$

此结果比司机所报速度(17.92 m/s)略大。但是,我们不得不考虑计算半径 r 及测试时的误差。如果误差允许在 10% 以内,无疑,计算结果对司机是相当有利的。

1.3 建立模型的方法、步骤和模型的分类

建立数学模型主要采用机理分析与统计分析两种方法。机理分析法是指人们根据客观事物的特性，分析其内部的机理，弄清其因果关系，再在适当的假设简化下，利用合适的数学工具得到描述事物特征的数学模型。统计分析法是指人们一时得不到事物的特征机理，便通过测试得到一串数据，再利用数理统计等知识对这串数据进行处理，从而得到最终的数学模型。

建立数学模型需要哪些步骤并没有固定的模式，下面只是按照一般情况，提出一个建立数学模型的大体过程。

1. 建模准备

要了解问题的实际背景、明确建立模型的目的，掌握对象的各种信息如统计数据等，弄清实际对象的特征，总之，是要做好建立模型的准备工作。这一步往往要大量查阅资料，请教专家，以便对所要建立的数学模型问题有透彻的了解。

2. 模型假设

根据实际对象的特性和建立模型的目的，对问题进行必要的简化，并且用精确的语言作出假设，这是建立模型的第二步，也可以说是关键的一步。有时，假设作得过于详细，试图将复杂的实际现象的各个因素都考虑进去，可能很难进行下一步的工作。所以，要善于辨别问题的主要和次要方面，抓住主要因素，抛弃次要因素，尽量将问题均匀化、线性化。

3. 建立模型

根据所做的假设，运用适当的数学工具，建立各个量之间的等式或不等式的关系，列出表格，画出图形或确定其他数学结构，是建立数学模型的第三步。为了完成这项数学模型的主体工作，人们常常需要具有比较广阔的应用数学知识，除了微积分、微分方程、线性代数及概率统计等基础知识外，也许还会用到诸如数学规划、排队论、图论及对策论等。可以说，任何一个数学分支都可能应用到数学建模中去。当然，这并非要求我们对数学的各个分支都精通。而且，建模时还有一个原则，即尽量采用简单的数学工具，以便使更多的人能对我们所建立的数学模型有所理解并且能够使用它。

4. 模型求解

对上述建立的数学模型进行数学上的求解，包括解方程、画出图形、证明定理以及进行逻辑运算等。这部分将会用到传统的或近代的数学方法，特别是相关的计算机技术。

5. 模型分析

对上述求得的模型结果进行数学上的分析,有时是根据问题的性质,分析各变量之间的依赖关系或稳定性态;有时则根据所得的结果给出数学上的预测;有时给出数学上的最优决策或控制。

6. 模型检验

这一步是把模型分析的结果"翻译"回到实际对象中,用实际现象、数据等检验模型的合理性与实用性。显而易见,这一步对于模型的成败是非常重要的,并且是必不可少的。如果检验的结果不符合或部分不符合实际情况,那么,我们必须回到建模之初,修改、补充假设,重新建模,即按上面步骤做到模型检验这一步;如果检验结果与实际情况相符,则可进行最后的工作——模型应用。

有些模型难以接受实际的检验,如核战争等问题。还需指出的是,并非所有建模过程都要经过上述这些步骤,有时各个步骤之间的相互界限也并不十分明显。因此,在建模过程中不要局限于形式上的按部就班,重要的是,根据对象的特点和建模的目的,去粗取精,去伪存真,从简到繁,不断完善。

模型的分类很复杂,按照不同的考虑方式,有不同的分类方法,这里仅列出几种。

按照变量的情况,可分为离散型和连续型模型,也可分为确定型模型和随机模型;按照时间变化对模型的影响,可分为静态模型和动态模型;按照研究方法和对象的特征,有初等模型、优化模型、逻辑模型、稳定性模型、扩散模型等;按照研究对象的实际领域,有人口模型、交通模型、体育模型、生理模型、生态模型、经济模型、社会模型等;按照对研究对象的了解程度,有所谓的白箱模型、灰箱模型和黑箱模型。

1.4 开放性的数学思维

应当特别指出的是,要学会建立数学模型,除了要学会灵活应用数学知识外,还应当培养自己分析和解决问题的观察力、想象力和创造力。知识是有限的,而想象力和创造力却可使知识无限地延展。从这种意义上讲,掌握开放性的数学思维方法比获得严谨的理论知识更为重要。

古希腊有一个极善于诡辩的哲学家芝诺,他曾经认为,如果让乌龟先爬行一段路后再让阿基里斯(古希腊神话中善跑的英雄)去追它,那么阿基里斯将永远也追不上前者。芝诺的理论根据是:阿基里斯在追上乌龟前必须先到达乌龟的出发点,这时乌龟已向前爬了一段路程。如此分析下去,阿基里斯虽然离乌龟越来越近,但是却永远也追不上乌龟。这种结论虽然是错误的,但奇怪的是,从逻辑上讲,这种推理却没有任何问题。

下面,我们从数学的角度来分析一下这个问题。假设阿基里斯跑的时候乌龟已爬了

s_1(m)到 A_1 点,阿基里斯追到 A_1 点时乌龟又向前爬了 s_2(m)到达 A_2 点……假设阿基里斯的速度是乌龟的 100 倍,则阿基里斯追到 A_n 点时乌龟向前爬了

$$s_n = \frac{s_{n-1}}{100}$$

递推上式得

$$s_n = \left(\frac{1}{100}\right)^{n-1} s_1$$

当 n 越大时,阿基里斯离乌龟的距离 s_n 将越小,而且将无限地小下去,无限到几乎是零,即 $\lim\limits_{n\to\infty} s_n = 0$。也就是说,阿基里斯最终将追上乌龟。

这种无限到零的思想如果不被芝诺"接受"的话,我们将利用求无穷级数和的方法精确地指出在何处阿基里斯将追上乌龟。事实上,按照芝诺的推理方法,我们得到阿基里斯在追乌龟的过程中共跑了

$$\begin{aligned}
s &= s_1 + s_2 + s_3 + \cdots + s_n + \cdots \\
&= s_1 + \frac{1}{100} s_1 + \left(\frac{1}{100}\right)^2 s_1 + \cdots + \left(\frac{1}{100}\right)^n s_1 + \cdots \\
&= s_1 \left[1 + \frac{1}{100} + \left(\frac{1}{100}\right)^2 + \cdots + \left(\frac{1}{100}\right)^n + \cdots \right] \\
&= \frac{100}{99} s_1
\end{aligned}$$

因此,从表面上看,阿基里斯在追乌龟的过程中总也跑不完,但从计算中我们看到,阿基里斯只要追到离起点 $\frac{100}{99} s_1$ 处便已追上了乌龟。

在用雄辩的数学方法"驳倒"芝诺之后,我们却不能以此来嘲笑不顾事实的诡辩大师。事实上,恐怕连芝诺本人也不会傻到认为他的结论是正确的。关键的问题是我们能否从这个有趣的例子中看出些问题来,从而跳出僵死的思维定式而达到思想上的某种"进化"。

在未接触高等数学之前,我们所涉及的运算只是局限在有限的范畴里,我们的逻辑便也在这个范畴里画圈。然而,宇宙是无限的,我们所接触到的问题也充满了各种无限的量变。在近似到精确(如极限)、有限到无限(如无穷级数)的过程中,许多惯有的逻辑发生了变形,甚至彻底的改变。用传统理论去解决这类新型问题便会得到许多令人啼笑皆非的结果。因此,在考虑问题时,开放性的思维是极其重要的,过分拘泥于固有的知识极有可能陷入知识的误区,走进穷途末路的死胡同中。

第 2 章 初 等 模 型

本章介绍的模型比较简单,读者只要具备高等数学及线性代数的知识即可。我们必须改变传统的看法,认为简单的理论只能解决简单的问题。事实上,客观实际问题解决得好与坏并不以所应用知识的深浅为尺度。我们将看到,即使运用非常简单的数学结论与推理也可以解决大问题。需要强调的是,善于建立数学与实际问题的联系是至关重要的,尽管有些问题表面上看来与数学毫无干系。从某种意义上讲,培养良好的数学思维能力往往比学习更多、更深的知识更为有用。

2.1 核竞争模型

20 世纪冷战期间,世界上一些国家为了保持自己的军事优势,都打着"保卫自己安全"的幌子,尽可能地发展核武器装备。随着世界和平的呼声一浪高过一浪,核裁军势在必行。2002 年 5 月 24 日,俄美签署协议,规定在 2012 年底前,两国将各自的核弹头数量削减到 1700 枚至 2200 枚。这是冷战结束近 10 年来两国第一次签署大规模削减核武器的协议。2010 年 4 月 8 日,美国在布拉格与俄罗斯签署新的核裁军协议,规定美俄各自部署的核弹头数量上限不能超过 1550 枚。2010 年 4 月 12 日至 13 日,全球核安全峰会在美国华盛顿举行,40 多个国家的元首或领导人出席。

即便如此,世界目前拥有的核武器数量仍然触目惊心。一个国家出于安全防御的角度,要发展一定数量的核武器以防备"核讹诈",即要保证在遭到第一次攻击后,能够有足够的核武器保存下来,给对方以致命的还击。那么,人们非常关心的是,是否存在一种稳定区域,即双方都拥有他们认为使自己处于安全状态的核武器的数目呢?

设甲乙双方的核武器数目分别是 x 和 y。从甲方的角度看,x 的数值依赖于 y 的值。这样,存在一种函数 $x=f(y)$ 使甲觉得可以和乙抗衡。显然,$f(y)$ 是单调增加的。为了确保安全,甲方努力生产核武器以使 $x>f(y)$。在图 2.1 中,曲线 $x=f(y)$ 称为甲方的安全线,它的右边区域称为甲安全区。注意到,曲线 $f(y)$ 与 x 轴有交点 x_0,它表示在乙方的全部核武器用完时($y=0$),甲方只要保存有核武器 x_0 枚就可以给乙方以致命的打击。同样,乙方也

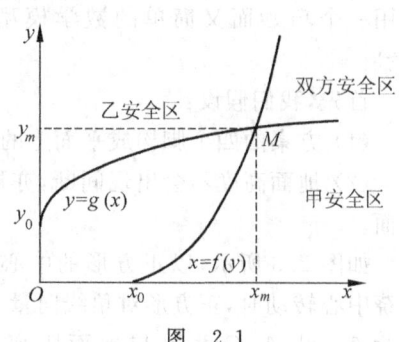

图 2.1

有自己的安全线 $y=g(x)$,其上方区域为乙安全区。若甲乙双方的安全线如图 2.1 所示相交,则二者安全区的公共部分即为甲乙双方共同的安全区,即核竞争的稳定区。两曲线的交点 $M(x_m,y_m)$ 称为平衡点,x_m 和 y_m 是甲乙双方都感到安全时分别拥有的最少的核武器数目。

下面将证明,在一次打击不能毁灭对方所有核武器的情形下,两条单调的曲线 $x=f(y)$ 和 $y=g(x)$ 必相交。首先,我们先说明 $x=f(y)$ 从 $(x_0,0)$ 开始,其斜率不断增加。

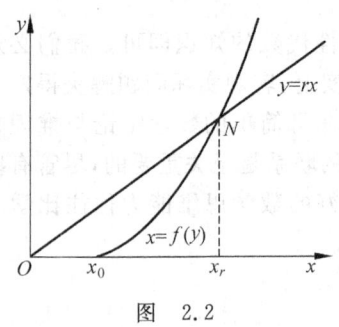

图 2.2

假设 $y=rx$,r 表示乙方核武器较甲方核武器的优势倍数。显然,甲方核武器在遭到乙方打击时所剩余的数目应与 r 有关。假设甲方核武器保留下来的百分比为 $p(r)$,则甲方应保存 $xp(r)$ 枚核武器。显然,只要 $xp(r) \geqslant x_0$,甲方就可确保自己的安全。选取满足 $xp(r) \geqslant x_0$ 的最小值 x_r,则 x_r 便成为在 $y=rx$ 条件下使甲方安全的最小值。由安全线的意义,x_r 便是 $x=f(y)$ 与 $y=rx$ 交点的横坐标。由于 r 的任意性且 $x=f(y)$ 与 $y=rx$ 总相交,易得出 $x=f(y)$ 这条曲线的斜率不断增加(如图 2.2 所示)。

易证明,乙方安全线 $y=g(x)$ 也有类似的性质,从而两条安全线必然像图 2.1 那样相交。这样便证明了前边的结论:在一次打击不能毁灭对方全部核武器的前提下,甲乙双方的安全稳定区确实是存在的。

思考题:
(1) 函数 $x=f(y)$ 为什么是单调增加的?
(2) 能否利用数学理论证明总与直线相交的曲线是凹的?

2.2 方桌问题

在一块不平的地面上,能否找到一个适当的位置而将一张方桌的四脚同时着地?

对于这个似乎与数学毫无关系的问题,我们下面将利用一个巧妙而又简单的数学模型给出一个肯定的回答。

首先,我们假设:
(1) 方桌的四个脚构成平面上的严格的正方形;
(2) 地面高度不会出现间断,亦即不会出现台阶式地面。

如图 2.3 所示,以正方形的中心为坐标原点,当方桌绕中心转动时,正方形对角线向量 CA 与 x 轴所成之角为 θ。设 A、C 两脚与地面距离之和为 $f(\theta)$,B、

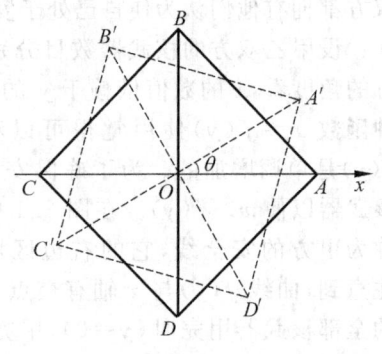

图 2.3

D 两脚与地面距离之和为 $g(\theta)$。不失一般性,设 $g(0)=0$。另外,根据实际生活经验,方桌在任何时刻总有三只脚可以着地,即对任何 θ,$f(\theta)$ 与 $g(\theta)$ 中总有一个为零。由假设条件(2),$f(\theta)$ 与 $g(\theta)$ 皆是 θ 的连续函数。这样,我们把方桌问题归结为数学问题:对连续函数 $f(\theta)$ 及 $g(\theta)$,$g(0)=0$,$f(0) \geqslant 0$,且对任意 θ,皆有 $f(\theta) \cdot g(\theta)=0$,证明:存在 θ_0 使 $f(\theta_0)=g(\theta_0)=0$。

证明:(1) 若 $f(0)=0$,则取 $\theta_0=0$ 即可证明结论。

(2) 若 $f(0)>0$,则将方桌旋转 $\dfrac{\pi}{2}$,这时,方桌的对角线互换,由假设(1)有

$$f\left(\frac{\pi}{2}\right)=0, \quad g\left(\frac{\pi}{2}\right)>0 \tag{2-1}$$

构造函数

$$h(\theta)=f(\theta)-g(\theta) \tag{2-2}$$

则易有

$$h(0)>0, \quad h\left(\frac{\pi}{2}\right)<0 \tag{2-3}$$

显然,由假设(2),$h(\theta)$ 是连续函数,由连续函数的介值定理,存在 $\theta_0 \in \left(0,\dfrac{\pi}{2}\right)$,使 $h(\theta_0)=0$,即

$$f(\theta_0)=g(\theta_0) \tag{2-4}$$

又由于

$$f(\theta_0) \cdot g(\theta_0)=0 \tag{2-5}$$

故有

$$f(\theta_0)=g(\theta_0)=0 \tag{2-6}$$

原问题得到解决。

> **思考题:**
> 如果将方桌改成长方形桌子,是否还有相同的结论?

2.3 音律的麻烦

音乐是人类生活中不可或缺的精神力量,作曲家利用美妙的有限个音符谱写出众多不朽的曲调,让世界绚丽多彩。我们自然奇怪,这些音符是怎么确定的呢?

为了使音乐规范化,人们有意选择一组高低不同的音符组成一个体系,音符之间有一定的关系,这就是音律。我们熟知的 do、re、mi、fa、so、la、si 这 7 个音符就组成了一组音律。那么这 7 个音是怎么来的呢?

在 2500 年前,古希腊的毕达哥拉斯就意识到,音与音之间的频率比是简单的整数比的

时候，效果最为和谐，从此揭开了和谐音程的秘密。找到一根弦让其振动，你会听到一个音。如果按住这根弦的中点，会立刻听到一个比较高的音。这很自然，因为在物理上，弦的振动频率和其长度是成反比的。如果我们听到的是一个中音的 do，那么那个比较高的音就是高音的 do，其频率是 2 倍的关系。人们自然关心的是，在中音 do 和高音 do 之间还应该有什么不同的音呢？或者从频率的角度讲，如果设中音 do 的频率为 F，那么，在 F 和 $2F$（高音 do 的频率）之间，还应该有什么样的和谐的频率呢？

在图 2.4 中，如果我们按住弦的 $\frac{1}{3}$ 处（即 B 点），再让两侧的弦振动起来，听到了两个比中音 do 高一些的音，其中 AB 弦因为是整个弦的 $\frac{1}{3}$ 长度，其发出的音的频率则为中音 do 的频率的 3 倍；BC 弦因为是整个弦的 $\frac{2}{3}$ 长度，其发出的音的频率则为中音 do 的频率的 $\frac{3}{2}$ 倍。因此，我们得到了两个频率 $3F$ 和 $\frac{3}{2}F$。考虑到我们在 F 和 $2F$ 之间寻找音符，因此，$3F$ 被舍弃。这样我们在频率 $F \sim 2F$ 的范围内，找到了第一个重要的频率，即 $\frac{3}{2}F$。

图 2.4

同样，我们按弦的 $\frac{1}{4}$ 点，又出现了两个音。一个音的频率是 $4F$，超出了频率 $F \sim 2F$ 的范围，被舍弃。另一个音的频率是 $\frac{4}{3}F$，这又是一个重要的频率——$\frac{4}{3}F$。

得到这两个频率之后，我们试图继续找 $\frac{1}{5}$ 点、$\frac{1}{6}$ 点等。遗憾的是，听觉上这些音与主音的和谐程度远不及 $\frac{3}{2}F$ 及 $\frac{4}{3}F$。然而，仅仅靠找到的 3 个音 F、$\frac{3}{2}F$ 及 $\frac{4}{3}F$，显然无法支撑令人如醉如痴的音乐体系。那么，其他的音该怎么寻找呢？

人们想到了一个办法，既然与主音 F 最和谐的 $\frac{3}{2}F$ 已经找到了，可以转而找 $\frac{3}{2}F$ 的 $\frac{3}{2}F$，即与最和谐的那个音最和谐的音，这样就得到了 $\frac{9}{4}F$。由于 $\frac{9}{4}F$ 超出了 $F \sim 2F$ 的范围，我们可以在下一个八度中寻找与它等价的一个音，于是把 $\frac{9}{4}F$ 的频率减半，便得到了 $\frac{9}{8}F$。接着把这个过程循环一遍，找 $\frac{3}{2}$ 的 3 次方，于是就有了 $\frac{27}{8}F$。这也在下一个八度中，再次频率减半，得到了 $\frac{27}{16}F$。

最理想的情况是，在某一次循环之后，会得到主音的某一个八度，这样就"回到"了主音上，不用继续找下去了。这在数学上倒很简单，就是寻找两个自然数 n 和 N 使下式成立：

$$\left(\frac{3}{2}\right)^n = 2^N \tag{2-7}$$

然而,式(2-7)的求解并非易事。事实上,找不到自然数 n 和 N 使式(2-7)成立,寻找其他音的努力陷入僵局。律学所有的麻烦就此开始。

1. "五度相生律"

式(2-7)虽然在数学上无法得到精确解,但其近似解却可以求得。注意到

$$\left(\frac{3}{2}\right)^5 \approx 7.59 \tag{2-8}$$

这个值与 $2^3 = 8$ 很接近,因此,可以把这个音当成要找的最后一个音。这样,从主音 F 开始,我们只需把"按 $\frac{3}{2}$ 比例寻找最和谐音"这个过程循环 5 次,得到了 5 个音,加上主音和 $\frac{4}{3}F$,一共是 7 个音。7 个音符的频率,从小到大分别是 F、$\frac{9}{8}F$、$\frac{81}{64}F$、$\frac{4}{3}F$、$\frac{3}{2}F$、$\frac{27}{16}F$、$\frac{243}{128}F$,可以对应 do、re、mi、fa、so、la、si,这就是音律上要取 7 个音符的原因。

2. 自然音阶的产生

"五度相生律"的出现基本解决了音符的选择问题,但也有人指出,"五度相生律"过于复杂。事实上,人们按住弦的 $\frac{1}{5}$ 点或者 $\frac{1}{6}$ 点,得到的音已经和主音不怎么和谐了,现在居然出现了 $\frac{81}{64}$ 和 $\frac{243}{128}$ 这样的比例。一方面,这不会太好听;另一方面,从数学上讲,也不够简洁。

生活在公元前 3 世纪的古希腊学者亚理斯托森努斯提出了类似于"五度相生律"的自然音阶(也称"纯律"),7 个自然音阶的频率分别是 F、$\frac{9}{8}F$、$\frac{5}{4}F$、$\frac{4}{3}F$、$\frac{3}{2}F$、$\frac{5}{3}F$、$\frac{15}{8}F$。这在数学上确实显得简单;同时,从感觉上,音符之间也确实较"五度相生律"和谐。

3. 十二声音阶的出现

自然音阶的出现并没有解决式(2-7)的求解问题。"五度相生律"对式(2-7)近似求解得到的小的误差,在一个八度之内几乎使人感觉不出来。但是,如果旋律的音域跨越了好几个八度,那么这种近似就显得比较突出了。

这时,有人发现

$$\left(\frac{3}{2}\right)^{12} \approx 129.7 \tag{2-9}$$

和 $2^7 = 128$ 相对更接近,于是把"五度相生律"中"按 $\frac{3}{2}$ 比例寻找最和谐音"的循环过程重复 12 次,便认为已经到达了主音的第 7 个八度。再加上原来的主音和 $\frac{4}{3}F$,现在就有了 12 个

音符。十二声音阶由此产生,其频率分别是 F、$\frac{2187}{2046}F$、$\frac{9}{8}F$、$\frac{19683}{16384}F$、$\frac{81}{64}F$、$\frac{4}{3}F$、$\frac{729}{512}F$、$\frac{3}{2}F$、$\frac{6561}{4096}F$、$\frac{27}{16}F$、$\frac{59049}{32768}F$、$\frac{243}{128}F$。

和前面的"五度相生律"的 7 声音阶对比一下,可以发现原来的 7 个音都还在,只是多了 5 个,分别插在它们之间。用 C、D、E、F、G、A、B 分别称呼"五度相生律"的 7 个音,新多出来的 5 个音符被人们叫做 $^\sharp$C(升 C,下同)、$^\sharp$D、$^\sharp$F、$^\sharp$G、$^\sharp$A。

4. 十二平均律

在音乐的发展过程中,人们发明了"转调"的技巧,这种方式经常用来强化某种乐思,推进人们的音乐情绪。但是,"五度相生律"的 12 声音阶也暴露出一个问题,就是相邻音符的频率比例有两种,即 $\frac{2187}{2048}$ 及 $\frac{256}{243}$。这给转调带来了麻烦。对于同样的旋律,经过转调后,人们会觉得 C 到高音 C 之内的旋律和 D 到高音 D 之内的旋律不一样。尤其是当旋律涉及到比较多的半音时,这种不和谐就会更加明显。这种现象的产生完全是由于十二声音阶并不是真正的"等差音高序列",在十二声音阶中,每个半音并不完全相等。那么,如何让十二声音阶把一个八度"等分"成 12 份,从而使各个音阶是真正的"等距离"呢?

一位中国人朱载堉(1536—1611)几乎和西方人同时(事实上比西方人早 50 年左右)发现了解决办法。他把 2∶1 这个比例关系开 12 次方,从而让所有的半音比例都是 $2^{\frac{1}{12}}$。如果 12 音阶中第一个音的频率是 F,那么第二个音的频率就是 $2^{\frac{1}{12}}F$,第三个音就是 $2^{\frac{2}{12}}F$,第四个音是 $2^{\frac{3}{12}}F$,……,第十二个音是 $2^{\frac{11}{12}}F$,第十三个音就是 $2^{\frac{12}{12}}F$,亦即 $2F$,正好是 F 的八度。

这样,"十二平均律"的 12 声音阶的频率(近似值)分别是 F(C)、$1.059F$($^\sharp$C/$^\flat$D)、$1.122F$(D)、$1.189F$($^\sharp$D/$^\flat$E)、$1.260F$(E)、$1.335F$(F)、$1.414F$($^\sharp$F/$^\flat$G)、$1.498F$(G)、$1.587F$($^\sharp$G/$^\flat$A)、$1.682F$(A)、$1.782F$($^\sharp$A/$^\flat$B)、$1.888F$(B)。这就是音乐界现行的"十二平均律"。

思考题:
(1) 证明式(2-7)无自然数解。
(2) 按式(2-9)推算,应该是 13 个音符,为什么最后只有 12 个音符?

2.4 市场稳定问题

从 2007 年起至 2008 年,国际油价演绎了令人惊心动魄的"过山车"行情,从 2007 年初的每桶 50.48 美元价格,一直冲到年底的每桶 98.18 美元。期间,美国和国际能源署要求石油输出国组织欧佩克(OPEC)增产的呼声越来越高,欧佩克成员之一的印度尼西亚年底甚至表示,如果需要增产来降低油价,印度尼西亚将支持欧佩克增加产量。

2008 年,石油价格曾一度攀高至每桶 147.27 美元,之后,随着美国次贷危机引起的金融风暴在全球蔓延,石油需求减少,国际油价在波动中逐步走低。2008 年 12 月 5 日,纽约市场油价收于每桶 40.81 美元。2008 年 12 月 17 日,欧佩克在阿尔及利亚奥兰举行的部长级特别会议上决定,每天减产原油 220 万桶。

在市场经济条件下,商品的价格经常会出现波动。一般地,当某种商品"供不应求"时,价格逐渐升高,经营者会觉得有利可图而加大生产量;然而,一旦生产量达到使市场"供过于求",价格立刻会下跌,生产者立刻减产以避免损失,极有可能造成新的"供不应求"。这样,商品的产量与价格又要重复进行上面的过程。我们关心的问题是:如此循环,市场的商品数量和价格是否趋于稳定?

所谓"需求",是指在一定价格条件下,消费者愿意购买并且有支付能力购买的商品量。设 p 表示商品价格,q 表示商品量,假设商品需求量 q 主要取决于商品价格 p,则称函数

$$q = f(p) \tag{2-10}$$

为需求函数。

一般来说,商品价格低,需求则大;商品价格高,需求则小。因此,需求函数 $q=f(p)$ 一般是单调减少函数。因 $q=f(p)$ 为单调减少函数,所以存在反函数 $p=f^{-1}(q)$,往往也称为需求函数(见图 2.5)。

"供给"是指在一定价格条件下,生产者愿意出售并且有可供出售的商品量。仍只讨论价格与供给量的关系

$$q = \varphi(p) \tag{2-11}$$

称之为供给函数。

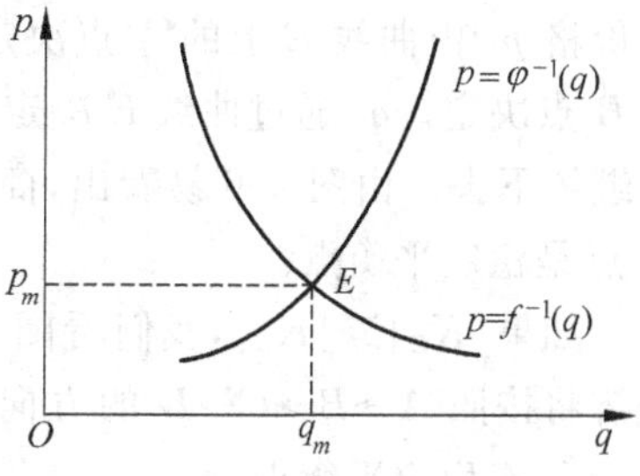

图 2.5

一般来说,商品价格低,生产者不愿生产,供给便少;商品价格高,供给则多。因此,供给函数一般为单调增加函数。因 $q=\varphi(p)$ 单调增加,所以存在反函数 $p=\varphi^{-1}(q)$,往往也称为供给函数(见图 2.5)。

在图 2.5 中我们看到,需求函数曲线与供给函数曲线交于一点 $E(q_m, p_m)$。当 $p<p_m$ 时,从图中易看出 $\varphi^{-1}(q)<f^{-1}(q)$,即"供不应求",商品短缺,会形成抢购、黑市等情况,这种状况应该导致价格上涨,p 增大。当 $p>p_m$ 时,$\varphi^{-1}(q)>f^{-1}(q)$,即"供过于求",商品滞销,这种状况应该导致价格下跌,p 减小。

从以上分析似乎可以看出:市场上的商品价格将围绕价格 p_m(称均衡价格)摆动。但实际情形并非如此简单。

例 2.1 设某产品的供给函数 $\varphi(p)$ 与需求函数 $f(p)$ 皆为线性函数:

$$\varphi(p) = a(p-\alpha) + \beta, \quad f(p) = -b(p-\alpha) + \beta \tag{2-12}$$

其中 $a>0, b>0$,两直线交于点 $M(\alpha, \beta)$。

把时间区间用等步长划分,第 n 个节点处 $t_n = n\tau$,τ 为时间步长。设 p_n 为 t_n 时刻的价

格。由市场上供求平衡的需要,有

$$f(p_n) = \varphi(p_{n-1}), \quad n = 1, 2, \cdots \tag{2-13}$$

将式(2-12)代入式(2-13),得到

$$-b(p_n - \alpha) + \beta = a(p_{n-1} - \alpha) + \beta \tag{2-14}$$

上式经过递推,有

$$p_n - \alpha = -\frac{a}{b}(p_{n-1} - \alpha) = \cdots = \left(-\frac{a}{b}\right)^n (p_0 - \alpha) \tag{2-15}$$

从而

$$p_n = \left(-\frac{a}{b}\right)^n (p_0 - \alpha) + \alpha \tag{2-16}$$

由式(2-16)易看出,当 $\frac{a}{b} < 1$ 时,$p_n \to \alpha$;当 $\frac{a}{b} > 1$ 时,数列 $\{p_n\}$ 发散到无穷大,根本不会有市场价格围绕均衡价格摆动的现象。

从上例我们可以得到启示:市场稳定似乎与供求函数的斜率比有关系。

我们看图 2.6 中的复杂情形,曲线 E 表示需求函数,曲线 S 表示供给函数。在此图中,显然有 $|K_E| < |K_S|$,这里 K 表示切线斜率。设某时期的商品数量为 $q_1(q_1 > q_m)$,则该时期的价格 p_1 由曲线 E 上的 A 点决定。在价格 p_1 下,下一时期上市的商品量 q_2 由曲线 S 上的 B 点决定。q_2 通过曲线 E 决定价格 p_2,p_2 通过曲线 S 再决定下一个时期的商品量 q_3,如此继续下去。由图 2.6 易看出,商品量 q 和价格 p 将按照 $A \to B \to C \to D$ 的方向趋向 M 点,M 点是稳定平衡点。

如果 $|K_E| > |K_S|$,我们看图 2.7 所示的情形。类似上边的分析,我们不难发现,市场经济将按照 $A \to B \to C \to D$ 的方向远离 M 点,即商品的数量 q 和价格 p 的波动越来越大,M 点是不稳定平衡点。

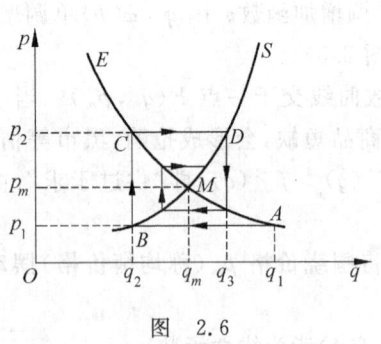

图 2.6

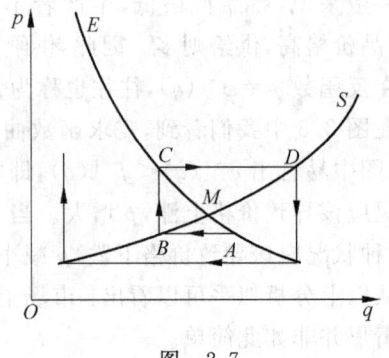

图 2.7

回到实际的市场经济中来,我们分析一下不稳定的原因。切线斜率 K 实际上表示商品价格随商品量的变化而变化的程度。$|K_E| > |K_S|$ 表明消费者对这种商品价格的敏感度比经营者要高,商品稍少一点,人们便蜂拥抢购,致使价格有大的变化。因此,$|K_E|$ 较大,容易

引起不稳定。

当市场经济趋向不稳定时,如何使市场经济重新趋于稳定呢?从上面的分析看,如何使$|K_E|<|K_S|$? 一种办法是控制物价,比如让价格不改变,此时有 $K_E=0$,这时$|K_E|<|K_S|$总成立,即市场经济总是稳定的。

另一种办法是控制市场上的商品数量:上市量若少于需求量,政府从外地收购或调拨商品;当上市量多于需求量,政府收购过剩的部分。这样,$|K_S|\to+\infty$,从而使$|K_E|<|K_S|$也总成立,市场经济便趋于稳定。

思考题:
(1) 说明式(2-13)的由来。
(2) 如果$|K_E|=|K_S|$,将会出现什么情形?
(3) 从供求函数图形上解释为什么在石油需求走高的同时,石油输出组织欧佩克要提高油价。

2.5 技术进步的作用

中国领导人在 2007 年提出了建立创新型国家的宏伟设想,在生产方式上,要以知识密集型代替过去的劳动密集型,技术进步成为企业发展的首要动力。然而,习惯于传统生产方式的企业经营者是否能够投入精力和资金进行技术改造,完全取决于他们对技术进步作用的认识。

在经济学中描述资本、劳动力及产出关系的最广泛的生产函数是柯布-道格拉斯函数,是由数学家柯布和经济学家道格拉斯在研究 1899 年至 1922 年美国的资本及劳动力对生产的影响的过程中提出来的。在研究美国经济时他们发现,资产及劳动力对于产出贡献不完全,剩余的部分被描述成技术进步,最后形成了柯布-道格拉斯函数:

$$Y = AK^{\alpha}L^{\beta} \tag{2-17}$$

其中 Y 为产出量,K 为固定资产净值,L 为劳动力,α、β 分别为资本和劳动力弹性系数,A 是不能用投入量 K、L 的增长来解释产出 Y 增长的无因次技术参数,即"中性技术进步"。按 $\alpha+\beta=1$ 的情况描述技术、资本、劳力与产出之间的关系,则有

$$Y = AK^{\alpha}L^{1-\alpha} \tag{2-18}$$

1. 提高技术水平等于提高生产率

由式(2-18)进一步得

$$A = \frac{Y}{K^{\alpha}L^{1-\alpha}} = \left(\frac{Y}{L}\right)^{1-\alpha}\left(\frac{Y}{K}\right)^{\alpha} \tag{2-19}$$

式中,$\frac{Y}{L}$为劳动生产率,$\frac{Y}{K}$为资金生产率。

式(2-19)表示,技术进步就等于全要素生产率,也说明了技术进步贡献的实质。

2. 技术进步对提高生产率有"倍加"的作用

由式(2-19)我们易得到

$$\left(\frac{K}{Y}\right)^\alpha = \frac{1}{A}\left(\frac{Y}{L}\right)^{1-\alpha} \quad (2-20)$$

当劳动力一定时,从上式可以看到,A 越小,$\frac{K}{Y}$ 越大,即技术水平低时,单位产值占用资本多(资本密集),劳动生产率低;同理,A 越大,$\frac{K}{Y}$ 越小,即技术水平高时,单位产值占用资本少(知识密集),劳动生产率高。

由式(2-19)我们还可得到

$$\left(\frac{Y}{L}\right)^{1-\alpha} = A\left(\frac{K}{Y}\right)^\alpha \quad (2-21)$$

$$\frac{Y}{L} = A^{\frac{1}{1-\alpha}}\left(\frac{K}{Y}\right)^{\frac{\alpha}{1-\alpha}} \quad (2-22)$$

将劳动生产率 $\frac{Y}{L}$ 看成技术参数 A 的函数,对 A 求导得

$$\left(\frac{Y}{L}\right)' = \left(\frac{1}{1-\alpha}\right)A^{\frac{1}{1-\alpha}-1}\left(\frac{K}{Y}\right)^{\frac{\alpha}{1-\alpha}} = \left(\frac{1}{1-\alpha}\right)A^{\frac{\alpha}{1-\alpha}}\left(\frac{K}{Y}\right)^{\frac{\alpha}{1-\alpha}} \quad (2-23)$$

由式(2-23)易看出,当 A 小时,$\frac{Y}{L}$ 的增长也较小,即技术水平低时,技术进步对提高劳动生产率的影响比较小(一般小于1);当 A 大时,$\frac{Y}{L}$ 的增长则较大。这也说明,当技术水平高时,技术进步对提高劳动生产率影响比较大(一般大于1)。提高技术水平,对提高生产率有"倍加"作用,提高技术进步水平对生产率的发展将起到事半功倍的作用。走技术进步的道路是发展经济的捷径。

3. 没有技术进步,生产率不可能得到持续提高

式(2-18)两端除以 L,得

$$\frac{Y}{L} = A\left(\frac{K}{L}\right)^\alpha \quad (2-24)$$

式中,$\frac{K}{L}$ 为劳动力与资本的比值,称为固定资金装备率。由式(2-24)易看出,技术水平 A 越大,固定资金装备率对提高生产率的作用就越大。

在式(2-24)中,若技术参数 A 固定,将 $\frac{Y}{L}$ 对 $\frac{K}{L}$ 求导,得

$$\left(\frac{Y}{L}\right)' = A\alpha \left(\frac{K}{L}\right)^{\alpha-1} \tag{2-25}$$

虽然从式(2-25)可以得到

$$\left(\frac{Y}{L}\right)' > 0 \tag{2-26}$$

即劳动生产率 $\frac{Y}{L}$ 随着固定资金装备率 $\frac{K}{L}$ 的增加而增加,但注意到 $\alpha<1$,因此式(2-25)中 $\frac{K}{L}$ 越大,右端项越小。也就是说,劳动生产率增长速度达到一定程度后会变慢,甚至会变为 0。换句话说,没有技术进步作用,生产率不可能得到持续地提高。

4. 综述

从上边的分析可以看出,当生产率发展到一定程度后,通过人的劳动提高生产率的潜力很小,而技术的贡献将成为主要部分。因此,必须大力促进技术的进步,才能实现生产率的持续增长。

2.6 围棋模型

众所周知,自围棋问世以来,围棋棋盘的设置经历了数次变化,这自然会令人提出一个问题,现在的棋盘是否还会变化?方形棋盘每边设计多少道才是最佳的?

另外,关于先手贴后手的目数规定也经历了一些变化,那么,到底先手贴后手多少目才最为合理?我们先来研究一下方形棋盘。

围棋棋盘是由纵横交错的线组成的方形交叉点域,我们把四条边界称为一线、与边界相邻的四条线称为二线。这样,依次根据与边界的距离,称各线为三线、四线、……各线上的点由于距离边界相同,因此,它们便具有比较一致的特性。

下围棋最先考虑的还是棋块的死活问题。所谓棋块,即是棋子相互连接没有被断而形成的整体。如果一块棋不活,占的交叉点再多也没有用。因此,研究每一线围棋子的作用时,应首先考虑那一线棋子的成活速度,即最快——更确切地说是用最少的点来走成活棋。我们首先引入准活型的概念。

定义 2.1 一棋块虽不是成活型模块,但当对方进攻此棋块时,总可以通过正确应对而最终成为活棋,则此棋块称为准活型棋块。

准活型棋块的概念显然有其实际意义。事实上,对弈开局时棋手们只是把棋走成大致的活型,而并非耗费棋子去把棋块走成真正的成活型。

例 2.2 计算二线、三线、四线棋子形成准活型棋块所用的最少子数。

我们摆出二线、三线、四线的最快准活型,分别如图 2.8(a)~(c)所示。

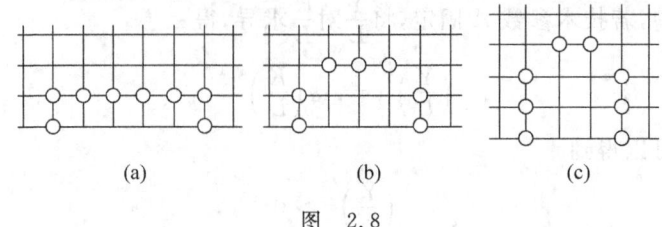

图 2.8

用 N_i（i 为自然数）表示第 i 线形成准活型棋块所用的最少子数，从图 2.8 易得到

$$N_2 = 8, \quad N_3 = 7, \quad N_4 = 8 \tag{2-27}$$

由此可以看出，三线较二线、四线的成活速度要快。按此例的办法易推出，五线、六线等其他线形成准活型的速度显然要慢于三线，即 $N_i > 7(i \geq 4)$。因此，就控制边的能力来看，三线具有最快成活的特点，从而成为围棋盘上重要的一线。

为了对围棋问题建立数学模型，需首先对围棋棋子价值有个数学描述，为此我们给出如下定义。

定义 2.2 对于一块成活型棋块，用它的棋子数去除这些棋子所包含的目数，得到的商值称为此棋块的目效率，记为 E。

从上边定义看出，目效率表示单位棋子所占的目数，即表示此棋块平均占有目数的能力。下面利用此概念对围棋棋盘问题建立模型。

围棋的棋盘由古时的每边 11 道增至现在的每边 19 道，其间历经数千年。这种进化的过程也显示着人们的认识逐渐接近真理。现在的棋盘经受了两千多年的考验，其边数设置必有其合理性，这里的关键就在于要保证先手和后手的无差异。古人在不贴子的情形下仍可"公平"对弈，说明先下的一方占的便宜不会太大。可以推测，围棋内部一定存在着两种抗衡的力量，使先手即使先落子也无法取得多少优势。

一般的棋类（如象棋），往往有攻有守，攻守之间有一种平衡，而且随时可以转换。因此，先手一方即使先进行攻击也未必得胜。由此可以说，一般棋类之所以变化无穷，根本原因在于其包含了攻与守这两个既对立又统一的方面。它们在胜负的天平上地位相同，相互抑制，一切取胜的走法或定式不过是围绕着攻与守——以攻为守或以守为攻——来进行罢了。

围棋亦如此。但围棋的攻守（攻为欲杀死对方，守为不被对方杀死）却显然不同于其他棋类。由于弈棋双方轮换落子，因此，单纯为杀死对方而进行进攻要比防守来得困难。就是说，围棋里的攻与守无法取得相同的地位，因此，绝不能把围棋也认为是攻与守的对立统一体。

但围棋富于变化，从根本上讲，其内部一定存在着两种力量的抗衡。这两种力量既可以对抗，又可随时转换。关于这两种力量的确定自然要涉及围棋的特点，我们知道，任何事物的两个对立面之间的斗争都是围绕着事物的发展规律而展开的。象棋的两个对立面之所以是攻与守,无非是缘于其取胜规则为吃掉对方的将(帅),不进攻当然不行。因此,在确定围棋中对抗的两种力量时必须意识到:这两种力量抗争的最终目的与围棋弈棋的目的应是统一的,即多占地盘。

首先,我们把围棋棋盘按区域特点笼统地分为边部和中腹。从做活和占地两个角度来看,边部因空间受阻而易受攻击,但可利用边部成目快的特点迅速做活,有根据地后再图发展;中腹则由于四方皆可发展,不容易受到攻击,做活便退居其次,而先去抢占空间。由此可见,边部与中腹将成为围棋中的两种对抗的势力。除此之外,还应保证两种势力所具有的价值相同,从而使二者能够真正地抗衡。这是必要的,否则,无论偏重哪一方,围棋都会成为单一争夺边部或中腹的乏味游戏,而且使先手棋获益颇大。

前边在讨论三线的作用时,曾经指出三线控制边部的优势。显然,控制中腹的重任落到了紧邻的四线上。这样,问题最终化为:怎样设计方形棋盘(即每边选取多少道),使三线围成的边部与四线围成的中腹具有相同的地位或最小的差异?

三线点、四线点设置如图 2.9 所示,设三线点、四线点组成的棋块的目效率分别为 E_3、E_4,根据三线与四线目效率相近的原则,我们提出本节的数学问题:方形围棋棋盘每边设置多少道数,将使 $E = E_4 - E_3$ 的绝对值最小?

假设棋盘每边为 x 道,x 为自然数。为了实用的需要,围棋棋盘不宜太大或太小,设 $11 \leqslant x \leqslant 23$。参照图 2.9(此时 $x = 19$),由于对 x 的限制,三线围成的边及四线围成的中腹已成为实空,对方无法在

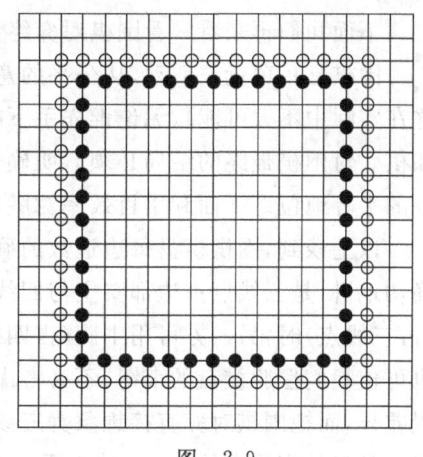

图 2.9

其中做活。这样,所有三线围成的目数为 $8x - 16$,其目效率 $E_3 = \dfrac{8x-16}{4x-20}$;而由四线围成中腹的目数为 $(x-8)^2$,其目效率 $E_4 = \dfrac{(x-8)^2}{4x-28}$,两目效率之差为

$$E(x) = E_4 - E_3 = \frac{(x-8)^2}{4x-28} - \frac{8x-16}{4x-20} \tag{2-28}$$

对于 E_3,如果把 x 看作连续变量,易看出它是关于 x 的单调减少函数,这是因为 E_3 可改写为

$$E_3 = \frac{8x-16}{4x-20} = \frac{8(x-5)+24}{4(x-5)} = 2 + \frac{6}{x-5} \tag{2-29}$$

另外,将 E_4 关于 x 求导得

$$(E_4)'_x = \frac{1}{4} - \frac{1}{4(x-7)^2} \tag{2-30}$$

由于 $x - 7 > 1$,从而 $(E_4)'_x > 0$,即 E_4 关于 x 单调增加,这将导致 $E(x)$ 也关于 x 单调增加。

因而，对于方程

$$E(x) = E_4 - E_3 = 0 \tag{2-31}$$

若有解，其解只能有一个。又由于

$$E(18) \approx -0.1888, \quad E(19) \approx 0.092 \tag{2-32}$$

故由连续函数介值定理，$E(x)=0$ 的解含在开区间 $(18,19)$ 中，显然此解非整数，而我们寻求的是使 $|E(x)|$ 最小的整数解。由 $E(x)$ 的单调性及

$$|E(19)| < |E(18)| \tag{2-33}$$

即知 $x=19$ 是使 $|E(x)|$ 最小的整数解。

至此，我们利用三线点与四线点目效率相近的原则证明了围棋棋盘选择 19×19 个网点是最佳的。

下面我们再来看一看围棋对弈终盘关于胜负贴目的估算问题。

围棋是一项竞技活动，从公平的意义上讲，弈棋双方如果水平棋力严格相同的话（尽管这在实际中不太可能），无论谁先手下棋，其结果都是两方占地相同。因此，围棋对弈应该有和棋。对围棋最终的结局必须有明确合理的规定——先手贴后手若干目——以保证弈棋双方的平等地位。下面利用目效率对胜负贴目的可能目数作一估算。

以上谈到，围棋棋盘每边道数的确定（19×19）使围棋中的三线与四线的地位几乎相同。确切地讲，是三线点占边部实空与四线点占中腹实空的目效率近似相等。当一方抢占边角（占三线点）时，另一方可用中腹（占四线点）相对抗。从数学的角度抽象地看，目效率的概念也可使我们摆脱棋盘的束缚，不必考虑三线点、四线点数目的不同及它们在特定棋盘上的位置差异，而把围棋对弈直接想象为三线点与四线点的阵营对抗。由于四线点的目效率比三线点的目效率略高约 0.09，故先手一方挑选四线而占之，后手因为有足够的贴目补充抵消三线与四线的差异而从容地在三线应之，效率对双方不偏不倚。现在的问题是：先手需贴后手多少目可平衡这微小的差异？

三线点、四线点设置仍如图 2.9 所示，再设四线需贴三线 y 目，由双方目效率相等的原则，有

$$\frac{121}{48} = \frac{136+y}{56} \tag{2-34}$$

$$y \approx 5.2（目）$$

即先手需在终局时贴出 5.2 目。

> **思考题：**
> 在图 2.9 中，四个三三点与四个四四点（即星位）对围空并未起什么作用，去掉它们，三线点与四线点依然连成一体围成空地。如果不考虑这些点，则上述两个围棋问题的结论是否有变化？

2.7 如何跑步节省能量

我们每个人都有跑步的经历,或赶路或竞赛。当我们跑得疲惫不堪的时候,是否会想:怎样跑步能使我们消耗的能量最少?

为解决上述问题,我们作如下假设。

(1) 跑步所花费的时间分成两部分:第一部分为两条腿同时离地的时间;在第二部分时间内一条腿或两条腿同时落地。这样,人体重心的运动轨迹如图 2.10 所示。根据经验,假设

$$\frac{d}{h} = \frac{a}{b} \qquad (2\text{-}35)$$

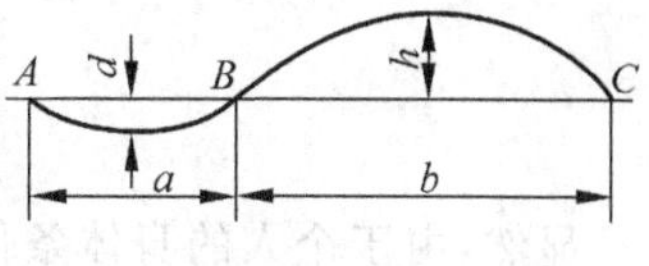

a、b、h、d 所表示的量见图 2.10。

图 2.10

另外,再作两个假设:

(2) 假设跑步是匀速运动,速度为 v。

(3) 用 L 表示人的一维长度(例如高度、腿的长度等),假设身体质量 m 及腿部质量 m' 与 L^3 成正比,a 正比于 L,即有常数 C_1,C_2,C_3,使

$$m = C_1 L^3, \quad m' = C_2 L^3, \quad a = C_3 L \qquad (2\text{-}36)$$

跑步所消耗的能量分为两部分:势能

$$W_f = (h+d)mg \quad (m \text{ 为全身质量}) \qquad (2\text{-}37)$$

及动能

$$W_s = \frac{1}{2}m'v^2 \quad (m' \text{ 为腿的质量}) \qquad (2\text{-}38)$$

这样,跑步时所消耗的总能量为

$$W = W_f + W_s = (h+d)mg + \frac{1}{2}m'v^2 \qquad (2\text{-}39)$$

现在我们来求步长 a、b 为何值,使式(2-39)跑步消耗的能量 W 最小。

由图 2.10,重心离开 B 点上升到最高点所需时间为

$$t = \frac{b}{2v} \qquad (2\text{-}40)$$

故最高高度为

$$h = \frac{1}{2}gt^2 = \frac{gb^2}{8v^2} \qquad (2\text{-}41)$$

由式(2-36)、式(2-35)及式(2-41),式(2-39)化成

$$W = \frac{(a+b)bmg^2}{8v^2} + \frac{1}{2}m'v^2 \qquad (2\text{-}42)$$

又完成一个大步所需时间为 $\frac{a+b}{v}$,因此单位时间内消耗能量为

$$P = \frac{W}{\frac{a+b}{v}} = \frac{bmg^2}{8v} + \frac{m'v^3}{2(a+b)} \tag{2-43}$$

注意假设(3),并设 $b=ja$,这里 j 表示跨步系数,则式(2-43)变为

$$P = C_4 j \cdot \frac{L^4}{v} + C_5 \cdot \frac{v^3 L^2}{(1+j)} \tag{2-44}$$

其中 C_4、C_5 是比例常数,令

$$\frac{dP}{dj} = 0 \tag{2-45}$$

有

$$(1+j)^2 = \frac{C_5 v^4}{C_4 L^2} \propto \frac{v^4}{L^2} \tag{2-46}$$

显然,由于个人的身体条件不同,因此每人选择的跨步步长 a、b 也不同,但每个人却可以通过式(2-46)选择跨步系数来节省能量。由式(2-46)可以看出,身材高的、腿长的,跨步系数便小;速度越快,跨步系数越大。

> **思考题:**
> 如何走路,即如何选择走路步长最节省能量?

2.8 香肠配方问题

在肉制品加工过程中,配方起着重要作用。某肉类加工企业为了提高西式香肠的质量,希望科学地进行原料的配方设计,以此合理地选择原料肉和辅料——主要是牛瘦肉、猪前肩肉、猪肋条肉和水——的主要化学成分。

1. 不考虑蒸煮及冷却损失

表2.1给出了生产所用的原料及辅料的主要营养成分含量,表2.2给出的是国家对熏煮香肠的各营养成分含量制定的标准。

表 2.1   %

化学成分	牛瘦肉	猪前肩肉	猪肋条肉	水或冰
水分	70	60	25	100
脂肪	10	24	65	0
蛋白质	18	15	8	0
其他	2	1	2	0

表 2.2   %

主要理化成分	含量	国家标准中的含量	主要理化成分	含量	国家标准中的含量
水分	60	≤50～70	磷酸盐	0.5	≤0.5
蛋白质	12.5	≥10	亚硝酸盐	0.003	≤0.003
脂肪	23	≤25	淀粉	0	≤10
食盐	2.5	≤3.5			

假设牛瘦肉、猪前肩肉、猪肋条肉、水的配比分别为 x_1、x_2、x_3、x_4，根据表 2.1 及表 2.2，得到方程组

$$\begin{cases} 70x_1 + 60x_2 + 25x_3 + 100x_4 = 60 \\ 10x_1 + 24x_2 + 65x_3 + 0 = 23 \\ 18x_1 + 15x_2 + 8x_3 + 0 = 12.5 \\ 2x_1 + x_2 + 2x_3 + 0 \approx 1.5 \end{cases} \quad (2\text{-}47)$$

将方程组(2-47)中第 4 个方程也看成等式，则该方程组写成向量形式如下：

$$AX = B \quad (2\text{-}48)$$

其中

$$A = \begin{bmatrix} 70 & 60 & 25 & 100 \\ 10 & 24 & 65 & 0 \\ 18 & 15 & 8 & 0 \\ 2 & 1 & 2 & 0 \end{bmatrix}, \quad X = [x_1 \ x_2 \ x_3 \ x_4]^T, \quad B = [60 \ 23 \ 12.5 \ 1.5]^T$$

易验证矩阵 A 可逆，从而得

$$X = A^{-1}B = [x_1 \ x_2 \ x_3 \ x_4]^T = [0.4385 \ 0.1923 \ 0.2154 \ 0.1238]^T$$
(2-49)

因此，得到该配方的原料配比如表 2.3 所示。

表 2.3   %

原料	配比	原料	配比
牛瘦肉	43.85	食盐	2.5
猪前肩肉	19.23	磷酸盐	0.5
猪肋条肉	21.54	亚硝酸盐	0.003
水或冰	12.38		

2. 考虑蒸煮及冷却损失

根据企业的生产经验,实际生产中的蒸煮损失一般为 6%,冷却损失一般为 2%,这时需要重新调整原料的配比。

考虑到冷却损失,配比数应该是
$$100/(1-0.02) = 102.04$$
考虑到蒸煮损失,实际配比数应该是
$$102.04/(1-0.06) = 108.6$$
即相当于水的添加量在原来的基础上增加了
$$108.6 - 100 = 8.6$$
因此,水的量应该为
$$12.38 + 8.6 = 20.98$$

由于水量的增加,导致配比数的增加,因此,原来各原料所占比例相应减小。考虑蒸煮及冷却损失,熏煮香肠的配比如表 2.4 所示。

表 2.4   %

原料	配比	原料	配比
牛瘦肉	40.38(43.85/108.6)	食盐	2.30(2.5/108.6)
猪前肩肉	17.71(19.23/108.6)	磷酸盐	0.46(0.5/108.6)
猪肋条肉	19.83(21.54/108.6)	亚硝酸盐	0.0028(0.003/108.6)
水或冰	19.32(20.98/108.6)		

2.9 斑点猫头鹰的生态危机

北方斑点猫头鹰(见彩图 2.11)是美国濒临灭绝动物之一。2004 年,研究人员开始在美国维拉美特国家森林关注斑点猫头鹰的生存问题。在加利福尼亚的红森林深处,斑点猫头鹰是老鼠的主要捕食者,斑点猫头鹰的食物有 80% 来自老鼠。研究人员希望通过建立数学模型来分析猫头鹰和老鼠的增长情况和分布情况。

经过研究发现,如果没有老鼠作为食物,每月仅有一半的猫头鹰存活下来;猫头鹰依赖老鼠的增长率为 40%;老鼠的自然增长率为 10%;由于猫头鹰的捕食而引起的老鼠死亡率为 p(事实上,一只猫头鹰每年平均吃掉 1000 只老鼠)。

设 O_k 是研究区域第 k 月猫头鹰的数量,R_k 是研究区域第 k 月老鼠的数量(单位是千只)。根据上述情况,建立生态系统方程如下:

$$\begin{cases} O_{k+1} = 0.5O_k + 0.4R_k \\ R_{k+1} = -pO_k + 1.1R_k \end{cases} \quad (2\text{-}50)$$

令 $\boldsymbol{x}_k = \begin{bmatrix} O_k \\ R_k \end{bmatrix}$，根据实际情况选取 $p = 0.104$，则式(2-50)写成

$$\boldsymbol{x}_k = \boldsymbol{A}\boldsymbol{x}_{k-1} \quad (2\text{-}51)$$

其中

$$\boldsymbol{A} = \begin{bmatrix} 0.5 & 0.4 \\ -0.104 & 1.1 \end{bmatrix}$$

递推式(2-51)，得到

$$\boldsymbol{x}_k = \boldsymbol{A}\boldsymbol{x}_{k-1} = \cdots = \boldsymbol{A}^k \boldsymbol{x}_0 \quad (2\text{-}52)$$

其中初始向量为 $\boldsymbol{x}_0 = \begin{bmatrix} Q_0 \\ R_0 \end{bmatrix}$，$Q_0$ 及 R_0 分别表示初始月猫头鹰及老鼠的数量。

利用相似变换，易求得可逆矩阵 $\boldsymbol{P}$ 使

$$\boldsymbol{P}^{-1}\boldsymbol{A}\boldsymbol{P} = \boldsymbol{\Lambda} \quad (2\text{-}53)$$

其中

$$\boldsymbol{\Lambda} = \begin{bmatrix} 1.02 & 0 \\ 0 & 0.58 \end{bmatrix}, \quad \boldsymbol{P} = \begin{bmatrix} 10 & 5 \\ 13 & 1 \end{bmatrix}, \quad \boldsymbol{P}^{-1} = \frac{1}{55}\begin{bmatrix} -1 & 5 \\ 13 & -10 \end{bmatrix}$$

从而，利用式(2-53)，得到

$$\begin{aligned} \boldsymbol{x}_k &= \boldsymbol{A}^k \boldsymbol{x}_0 = \boldsymbol{P}\boldsymbol{\Lambda}^k\boldsymbol{P}^{-1} x_0 \\ &= \begin{bmatrix} 10 & 5 \\ 13 & 1 \end{bmatrix}\begin{bmatrix} 1.02^k & 0 \\ 0 & 0.58^k \end{bmatrix}\frac{1}{55}\begin{bmatrix} -1 & 5 \\ 13 & -10 \end{bmatrix}\begin{bmatrix} Q_0 \\ R_0 \end{bmatrix} \\ &= \begin{bmatrix} 10 & 5 \\ 13 & 1 \end{bmatrix}\begin{bmatrix} 1.02^k & 0 \\ 0 & 0.58^k \end{bmatrix}\begin{bmatrix} Q_0 \\ R_0 \end{bmatrix} \\ &= \begin{bmatrix} 10 \\ 13 \end{bmatrix} Q_0 (1.02)^k + \begin{bmatrix} 5 \\ 1 \end{bmatrix} R_0 (0.58)^k \end{aligned} \quad (2\text{-}54)$$

由此我们可以得出，当 $k \to \infty$ 时，$(0.58)^k$ 很快趋于零。也就是说，对足够大的 k，

$$\boldsymbol{x}_k \approx Q_0 (1.02)^k \begin{bmatrix} 10 \\ 13 \end{bmatrix} \quad (2\text{-}55)$$

随着 k 的增大，上式的近似程度会更好，故对足够大的 k，有

$$\boldsymbol{x}_{k+1} \approx Q_0 (1.02)^{k+1} \begin{bmatrix} 10 \\ 13 \end{bmatrix} = (1.02) Q_0 (1.02)^k \begin{bmatrix} 10 \\ 13 \end{bmatrix} \approx 1.02 \boldsymbol{x}_k \quad (2\text{-}56)$$

式(2-56)表明，经过一段时间之后，猫头鹰和老鼠的数量每月大约以 1.02 的倍数增长，即猫头鹰和老鼠月增长率为 2%。并且，x_k 的两个分量的比率近似为 10∶13，也就是说，对应于每 10 只猫头鹰，大致有 13 000 只老鼠。

思考题：

在常染色体遗传中，后代从每个亲体的基因对中各继承一个基因，形成自己的基因对。某植物园中植物的基因型为 AA、Aa、aa。人们计划用 AA 型植物与每种基因型植物相结合的方案培育植物后代，其遗传属于常染色体遗传。人们感兴趣的是，经过若干年后，这种植物后代的三种基因型分布将出现什么情形？

第 3 章 微分方程模型

当物理与化学开始更多地从微观上研究自然界物质变化的规律时,数学也在发生着变化。其越来越注重数学在微观上对变量变化的研究,这就是微分学。利用微分对客观系统建立的模型就是微分方程模型。

事实上,在研究某些实际问题时,经常无法直接得到各变量之间的联系,问题的特性往往只会给出关于各变量变化率的一些关系。利用这些关系,我们可以建立相应的微分方程模型。在自然界以及工程技术领域中,微分方程模型是大量存在的。它甚至可以渗透到人口问题以及商业预测等领域中,其影响是广泛的。

从另一个方面来讲,从微小的变化量来研究函数变化的规律,微分方程模型提供了一种人们认识系统更加深入的描写和刻画。从这个角度说,微分方程模型在模拟客观事物时更加具有机理性和本质性。

比如,$y = x^2$ 与

$$\begin{cases} \dfrac{dy}{dx} = 2x \\ y\mid_{x=0} = 0 \end{cases}$$

对于变量之间的最终关系是一样的,但其对变量之间的刻画显然采取了不同的方式。前者是自变量和因变量之间宏观的一种函数关系,而后者则强调从微观上去认识系统,更确切地,是讲自变量的微小变化给系统带来的影响。

3.1 人口模型

1. Malthus 模型

18 世纪末,英国人 Malthus(马尔萨斯)在研究了百余年的人口统计资料后认为,在人口自然增长过程中,净相对增长率(出生率减去死亡率为净增长率)是常数。

设时刻 t 的人口为 $N(t)$,净相对增长率为 r,我们把 $N(t)$ 当作连续变量来考虑。按照 Malthus 的理论,在 t 到 $t+\Delta t$ 时间内人口的增长量为

$$N(t+\Delta t) - N(t) = rN(t) \cdot \Delta t$$

令 $\Delta t \to 0$,则得到微分方程

$$\frac{dN}{dt} = rN \tag{3-1}$$

设 $t=0$ 时人口为 N_0,即有

$$N|_{t=0} = N_0 \tag{3-2}$$

我们易求得微分方程(3-1)在初始条件式(3-2)下的解为

$$N(t) = N_0 e^{rt} \tag{3-3}$$

如果 $r>0$,式(3-3)则表明人口将以指数规律无限增长。特别地,当 $t\to\infty$ 时,将会有 $N(t)\to\infty$,而地球提供给人类的空间却是有限的。

我们可以利用目前的现实数据对上述模型进行检验。经验证发现,上述模型可以与 19 世纪以前欧洲一些地区的人口统计数据很好地吻合,但是当人们用它与 19 世纪的人口资料比较时,却发现了相当大的差异。分析表明,这种现象的主要原因是随着人口的增加,自然资源、环境条件等因素对人口增长的限制作用越来越显著。人口较少时,人口的自然增长率基本上是常数,而当人口增加到一定数量以后,这个增长率就要随着人口的增加而减少。因此,需要对上述指数模型关于净相对增长率是常数的基本假设进行修改。

2. Logistic 模型

荷兰生物数学家 Verhulst 引入常数 N_m 表示自然资源和环境条件所能容许的最大人口数,并假定净相对增长率等于 $r\left(1-\frac{N(t)}{N_m}\right)$,即净相对增长率随着 $N(t)$ 的增加而减少。当 $N(t)\to N_m$ 时,净增长率趋于零。这样,指数模型中的方程(3-1)就变为

$$\frac{dN}{dt} = r\left(1-\frac{N(t)}{N_m}\right)N \tag{3-4}$$

仍给出与 Malthus 模型相同的初始条件

$$N|_{t=0} = N_0 \tag{3-5}$$

则方程(3-4)的解为

$$N(t) = \frac{N_m}{1+\left(\frac{N_m}{N_0}-1\right)e^{-rt}} \tag{3-6}$$

易看出,当 $t\to\infty$ 时,$N(t)\to N_m$。

这个模型称为 Logistic 模型,经过计算发现其结果与实际情况比较吻合。图 3.1 是 Logistic 模型的图形。

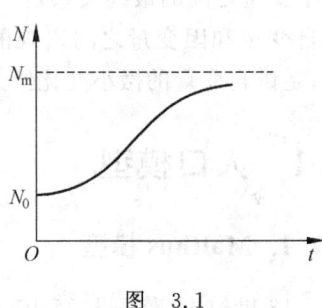

图 3.1

思考题:

(1) 说明 Logistic 模型中的常数 r 即为指数模型中的人口净相对增长率。

(2) 给出人口增长速度发生转折的时刻。

3.2 捕鱼问题

在渔场中捕鱼,捕的鱼越多,所获得的经济效益越大。但捕捞的鱼过多,会造成鱼量的急剧下降,势必影响日后鱼的总量。因此,我们希望在鱼的总量保持稳定的前提下,达到最大捕获量或者最优的经济效益。

设时刻 t 渔场中的鱼量为 $x(t)$,渔场资源条件所限制的 x 的最大值为 x_m,类似人口模型中的 Logistic 模型,我们得到在无捕捞情况下的关于 $x(t)$ 的微分方程

$$\frac{\mathrm{d}x}{\mathrm{d}t} = rx\left(1 - \frac{x}{x_m}\right) \tag{3-7}$$

其中 r 为鱼量的自然增长率。假设单位时间内捕捞量与渔场的鱼量成正比,捕捞率为 K,则在有捕捞的情况下,$x(t)$ 应满足

$$\frac{\mathrm{d}x}{\mathrm{d}t} = rx\left(1 - \frac{x}{x_m}\right) - Kx \tag{3-8}$$

我们并不去求解方程(3-8)以了解 $x(t)$ 的性质。下面介绍一种方法,可以利用方程(3-8)得到 $x(t)$ 的平衡点,从而研究其稳定性。

对于方程

$$\frac{\mathrm{d}x}{\mathrm{d}t} = f(x) \tag{3-9}$$

我们把代数方程

$$f(x) = 0 \tag{3-10}$$

的实根 x_0 称为方程(3-9)的平衡点。显然,$x = x_0$ 是方程(3-9)的一个解。另外,在点 x_0 附近

$$f(x) = f'(x_0)(x - x_0) + o(x - x_0) \tag{3-11}$$

所以,若 $f'(x_0) < 0$,则 $\frac{\mathrm{d}x}{\mathrm{d}t}$ 与 $(x - x_0)$ 异号,故当 $x > x_0$ 时,$\frac{\mathrm{d}x}{\mathrm{d}t} < 0$,从而当 t 增加时,x 向 x_0 方向减少;当 $x < x_0$ 时,$\frac{\mathrm{d}x}{\mathrm{d}t} > 0$,从而当 t 增加时,x 向 x_0 方向增大。这样,随着 t 的增加,有 $x(t) \to x_0$,故 x_0 是稳定的平衡点。反之,若 $f'(x_0) > 0$,则 x_0 是不稳定平衡点。

我们不难求出方程(3-8)的平衡点

$$x_0 = \frac{r - K}{r} x_m \tag{3-12}$$

对于方程(3-8),令

$$f(x) = rx\left(1 - \frac{x}{x_m}\right) - Kx$$

则易求得

$$f'(x_0) = K - r \tag{3-13}$$

根据上面关于平衡点稳定性的讨论易知,当 $K<r$ 时,式(3-12)的 x_0 点即是稳定平衡点。换句话说,只要不是"竭泽而渔", $K<r$ 就是渔业生产必须遵守的条件。

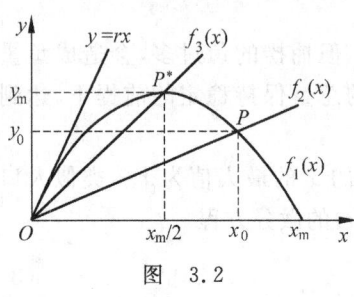

图 3.2

下面我们用图解法讨论在保持鱼量稳定的前提下,如何选取捕捞率 K 使捕捞量最大。设 $f_1(x)=rx\left(1-\dfrac{x}{x_m}\right)$, $f_2(x)=Kx$,其图形如图 3.2 所示,易求得 $f_1(x)$ 在原点处的切线为 $y=rx$。从而,当 $K<r$ 时,曲线 $f_1(x)$ 与 $f_2(x)$ 必相交,其交点的横坐标即为 x_0。也就是说,使渔场内鱼量保持稳定($K<r$)即意味着曲线 $f_1(x)$ 与 $f_2(x)$ 必相交。由图 3.2 不难看出,在所有与抛物线 $f_1(x)$ 相交的直线中,选择过抛物线的顶点 P^* 的直线将得到最大的捕捞量 y_m,此时,稳定平衡点 $x_0=\dfrac{x_m}{2}$,代入式(3-12)即得到

$$K=\frac{r}{2}, \quad y_m=Kx_0=\frac{rx_m}{4}$$

故我们得到结论:控制捕捞率 $K=\dfrac{r}{2}$,或者说,控制 K 使渔场内渔量保持在最大值 x_m 的一半时,就可在保持鱼量稳定的条件下使捕捞量最大。

下面我们在保持渔场鱼量稳定的前提下进一步分析,如何捕捞使经济利润最大。设鱼的单价为 p,开支与捕捞率成正比,比例系数为 c,则在保持鱼量稳定的条件下单位时间的捕捞利润是

$$Z=pKx_0-cK \tag{3-14}$$

注意,式(3-12)表示在 $K<r$ 条件下渔场的稳定鱼量,从中可解出

$$K=r\left(1-\frac{x_0}{x_m}\right)$$

代入式(3-14),得

$$Z(x_0)=r(px_0-c)\left(1-\frac{x_0}{x_m}\right) \tag{3-15}$$

令 $Z'(x_0)=0$,易求得使 $Z(x_0)$ 最大的 x_0 为

$$x_0=\frac{x_m}{2}+\frac{c}{2p}$$

此时捕捞量为

$$y=Kx_0=r\left(1-\frac{x_0}{x_m}\right)x_0=r\left(\frac{1}{2}-\frac{c}{2px_m}\right)\left(\frac{x_m}{2}+\frac{c}{2p}\right)=\frac{rx_m}{4}-\frac{rc^2}{4p^2x_m} \tag{3-16}$$

从式(3-16)易看出,为使经济利润最大,捕鱼量比前边算出的最大捕捞量 $y_m=\dfrac{rx_m}{4}$ 小,少捕的鱼量 $\dfrac{rc^2}{4p^2x_m}$ 与成本的平方成正比,与鱼价的平方成反比。

思考题：
通过求解方程(3-8)探讨捕鱼系统的稳定性问题。

3.3 广告模型

在当今这个信息社会中，广告在商品推销中起着极其重要的作用。当生产者生产出一批产品后，下一步便去思考如何更快、更多地卖出产品。由于广告的大众性和快捷性，其在促销活动中大受经营者的青睐。当然，经营者在利用广告这一手段时自然要关心：广告与促销到底有何关系？广告在不同时期的效果如何？

下面，我们针对某商品独家销售的情形给出广告模型。首先，作如下假设：

(1) 商品的销售速度会因做广告而增加，但商品在市场上趋于饱和时，销售速度将趋于极限值，这时，销售速度将开始下降；

(2) 自然衰减是销售速度的一种性质，商品销售的速度的变化率随商品的销售率的增加而减少。

设 $S(t)$ 为 t 时刻商品的销售速度，M 表示销售速度的上限，$\lambda>0$ 为衰减因子常数，即广告作用随时间增加而自然衰减的速度，$A(t)$ 为 t 时刻的广告水平（以费用表示），我们建立模型

$$\frac{\mathrm{d}S(t)}{\mathrm{d}t} = P \cdot A(t) \cdot \left(1 - \frac{S(t)}{M}\right) - \lambda S(t) \tag{3-17}$$

其中 P 为响应系数，即 $A(t)$ 对 $S(t)$ 的影响力，P 为常数。

由假设(1)，当销售进行到某个时刻时，无论怎样做广告，都无法阻止销售速度下降，故选择如下广告策略：

$$A(t) = \begin{cases} A, & 0 \leqslant t \leqslant \tau \\ 0, & t > \tau \end{cases}$$

其中 A 为常数。

在 $[0,\tau]$ 时间内，设用于广告的花费为 a，则 $A=\dfrac{a}{\tau}$，代入式(3-17)，有

$$\frac{\mathrm{d}S}{\mathrm{d}t} + \left(\lambda + \frac{P}{M} \cdot \frac{a}{\tau}\right)S = P \cdot \frac{a}{\tau}$$

令

$$b = \lambda + \frac{P}{M} \cdot \frac{a}{\tau}, \quad c = \frac{Pa}{\tau}$$

则有

$$\frac{\mathrm{d}S}{\mathrm{d}t} + bS = c \tag{3-18}$$

解式(3-18),得

$$S(t) = C_1 e^{-bt} + \frac{c}{b} \tag{3-19}$$

其中 C_1 为积分常数。给定初值 $S(0)=S_0$,则式(3-19)成为

$$S(t) = \frac{c}{b}(1-e^{-bt}) + S_0 e^{-bt} \tag{3-20}$$

当 $t>\tau$ 时,由 $A(t)$ 的表达式,则式(3-17)变为

$$\frac{dS}{dt} = -\lambda S \tag{3-21}$$

其解为

$$S(t) = C_2 e^{\lambda(\tau-t)} \tag{3-22}$$

C_2 为积分常数。为保证销售速度 $S(t)$ 不间断,我们在式(3-20)中取 $t=\tau$ 而得到 $S(\tau)$,将其作为式(3-21)的初始值,故式(3-22)的解为

$$S(t) = S(\tau)e^{\lambda(\tau-t)} \tag{3-23}$$

这样,联合式(3-20)与式(3-23),我们得到

$$S(t) = \begin{cases} \dfrac{c}{b}(1-e^{-bt}) + S_0 e^{-bt}, & 0 \leqslant t \leqslant \tau \\ S(\tau)e^{\lambda(\tau-t)}, & t > \tau \end{cases}$$

其图形如图 3.3 所示。

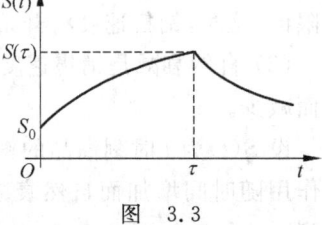

图 3.3

> **思考题:**
> 在 $t=\tau$ 处,广告策略是间断的,为什么却假设销售速度 $S(t)$ 连续,从而得到 $S(t)$ 在 $t>\tau$ 阶段的表达式(3-23)?

3.4 Vanmeegeren 的艺术伪造品

在第二次世界大战末期,比利时解放后,德国战场安全部开始追捕纳粹同党。在与德国有业务往来的记录中,他们发现一位银行家在拍卖 17 世纪荷兰著名画家 Jan Vermeer 的名画中曾充当过中间人。这位中间人后来承认,他担任过德国三流画家 H. A. Vanmeegeren 的代理人。1945 年 5 月 29 日,Vanmeegeren 以通敌罪被逮捕。然而,在 1945 年 7 月 12 日,Vanmeegeren 一口咬定,他从未拍卖过 Jan Vermeer 的名画,他声称这幅画以及《Emmaus 的信徒们》等四幅画都是他伪造的,同时伪造的还有 17 世纪荷兰另一位画家 de Hooghs 的作品。为了证实这一切,Vanmeegeren 在狱中开始伪造 Vermeer 的画《耶稣在学者中间》。当他的工作几乎要完成时,他获悉自己可能以伪造罪被判刑。于是,他拒绝将画进行老化。

为了解决这一问题,一个由著名化学家、物理学家和艺术史学家组成的国际调查小组受命调查此事。调查小组用 X 射线透视等现代手段来分析检验绘画所用的颜料,从而检验某

些年代迹象。尽管 Vanmeegeren 千方百计地去掩饰,专家调查小组还是在油画中发现了现代物质诸如钴蓝的痕迹。这样,伪造罪成立。Vanmeegeren 也因此被判处一年徒刑。1947年1月,他在狱中由于心脏病发作死去。

但是,许多人还是不相信《Emmaus 的信徒们》等名画是伪造的。他们的理由是:Vanmeegeren 在狱中快要完成的画《耶稣在学者中间》的质量很差。调查小组解释说,由于 Vanmeegeren 对他在艺术界的三流画家地位很不满,因此带着狂热的决心临摹了那幅画。当他看到自己的"杰作"未被识别而轻易出手后,他的决心也随之消失了。

然而,这种解释并不能使怀疑者满意,直到 1967 年卡耐基-梅龙大学的科学家们才利用微分方程模型基本解决了这一问题。

下面,我们需了解一些颜料方面的知识。画家用白铅作颜料已有 2000 年的历史了,而白铅中含有少量的铅 210(Pb210)和更少的镭 226(Ra226)。白铅是由铅金属产生的,而铅金属是经过熔炼从铅矿石中提炼出来的。在铅矿中铅 210 和镭 226 本是处在放射平衡中,而在上述提取过程中,矿石中铅 210 随铅金属被提取出来,不过,90%～95%的镭以及它的派生物都随着炉渣中的废物排出了。从图 3.4 可以看出,铅 210 的提取物被排掉了。为了使镭 226 与铅 210 再达到放射平衡,铅 210 开始迅速衰减,其半衰期为 22 年。

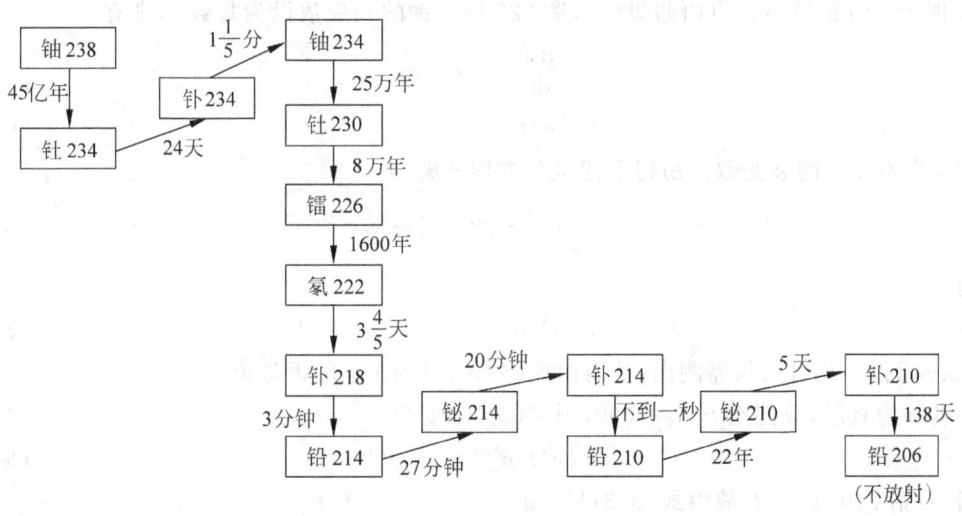

图 3.4

物理学家 Rutherford 曾指出:物质的放射性正比于物质的原子数。设 t 时刻原子数为 $N(t)$,则有

$$\frac{dN}{dt} = -\lambda N \tag{3-24}$$

其中负号表示减少,λ 为物质的衰变常数。如果给出初始条件

$$N|_{t=t_0} = N_0 \tag{3-25}$$

则式(3-24)的解为
$$N(t) = N_0 e^{-\lambda(t-t_0)} \tag{3-26}$$

类似于上节的定义,物理上称放射性原子衰变到一半时所需要的时间为半衰期,用 T 来表示,在式(3-26)中令 $\dfrac{N}{N_0} = \dfrac{1}{2}$,则有

$$T = \frac{\ln 2}{\lambda} \tag{3-27}$$

为了使模型简化,我们作如下假定。

(1) 由图 3.4 可知,镭的半衰期为 1600 年,而我们只对 300 年左右这一段时间感兴趣,所以每分钟镭的衰变数可以近似看成常数。

(2) 铅 210 的衰变大致为

$$\text{铅 210} \xrightarrow{T=22\,\text{年}} \text{钋 210(Po210)} \xrightarrow{T=138\,\text{天}} \text{铅 206(不放射)}$$

若画为真的,颜料应使用 300 年左右的时间,故可认为铅 210 每分钟的衰变数与钋 210 每分钟的衰变数近似相等。由于钋 210 的半衰期较短,故其易于测量。

下面,我们来计算铅 210 的数量。设 $y(t)$ 为 t 时刻白铅中的铅 210 的数量,y_0 为初始时刻 t_0 时铅 210 的数量。再由假设(1),镭 226 每分钟的衰变数设为常数 r,则有

$$\begin{cases} \dfrac{dy}{dt} = -\lambda y + r \\ y(t_0) = y_0 \end{cases} \tag{3-28}$$

其中 λ 为铅 210 的衰变数。易得上述微分方程的解为

$$y(t) = \frac{r}{\lambda}[1 - e^{\lambda(t-t_0)}] + y_0 e^{-\lambda(t-t_0)} \tag{3-29}$$

从而

$$\lambda y_0 = \lambda y(t) e^{\lambda(t-t_0)} - r[e^{\lambda(t-t_0)} - 1] \tag{3-30}$$

$\lambda y(t)$ 及 r 均可用仪器测出,从而由式(3-30)得到 λy_0 的近似值。

若画为真品,我们选 $t - t_0 \approx 300$,则式(3-30)变为

$$\lambda y_0 \approx \lambda y(t) e^{300\lambda} - r(e^{300\lambda} - 1) \tag{3-31}$$

又,针对铅 210,$T=22$,故由式(3-31)易知

$$\lambda = \frac{\ln 2}{22}$$

从而,

$$e^{300\lambda} = e^{\frac{300}{22}\ln 2} = 2^{\frac{150}{11}} \tag{3-32}$$

对《Emmaus 的信徒们》的测定,得到相应的钋 210 和镭 226 的衰变数(见表 3.1),代入式(3-31)即得

$$\lambda y_0 = 2^{\frac{150}{11}} \times 8.5 + 0.82 \times (2^{\frac{150}{11}} - 1) = 98\,050 \text{ 个}/(\min \cdot g)$$

而对于实际情况,铅 210 最初即使以每克 100 个/min 的速度衰变也是不合理的。故上述 λy_0 值大得令人无法接受。因此,这幅《Emmaus 的信徒们》的画一定是伪造的。

表 3.1

画 名	Po210 的衰变数	Ra226 的衰变数	画 名	Po210 的衰变数	Ra226 的衰变数
Emmaus 的信徒们	8.5	0.82	弹曼陀林的妇人	8.2	0.17
洗足	12.6	0.26	做花边的人	1.5	1.4
读乐谱的妇人	10.3	0.3	欢笑的女孩	5.2	6

3.5 观众厅地面的升起曲线

我们在影剧院看电影时,经常为前边观众遮挡住自己的视线而苦恼。显然,场内的观众都在朝台上看,如果场内地面不做成前低后高的坡度,那么,前面的观众必然会遮挡后面观众的视线。这样说来,地面坡度曲线应该如何设计呢?

1. 问题的假设与提出

我们先从观众厅纵剖面图入手,求出中轴线上地面的坡度升起曲线,这样,可以得到整个观众厅地面等高线。首先,作如下假设:

(1) 同一排的座位在同一等高线上;
(2) 每个坐在座位上的观众的眼睛距地面都是一样高的;
(3) 每个坐在座位上的观众的头与地面距离也相等,另外,我们所设计的曲线只要使观众的视线从前一个座位的人的头顶擦过即可。

以设计视点 O 为原点,以地水平线为 x 轴,其垂直方向为 y 轴,建立坐标系。图 3.5 为观众厅纵剖面图,其中:

O——处在台上的设计视点;
a——第一排观众与设计视点的水平距离;
b——第一排观众到 x 轴的垂直距离;
d——相邻两排的排距;
δ——视线升高标准;
x——任一排与设计视点 O 的水平距离。

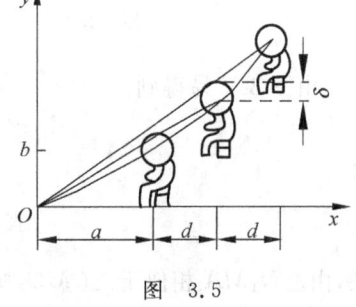

图 3.5

现在的问题是:求任一排与设计视点 O 的垂直距离函数 $y=y(x)$,以使此曲线满足视线的无遮挡要求。

由假设(2),每个观众的眼睛与坡度地面的高度差都是相等的,这样,为简化问题,我们可以用从前到后的观众的眼睛曲线来代替坡度曲线 $y=y(x)$。事实上,将前者向下平移若干距离即得到后者。以下,我们即把 y 看作为观众眼睛距 x 轴的垂直距离。

2. 微分不等式

设地面升起曲线应满足微分方程

$$\frac{dy}{dx} = F(x, y) \tag{3-33}$$

当然,对于微分方程(3-33),我们需加上初始条件

$$y|_{x=a} = b \tag{3-34}$$

首先,从图 3.6 可以看出,从第一排起,观众眼睛与 O 点的连线的斜率随排数的增加而增加,而眼睛升起曲线显然与这些直线都相交,故易看出此升起曲线是凹的(严格证明略)。

更进一步,我们观察图 3.7,这里,选择与某排 $M(x, y)$ 相邻的排 $M_1(x-d, y_1)$ 及 $M_2(x+d, y_2)$ 考虑。在 M 点作曲线 $y=y(x)$ 的切线,由曲线 $y=y(x)$ 是凹的易看出,在 M 点,

$$K_{MM_1} < K_{y(x)} < K_{MM_2} \tag{3-35}$$

其中 K 表示斜率。

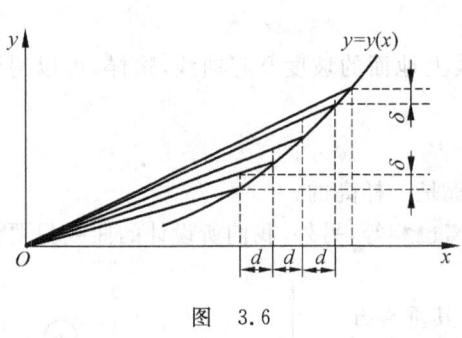 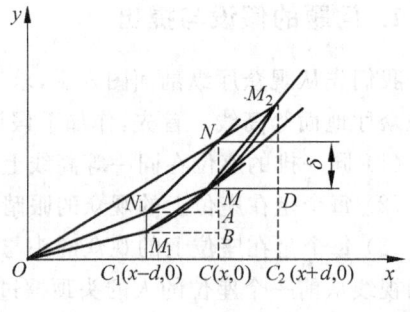

图 3.6　　　　　　　　　图 3.7

由图 3.7 易得到

$$M_1 N_1 = MN = AB = \delta$$

故

$$K_{MM_1} = \frac{MA + AB}{M_1 B} = \frac{MA + \delta}{d} \tag{3-36}$$

又,由 $\triangle N_1 MA$ 相似于 $\triangle OMC$,则有

$$\frac{MA}{y} = \frac{d}{x}$$

故

$$MA = \frac{y}{x} d$$

代入式(3-36),即有

$$K_{MM_1} = \frac{y}{x} + \frac{\delta}{d} \qquad (3\text{-}37)$$

下面计算 K_{MM_2}。由 $\triangle OM_2C_2$ 相似于 $\triangle ONC$,则有

$$\frac{M_2D + y}{y + \delta} = \frac{x + d}{x}$$

故

$$M_2D = \frac{(x+d)(y+\delta)}{x} - y = \frac{yd}{x} + \frac{\delta d}{x} + \delta$$

从而

$$K_{MM_2} = \frac{M_2D}{MD} = \frac{y}{x} + \frac{\delta}{x} + \frac{\delta}{d} \qquad (3\text{-}38)$$

由式(3-37)及式(3-38),则式(3-35)可写成

$$\frac{y}{x} + \frac{\delta}{d} < \frac{dy}{dx} < \frac{y}{x} + \frac{\delta}{x} + \frac{\delta}{d} \qquad (3\text{-}39)$$

我们考虑微分方程的定解问题

$$\begin{cases} \dfrac{dy_1}{dx} = \dfrac{y_1}{x} + \dfrac{\delta}{d} \\ y_1|_{x=a} = b \end{cases}$$

及

$$\begin{cases} \dfrac{dy_2}{dx} = \dfrac{y_2}{x} + \dfrac{\delta}{x} + \dfrac{\delta}{d} \\ y_2|_{x=a} = b \end{cases}$$

其相应解分别为

$$y_1(x) = \frac{b}{a}x + \frac{\delta}{d}x\ln\frac{x}{a}$$

$$y_2(x) = \frac{b}{a}x + \frac{\delta}{d}x\ln\frac{x}{a} + \delta\left(\frac{x}{a} - 1\right)$$

根据式(3-39)及相应的微分方程理论,原微分方程(3-33)和(3-34)的解 $y(x)$ 必处在 $y_1(x)$ 与 $y_2(x)$ 中间,从而有

$$\frac{b}{a}x + \frac{\delta}{d}x\ln\frac{x}{a} < y(x) < \frac{b}{a}x + \frac{\delta}{d}x\ln\frac{x}{a} + \delta\left(\frac{x}{a} - 1\right) \qquad (3\text{-}40)$$

3. 地面升起曲线

式(3-40)虽给出了地面升起曲线的范围,但并未给出地面升起曲线的表达式。这里,我们采取工程上常采用的折中法,取

$$y = \frac{y_1 + y_2}{2}$$

作为问题的解答,故有

$$y = \frac{b}{a}x + \frac{\delta}{d}x\ln\frac{x}{a} + \frac{\delta}{2}\left(\frac{x}{a} - 1\right) \tag{3-41}$$

4. 总结与讨论

式(3-41)给出的计算观众厅坡度的函数关系在实际应用中得到了良好的效果。同时,根据式(3-41),可以对实际应用进行指导。

首先,为了减小坡度,可适当调整 a、b、δ、d 等参数,同时又不影响预定的无视线遮挡的要求。例如,可把前后两排座位交错排开,使前后两排座位即使处在同一高度上也不会出现视线遮挡问题。这样,d 可增加二倍,从式(3-41)可看出,y 便相应地减少,即坡度将减缓。

再进一步,我们看到,地面升起后必然会占据一定的空间。如果以这部分浪费的空间作为衡量是否经济的指标之一,我们考虑纵剖图中因地面升起所占的面积 S。设最后一排横坐标为 B,则有

$$S = \int_a^B \left[\frac{b}{a}x + \frac{\delta}{d}x\ln\frac{x}{a} + \frac{\delta}{2}\left(\frac{x}{a} - 1\right)\right]dx$$

$$= \frac{B^2 - a^2}{2a} \cdot \left(b + \frac{\delta}{2}\right) + \frac{\delta}{d} \times \left(\frac{a^2 - B^2}{4} + \frac{1}{2}B^2\ln\frac{B}{a}\right) + \frac{\delta}{2}(a - B)$$

由上面 S 的表达式易看出,随着观众厅进深的加长,占据的空间将随 B 的增加而迅速增加。因此,过长的进深是不利的,其增加速度可估计如下:

$$\lim_{B \to +\infty} \frac{S}{B^2} = \lim_{B \to +\infty} \left[\left(b + \frac{\delta}{2}\right) \cdot \frac{1 - \frac{a^2}{B^2}}{2a} + \frac{\delta}{d}\left(\frac{\frac{a^2}{B^2} - 1}{4} + \frac{1}{2}\ln\frac{B}{a}\right) + \frac{\delta}{2}\left(\frac{a^2}{B^2} - \frac{1}{B}\right)\right]$$

$$= +\infty$$

选取 α 满足 $0 < \alpha < 1$,则

$$\lim_{B \to +\infty} \frac{S}{B^{2+\alpha}} = \lim_{B \to +\infty}\left[\left(b + \frac{\delta}{2}\right) \cdot \frac{B^2 - a^2}{2aB^{2+\alpha}} + \frac{\delta}{d}\left(\frac{a^2 - B^2}{4B^{2+\alpha}} + \frac{\ln\frac{B}{a}}{2B^\alpha}\right) + \frac{a - B}{2B^{2+\alpha}}\right]$$

$$= \lim_{B \to +\infty} \frac{\delta}{d} \cdot \frac{\ln\frac{B}{a}}{2B^\alpha} = 0$$

这表明,随着进深的加长,指标 S 的增长速度将介于 B^2 与 $B^{2+\alpha}$ 之间,即比 B^2 的增长速度还要快得多。

思考题:

在第二部分中,为什么微分方程(3-33)及(3-34)的解 $y(x)$ 处在 $y_1(x)$ 与 $y_2(x)$ 中间,从而式(3-41)成立?

3.6 越战的难题

1968年,美国在越南战争中陷入泥潭。美国总统约翰逊和美驻越最高指挥官Westmoreland将军一直宣称北越军事力量在节节削弱,并承诺战争会在短期内结束。但1968年1月底,越共领导的北越部队发动了规模空前的春节攻势。这次春节攻势攻打西贡长达三天,在越南的传统首都顺化激战持续一个月之久,并彻底破坏了美军溪山基地。虽然春节攻势没有取得预期的胜利,但却震动了美国朝野,其惨烈状况表明北越依然拥有巨大的军事力量。因此,Westmoreland将军向总统约翰逊要求增派一支206 000人的部队。不过战事状况已使美国人民焦急和失望,使美国社会承受着巨大的负担。约翰逊总统面临着国会和大众的双重压力,不得不慎重考虑派兵问题。

事实上,约翰逊总统是战争的发起者,自然不愿意不体面地就此罢休。他需要做的是对战事的分析,对战争双方的力量对比做一个准确的判断。

1. 三种Lanchester战斗模型

一支 x 部队和一支 y 部队互相交战。我们通过建立模型来分析双方"力量"的对比。除了士兵的数量,"力量"还应包括战斗准备就绪情况、武器性能及指战员素质等。为了分析及建模方便,我们选取"力量"的主要部分,即士兵的数量作为我们分析与建模的变量。设 $x(t)$ 和 $y(t)$ 分别表示两个部队在 t 时刻士兵的数量。我们假设 $x(t)$ 和 $y(t)$ 连续变化,并且为时间的可导函数,这对大规模作战是合理的。

设 x 部队的自然损失率(即由于各种不可避免的疾病、开小差及其他非作战事故所引起的损失)为 α,由于与对方部队遭遇而产生的战斗损失率为 β,补充率为 γ,则关于 $x(t)$ 我们有

$$\frac{\mathrm{d}x}{\mathrm{d}t} = -(\alpha + \beta) + \gamma \tag{3-42}$$

y 部队也有一个类似的方程。我们需要通过这些方程分析敌对双方相应的微分方程的解 $x(t)$ 和 $y(t)$,从而确定谁"赢得"战斗。

为方便起见,我们列出下面分析中将要用到的一些符号:

$a、b、c、e、h、g$——非负损失率常数;

$P(t),Q(t)$——以兵员数量计算的双方每天的补充数;

$x(t),y(t)$——t 时刻敌对部队双方的战斗力量;

x_0,y_0——战斗开始时双方的战斗力量;

t——战斗时刻。

Lanchester根据战争的不同特性,给出了三种作战模型:

常规战

$$\begin{cases} \dfrac{\mathrm{d}x}{\mathrm{d}t} = -ax - by + P(t) \\ \dfrac{\mathrm{d}y}{\mathrm{d}t} = -cx - ey + Q(t) \end{cases} \tag{3-43}$$

游击战

$$\begin{cases} \dfrac{\mathrm{d}x}{\mathrm{d}t} = -ax - gxy + P(t) \\ \dfrac{\mathrm{d}y}{\mathrm{d}t} = -cx - hxy + Q(t) \end{cases} \tag{3-44}$$

混合型常规-游击战

$$\begin{cases} \dfrac{\mathrm{d}x}{\mathrm{d}t} = -ax - gxy + P(t) \\ \dfrac{\mathrm{d}y}{\mathrm{d}t} = -cx - ey + Q(t) \end{cases} \tag{3-45}$$

下面,重点讨论第一种和第三种情形。

2. 常规战斗:平方律

我们考虑两支独立的常规部队正在交战,假设双方自然损失为零,并假设双方没有增援,这时,常规战模型化为

$$\dfrac{\mathrm{d}x}{\mathrm{d}t} = -by \tag{3-46}$$

$$\dfrac{\mathrm{d}y}{\mathrm{d}t} = -cx \tag{3-47}$$

用式(3-47)除以式(3-46),得

$$\dfrac{\mathrm{d}y}{\mathrm{d}x} = \dfrac{cx}{by} \tag{3-48}$$

在式(3-48)中分离变量并积分,得

$$b\int_{y_0}^{y(t)} y\mathrm{d}y = c\int_{x_0}^{x(t)} x\mathrm{d}x \tag{3-49}$$

$$b(y^2 - y_0^2) = c(x^2 - x_0^2)$$

由于相互对抗的部队之间的这种二次关系,故也把常规战斗模型冠以平方律模型。

设 $K = by_0^2 - cx_0^2$,则由式(3-49)得

$$by^2 - cx^2 = K \tag{3-50}$$

其图形是一支双曲线(若 $K=0$ 则为一对直线)。图 3.8 绘出了对应于不同 K 值的双曲线。显然我们只需考察第一象限中的曲线。曲线上的箭头表示兵力随时间而变的方向。由式(3-46)及式(3-47),只要 $x>0, y>0$,就有

$$\frac{dx}{dt}<0,\quad \frac{dy}{dt}<0$$

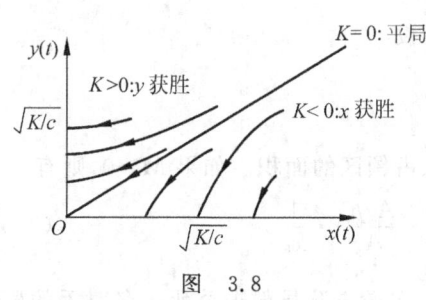

图 3.8

所以箭头的方向如图 3.8 所示。

如果一支部队先被消灭,我们就说另一支部队将获胜。这样,如果 $K>0$,则 y 获胜,这是因为,由式(3-50),当 y 减少到 $\sqrt{\frac{K}{b}}$ 时,$x=0$。因此,y 部队试图形成一个 $K>0$ 的战斗态势,即 y 部队希望下述不等式成立:

$$by_0^2 > cx_0^2 \tag{3-51}$$

令 $b=r_y p_y$, $c=r_x p_x$,这里 r_y 和 r_x 分别表示 y 部队和 x 部队的射击次数,p_y, p_x 分别表示 y 部队及 x 部队人员一次射击杀死一个对方的概率。则式(3-51)可写成

$$\left(\frac{y_0}{x_0}\right)^2 > \frac{r_x}{r_y} \cdot \frac{p_x}{p_y} \tag{3-52}$$

这就是 y 部队作战占优势的条件。假如两支部队都训练有素,并且都处于良好的作战条件,那么,很难看出作战双方对式(3-52)的右端会有多大影响。式(3-52)左边的平方说明,初始兵力比例 $\frac{y_0}{x_0}$ 的变化被平方地放大了。显然,y 部队的目标是增大兵力比例,而其对手是要减少这个比例。假如开始时 y 部队力量仅是 x 部队力量的二倍,那么,由式(3-52),在战争中 y 部队将获得四倍的作战优势。

3. 混合型常规-游击战:抛物律

一支游击队伍与一支常规部队作战,我们假设即无增援又无自然损失。在这种情况下,混合型常规-游击战模型式(3-45)将化为

$$\begin{cases}\dfrac{dx}{dt}=-gxy\\ \dfrac{dy}{dt}=-cx\end{cases} \tag{3-53}$$

其中 x 表示游击部队,y 表示常规部队。两式相除,得

$$\frac{dy}{dx}=\frac{c}{gy}$$

积分,得

$$gy^2=2cx+M \tag{3-54}$$

其中,$M=gy_0^2-2cx_0$。同理,如果 $M<0$,则游击队获胜,若 $M>0$ 则常规部队获胜。图 3.9 为式(3-54)所给出的抛物线的图形。

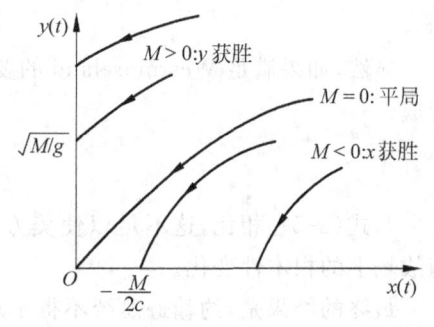

图 3.9

经验表明，只有兵力比例 $\frac{y_0}{x_0}$ 远远大于 1 时，常规部队 y 才能战胜游击队 x。下面我们根据以上结果分析一下，$\frac{y_0}{x_0}$ 为何值时才可以使 y 获胜。设

$$g = r_y \frac{A_y}{A_x}$$

其中 A_y 表示 y 一次的射击有效面积，A_x 表示游击队占领区的面积。如果 $M > 0$，则有

$$\left(\frac{y_0}{x_0}\right)^2 > \frac{2c}{g} \cdot \frac{1}{x_0} = 2 \cdot \frac{r_x}{r_y} \cdot \frac{A_x p_x}{A_y} \cdot \frac{1}{x_0} \tag{3-55}$$

假设 x 与 y 的 r_x 与 r_y 近似相等，即 $\frac{r_x}{r_y} \approx 1$。再假设一名游击队员射击杀死一名对手的概率是 10%，并且在掩体的掩护下，单个游击队员易受攻击的部分是 2 平方英寸，即 $A_y = 2$，则式(3-55)化为

$$\left(\frac{y_0}{x_0}\right)^2 > 0.1 \cdot \frac{A_x}{x_0} \tag{3-56}$$

通常，游击队是以相对较小的单位作战，故设 $x_0 = 100$，并且，假设每个游击队员有 1000 平方英寸的活动范围，从而

$$A_x = 100 \times 1000 = 10^5$$

故式(3-56)化为

$$\frac{y_0}{x_0} > 10 \tag{3-57}$$

由此看到，如果游击队在将其隐藏起来的相对较大范围内以较小单位作战，那么常规部队的兵力必须相当大。

4. 尾声

当越南战争进行到 1968 年时，美国一方的常规兵力是 1 680 000，越南游击队的兵力是 280 000，兵力比是

$$\frac{1\,680\,000}{280\,000} = 6$$

显然，如果满足 Westmoreland 的要求，增派一支 206 000 人的部队，那么双方的兵力比变成

$$\frac{1\,886\,000}{280\,000} \approx 6.7$$

与式(3-57)相比，这不足以使美方的常规部队的状况有很大变化，从而也无法保证越南战场上的根本性变化。

最终的结果是，约翰逊总统不得不从政治上寻求一种解决越南战争的办法。他拒绝了 Westmoreland 的请求，发起了巴黎和平会谈。

> **思考题：**
> 毛泽东的十大军事原则，是根据土地革命战争、抗日战争和解放战争初期的经验，在解放战争转入战略进攻阶段之际，于1947年12月25日在中共中央召开的会议上所做《目前形势和我们的任务》的报告中正式提出的。其中，第四条军事原则指出——每战集中绝对优势兵力（两倍、三倍、四倍，有时甚至是五倍或六倍于敌之兵力），四面包围敌人，力求全歼，不使漏网。在特殊情况下，则采用给敌以歼灭性打击的方法，即集中全力打敌正面及其一翼或两翼，求达歼灭其一部，击溃其另一部的目的，以便我军能够迅速转移兵力歼击他部敌军……

分析毛泽东十大军事原则之四"集中优势兵力打歼灭战"的合理性。

3.7 地中海鲨鱼问题

随着人类对自身及自然界越来越深入的了解，人类对自然界的生态保护也越来越迫切。不过，这种认识来得太晚了，一些大型动物正在濒临灭绝。如中国的东北虎和华南虎就难寻其踪迹。

2007年10月12日，陕西林业厅公布了猎人周正龙用数码相机和胶片相机拍摄的华南虎照片（见彩图3.10）。随后，照片真实性受到来自网友、华南虎专家和中科院专家的质疑。2008年6月29日，陕西省政府通报周正龙华南虎照片造假。9月27日，周正龙一审获刑两年零六个月。11月17日终审，周正龙承认造假，获刑2年半缓期3年。

很有趣的现象是，人类同样捕杀各种动物，但作为动物链条的顶端，大型动物却越来越少，这实在是一个饶有兴趣的现象。

无独有偶，20世纪20年代中期，意大利生物学家Umberto D'Ancona偶然注意到第一次世界大战期间在原南斯拉夫的里耶卡港，人们捕获的鱼类中，鲨鱼等软骨鱼的百分比大量增加（见表3.2）。显然，战争使捕鱼量下降，鲨鱼等软骨鱼也随之增加。然而一个奇怪的现象是，供鲨鱼捕食的食用鱼的百分比却明显下降，这是为什么呢？

表 3.2

年份	1914	1915	1916	1917	1918
百分比/%	11.9	21.4	22.1	21.2	36.4
年份	1919	1920	1921	1922	1923
百分比/%	27.3	16.0	15.9	14.8	10.7

百思不得其解的D'Ancona求助于他的同事——著名的意大物数学家Vito Volterra，希望他能对软骨鱼及食用鱼的增长情况建立一个数学模型。后来，Volterra成功地利用微

分方程组解释了这一现象。

设食用鱼的数量为 $x(t)$，鲨鱼等软骨鱼的数量为 $y(t)$，这里 t 为时间变量。根据鲨鱼靠捕食食用鱼为生这一事实，我们建立下面的微分方程组：

$$\begin{cases} \dfrac{\mathrm{d}x}{\mathrm{d}t} = ax - bxy \\ \dfrac{\mathrm{d}y}{\mathrm{d}t} = -cy + fxy \end{cases} \tag{3-58}$$

其中 a、b、c、f 皆为正常数。方程组(3-58)给出了在没有捕鱼的情况下，软骨鱼和食用鱼之间相互影响的关系。

一般情况下，我们并不想知道方程组(3-58)中 $x(t)$、$y(t)$ 的变化规律，只关心 $t \to +\infty$ 时 $x(t)$、$y(t)$ 的变化趋势，因此，只要讨论方程组(3-58)的平衡点及稳定性即可。

所谓方程组

$$\begin{cases} \dfrac{\mathrm{d}x}{\mathrm{d}t} = f(x,y) \\ \dfrac{\mathrm{d}y}{\mathrm{d}t} = g(x,y) \end{cases} \tag{3-59}$$

的平衡点 $P_0(x_0, y_0)$ 就是代数方程组

$$\begin{cases} f(x,y) = 0 \\ g(x,y) = 0 \end{cases}$$

的解。仅当 $\lim\limits_{t \to +\infty} x(t) = x_0$ 且 $\lim\limits_{t \to +\infty} y(t) = y_0$ 时，我们说平衡点 P_0 是稳定的。称 $x = x_0$，$y = y_0$ 为方程组(3-59)的平衡解。

注意到，方程组(3-58)有两组平衡解 $x(t) = 0, y(t) = 0$ 及 $x(t) = \dfrac{c}{f}, y(t) = \dfrac{a}{b}$。对第一组平衡解，没有讨论的实际意义。我们在 $x > 0, y > 0$ 的范围内对方程组(3-58)进行讨论。

对于 $x \neq 0, y \neq 0$，方程组(3-58)两式相除，得

$$\frac{\mathrm{d}y}{\mathrm{d}x} = \frac{-cy + fxy}{ax - bxy} = \frac{y(-c + fx)}{x(a - by)} \tag{3-60}$$

易得式(3-60)的解为

$$\frac{y^a}{\mathrm{e}^{by}} \cdot \frac{x^c}{\mathrm{e}^{fx}} = K \tag{3-61}$$

其中，K 为任意常数。关于解式(3-61)，我们给出如下定理。

定理 3.1 对于 $x > 0, y > 0$，方程式(3-61)给出了一族封闭曲线，且每条封闭曲线不包含方程组(3-58)的任何平衡点。

由定理 3.1，当 $x(0)$ 及 $y(0)$ 皆为正数时，方程组(3-58)的解 $x(t)$、$y(t)$ 都是时间 t 的周期函数，设周期为 $T > 0$。

实际上，D'Ancona 观察到的数据是捕食者每年捕食鱼类百分比的年平均数，为了比

较,我们必须算出方程组(3-58)的解 $x(t)$、$y(t)$ 的平均值 $\bar{x}$、$\bar{y}$。可以得出

$$\bar{x}=\frac{1}{T}\int_0^T x(t)\mathrm{d}t=\frac{1}{T}\int_0^T \left[\frac{c+\left(\frac{y'}{y}\right)}{f}\right]\mathrm{d}t=\frac{c}{f}+\frac{1}{fT}[\ln y(T)-\ln y(0)]$$

由 $y(t)$ 的周期性,$y(0)=y(T)$,故由上式得

$$\bar{x}=\frac{c}{f} \tag{3-62}$$

同理,易算得

$$\bar{y}=\frac{a}{b} \tag{3-63}$$

我们看到,方程组(3-58)的解 $x(t)$、$y(t)$ 的平均值 $\bar{x}$、$\bar{y}$ 即为方程组(3-58)的平衡点。

现在,我们考虑捕鱼对方程组(3-58)的影响。假设捕鱼使食用鱼按 $\varepsilon x(t)$ 的速度减少($\varepsilon > 0$ 为常数),鲨鱼等软骨鱼按 $\varepsilon y(t)$ 的速度减少。这样,方程组(3-58)将变为

$$\begin{cases} \dfrac{\mathrm{d}x}{\mathrm{d}t}=ax-bxy-\varepsilon x=(a-\varepsilon)x-bxy \\ \dfrac{\mathrm{d}y}{\mathrm{d}t}=-cy+fxy-\varepsilon y=-(c+\varepsilon)y+fxy \end{cases} \tag{3-64}$$

这里,$a-\varepsilon>0$。类似上面的推导,我们易得方程组(3-64)的平均值为

$$\bar{x}=\frac{c+\varepsilon}{f},\quad \bar{y}=\frac{a-\varepsilon}{b} \tag{3-65}$$

与式(3-62)、式(3-63)比较,我们发现,适当地增加捕食量将使食用鱼的数量增加,而使鲨鱼等软骨鱼的数量减少。反之,我们易得出,降低捕鱼量,将使鲨鱼等软骨鱼的数量增加,而使食用鱼的数量减少。

思考题:

1968年,介壳虫偶然从澳大利亚传入美国,威胁着美国的柠檬生产。随后,美国又从澳大利亚引入了介壳虫的天然捕食者——澳洲瓢虫。后来,DDT被普遍使用来消灭害虫,柠檬果园主想利用DDT进一步杀死介壳虫。谁料,DDT也同样可以杀死澳洲瓢虫。结果事与愿违,介壳虫的数量增加起来,澳洲瓢虫的数量反倒减少了。试解释这种现象。

3.8 克罗地亚的"绿色波浪"

据光明日报2009年9月24日报道,克罗地亚环境监测机构的调查显示,城市交通拥堵是造成汽油消耗和大量尾气排放的重要元凶。而汽车在反复刹车减速和提速的过程中不但耗油量是正常行驶时的数倍乃至十多倍,所排放的有害气体也成倍增加。

为了避免大量汽车在城市道路行驶过程中由于拥堵或者遇到交通灯经常刹车的现象,

克罗地亚交通部决定,进一步在城市道路中增加单行线和"绿色波浪"的道路。所谓"绿色波浪",是指在城市主城区的街道密集部分或路口较多的部分,通过科学合理地设置交通灯的数量和控制时间,尽可能减少在该道路上行驶的汽车停车等候红灯的频率,提高道路的使用率。

截至 2009 年,在克罗地亚首都萨格勒布的城区中心就有数条这样的"绿色波浪"道路。这些道路一般每隔 500~700 m 就有一个路口,每个路口都有交通灯。如果没有良好设计,很容易造成汽车每行驶几十秒就不得不停下来等候红灯的情况。克罗地亚交通部通过合理的计算,将交通灯变换的频率进行分配,使得在道路上行驶的任何汽车最多在一个路口需要等候交通灯。在该路口起步后,只要以每小时 40 公里的速度行驶,到达下一个路口时刚好能遇上绿灯。这样一来,所有的车辆都能以平均的速度顺序行驶,从而使绝大部分车辆在道路上能连贯行驶。只有那些从支路上转弯到"绿色波浪"道路上的车辆才会需要等候一个红灯,然后就可以畅通无阻。这种控制方式使得即使在上下班的高峰期,城市中心地区也至多是车辆行驶缓慢,而不会出现大规模堵车的现象。而且,在一条长约 5 公里的这样的道路上,大约有 15 个左右的交通灯,而车辆从头到尾走完这条道路也只需 15 分钟。而且,在任何一个时刻,道路的所有位置都会有车辆在行驶,无形中大大提高了整条道路的利用率。根据环保部门的测算,通过这样的道路控制方式,在该道路上行驶的汽车由于不需要反复刹车起动,一天所节省的汽油消耗可达到数百升,而减少的气体排放更多。因此,政府通过逐渐改变道路的结构和尽可能多地设置"绿色波浪",大大节约了整个行车族的汽油消耗,改善了环境。

我们下面研究一个交通黄灯的时间持续问题。在设置红绿灯的交通十字路口,为了让那些正行驶在交叉路口或离交叉路口太近而无法停下的车辆通过路口,红绿灯转换中间还要亮起一段时间的黄灯。对于一位驶近交叉路口的驾驶员来说,万万不可处于这样的进退两难的境地:要安全停车则离路口太近;要想在红灯亮起之前通过路口又显得太远。

那么,黄灯应亮多长时间才最为合理呢?

对于驶进交叉路口的驾驶员,在他看到黄色信号后要做出决定:是停车还是通过路口。如果他以法定速度(或低于法定速度)行驶,当决定停车时,他必须有足够的停车距离。当决定通过路口时,必须有足够的时间使他能够完全通过路口。

于是,黄灯状态应持续的时间包括驾驶员的反应时间、通过交叉路口的时间以及通过交叉路口前的距离所需的时间。

如果法定速度为 v_0,交叉路口的宽度为 I,典型的车身长度为 L。考虑到车通过路口实际上指的是车的尾部必须通过路口,因此,通过路口的时间为

$$\frac{I+L}{v_0}$$

现在我们来计算刹车距离。设 W 为汽车重量,μ 为摩擦系数,显然,地面对汽车的摩擦力为 μW,其方向与运动方向相反。汽车在停车过程中,行驶的距离 x 与时间 t 的关系可由

下面的微分方程

$$\frac{W}{g} \cdot \frac{d^2 x}{dt^2} = -\mu W \tag{3-66}$$

求得,式中 g 是重力加速度。

我们给出方程(3-66)的初始条件:

$$x|_{t=0} = 0, \quad \left.\frac{dx}{dt}\right|_{t=0} = v_0 \tag{3-67}$$

于是,刹车距离就是直到速度 $v=0$ 时汽车驶过的距离。

首先,求解二阶微分方程(3-66),对式(3-66)从 0 到 t 积分,再利用初始条件(3-67),我们得

$$\frac{dx}{dt} = -\mu g t + v_0 \tag{3-68}$$

在 $x|_{t=0}=0$ 的条件下对式(3-68)从 0 到 t 积分,得

$$x = -\frac{1}{2}\mu g t^2 + v_0 t$$

注意,在式(3-68)中令 $\frac{dx}{dt}=0$,得到刹车所用的时间

$$t_0 = \frac{v_0}{\mu g}$$

从而得到

$$x(t_0) = \frac{v_0^2}{2\mu g} \tag{3-69}$$

我们计算黄灯持续所需的时间:

$$A \leqslant \frac{x(t_0) + I + L}{v_0} + T$$

其中 T 是驾驶员的反应时间。从安全的角度讲,不妨在上式取等号,于是

$$A = \frac{v_0}{2\mu g} + \frac{I + L}{v_0} + T$$

如果把 A 与 v_0 关系的图像描绘出来,则大致如图 3.11 所示。

假设 $T=1$ s,$L=15$ ft,$I=30$ ft。另外,我们选取具有代表性的 $\mu=0.2$。当 $v_0=30$ mile/h,40 mile/h 以及 50 mile/h 的时候,黄灯时间如表 3.3 所示。表中同时给出了经验法的值。①

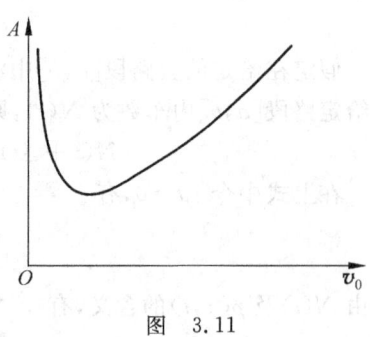

图 3.11

---

① 1 ft=0.3048 m;1 mile=5280 ft=1609.344 m。

表 3.3

v_0/(mile/h)	A/s	经验法/s	v_0/(mile/h)	A/s	经验法/s
30	5.46	3	50	7.34	5
40	6.35	4			

思考题:
调查你所在城市的主要街道的数据和红绿灯路口的黄灯持续时间,比较与你计算的黄灯时间是否有差异,如果普遍比你的计算结果小,从安全的角度,是否合理?

3.9 交通堵塞问题

交通堵塞是很多大城市的通病。2010 年,北京的汽车保有量已达到 400 万辆,且每年以 70 万辆的速度增长。尽管实行尾号限行、奥运会单双号制度,也无法从根本上解决交通堵塞问题。

更广义地讲,交通信号的红灯也可以认为是一种人为的堵塞点。对交通堵塞的模拟有助于我们更好地管理交通,疏导街道的汽车通行。

我们考虑一段公路上行驶的若干个汽车的流动问题。显然,这个问题很难看作是公路上距离 x 的连续问题,但由于公路的长度远大于汽车间的距离,因此,我们把公路上行驶的一辆接一辆的汽车看作是连续流。

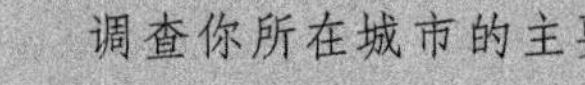

图 3.12

选公路为 x 轴(如图 3.12 所示),$u(x,t)$ 表示 t 时刻流场在 x 点的速度,流量 $q(x,t)$ 表示单位时间内通过 x 点处的汽车数,$\rho(x,t)$ 表示 t 时刻在 x 处的汽车密度。显然,我们有

$$q(x,t) = u(x,t) \cdot \rho(x,t) \tag{3-70}$$

假定在给定的公路段 $[a,b]$ 中没有任何岔路,且不发生汽车掉队、超车等情况,设 t 时刻在给定路段 $[a,b]$ 内车数为 $N(t)$,则从车辆守恒的角度出发,我们有

$$N(t+\Delta t) - N(t) = q(a,t)\Delta t - q(b,t)\Delta t$$

在上式中令 $\Delta t \to 0$,有

$$\frac{dN}{dt} = q(a,t) - q(b,t) \tag{3-71}$$

又由 $N(t)$ 及 $\rho(x,t)$ 的含义,有

$$N(t) = \int_a^b \rho(x,t) dx \tag{3-72}$$

将式(3-72)代入式(3-71),得

$$\int_a^b \frac{\partial \rho}{\partial t} dx = q(a,t) - q(b,t)$$

在上式中利用积分中值定理,并令 $b \to a$,易得

$$-\frac{\partial \rho}{\partial t} = \frac{\partial q}{\partial x} \tag{3-73}$$

我们再注意到这样一个事实:车辆密度越小,车速越大;车辆密度越大,车速越小。当车辆密度越来越大时,汽车速度将接近于零。若密度达到最大值 ρ_m,则速度为零。我们假设车速只是密度 ρ 的函数,即 $u = u(\rho)$。一般来说,$u(\rho)$ 为 ρ 的单调减少函数。由式(3-70),流量为

$$q = u(\rho)\rho$$

故方程(3-73)化为

$$\frac{\partial \rho}{\partial t} + q'(\rho) \cdot \frac{\partial \rho}{\partial t} = 0 \tag{3-74}$$

再给出初始条件

$$\rho(x, 0) = \varphi(x) \tag{3-75}$$

其中 $\varphi(x)$ 为已知函数。式(3-74)与式(3-75)构成了交通流的数学模型。

下面考察汽车堵塞问题。设 x_s 为堵塞位置,取 $\varepsilon > 0$,我们考虑 $x_s - \varepsilon$ 与 $x_s + \varepsilon$ 之间的一段道路。由于不同的时刻,堵塞的位置也发生变化,故 x_s 应是 t 的函数:$x_s = x_s(t)$。

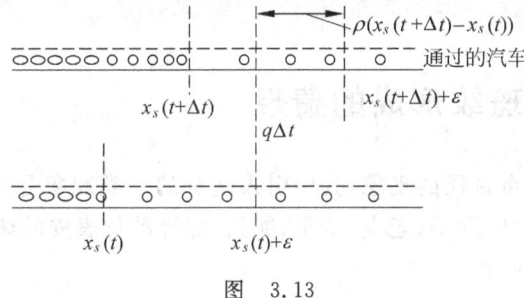

图 3.13

首先我们计算经过断点 $x_s + \varepsilon$ 流出该路段的汽车的速率。显然,经过 Δt 时间,此路段变为 $[x_s(t+\Delta t) - \varepsilon, x_s(t+\Delta t) + \varepsilon]$(如图 3.13 所示),流出该路段的汽车数量为

$$q(x_s(t) + \varepsilon, t)\Delta t - \rho(x_s(t) + \varepsilon, t) \cdot (x_s(t+\Delta t) - x_s(t))$$

上式除以 Δt,并令 $\Delta t \to 0$,我们得到车辆流出路段 $[x_s - \varepsilon, x_s + \varepsilon]$ 端点 $x_s + \varepsilon$ 处的流出率为

$$q(x_s + \varepsilon, t) - \rho(x_s + \varepsilon, t)\frac{dx_s(t)}{dt} \tag{3-76}$$

同理,在端点 $x_s - \varepsilon$ 处,车辆流入率为

$$q(x_s - \varepsilon, t) - \rho(x_s - \varepsilon, t)\frac{dx_s(t)}{dt} \tag{3-77}$$

显然,式(3-77)的流入率与式(3-76)的流出率之差应该等于路段 $[x_s - \varepsilon, x_s + \varepsilon]$ 上车辆的累计率。令 $\varepsilon \to 0$,则此路段上不可能累积任何车辆,亦即

$$\lim_{\varepsilon \to 0^+}\left[q(x_s+\varepsilon,t)-\rho(x_s+\varepsilon,t)\frac{\mathrm{d}x_s(t)}{\mathrm{d}t}-\left(q(x_s-\varepsilon,t)-\rho(x_s-\varepsilon,t)\frac{\mathrm{d}x_s(t)}{\mathrm{d}t}\right)\right]=0 \tag{3-78}$$

对任给的函数 $f(x)$，令

$$[f]_{x_0}=\lim_{\varepsilon \to 0^+}[f(x_0+\varepsilon)-f(x_0-\varepsilon)]$$

称为 $f(x)$ 在 $x=x_0$ 处的跳跃度，则式(3-78)变为

$$[q]_{x_s}=[\rho]_{x_s}\frac{\mathrm{d}x_s}{\mathrm{d}t} \tag{3-79}$$

对于堵塞的交通问题，其连续点自然满足方程(3-74)，而间断点（即堵塞点）将满足方程(3-79)，这样得到的解 ρ 称为弱解。

关于方程(3-74)的解法，除非 $q(\rho)$ 的形式极特殊，一般情况下很难得到方程(3-74)的解析解。因此我们需要采用数值离散的办法得到其近似解。对微分方程进行数值离散的办法很多，常用的有有限差分法、有限元法及有限体积法。

> **思考题：**
> 试给出密度为 ρ_0 的汽车流遇到红灯后的数学模型，并讨论在红灯处 $\dfrac{\mathrm{d}x}{\mathrm{d}t}$ 的符号。

3.10 动物表皮斑纹形成的猜想

自然界中有很多千奇百怪的现象，其中引人注意的一类现象是动物表皮中出现的各式各样的斑纹，比如鱼、斑马、狮子、老虎、豹子、熊猫、蛇等动物表皮的斑纹，如彩图 3.14 所示。这些斑纹是如何形成的呢？

一直以来，这一问题引起了包括生物学家、化学家以及数学家等众多领域科学家的广泛关注。研究表明，从数学上解释某些斑纹的存在性问题，有一定的科学道理。

一般认为，动物斑纹的形成过程是一种复杂的化学反应过程，其中可能有几十、上百甚至更多的颜料（色素）参加反应。但是在生物体某一局部（如器官、组织甚至细胞）的反应，可能主要就是少数几种化学成分起决定性作用。我们以两种化学物质参加反应为例。用 $U(x,t)$ 和 $V(x,t)$ 分别表示两种化学颜料（色素）在动物表皮的分布密度函数，这里 x 表示空间中的一个点，t 表示时间，D_U 和 D_V 分别是两种化学物质的扩散系数，$f(U,V)$ 和 $g(U,V)$ 是两个二元反应函数，Δ 是拉普拉斯算子，则如下反应扩散方程组可以描述动物表皮斑纹的形成机制：

$$\begin{cases} U_t = D_U \Delta U + f(U,V) \\ V_t = D_V \Delta U + g(U,V) \end{cases} \tag{3-80}$$

反应扩散方程组(3-80)所对应的局部系统为

$$\begin{cases} U_t = f(U,V) \\ V_t = g(U,V) \end{cases} \tag{3-81}$$

令(U,V)是常微分方程组(3-81)的一组平衡解,显然它也是反应扩散方程组(3-80)的一组平衡解。将常微分系统(3-81)引入扩散项Δ算子后,常微分系统(3-81)便转化为反应扩散系统(3-80)。假设(U,V)在常微分系统(3-81)中是稳定的,但在反应扩散系统(3-80)中是不稳定的,我们把这一现象称为"由扩散引起的不稳定性"。

阿兰·图灵认为,这种"由扩散引起的不稳定性"能够解释现实世界中出现的各种斑纹的形成机制。特别地,阿兰·图灵指出,如果两个扩散系数D_U和D_V相差很大时,这种现象是可能发生的,并且当常数解变得不稳定后,也就间接说明依赖空间变量的非常数解的存在性——图灵认为这种非常数解恰好说明生物在生长历程中为什么形态各异,而不是单一结构,甚至也隐含了细胞结构分裂、分化的物理化学过程。

根据阿兰·图灵的想法,牛津大学的生物数学家James D. Murray教授,在他的著作《数学生物学》中,利用"由扩散引起的不稳定性"研究了动物表皮斑纹的形成机制,给出了如下微分方程组:

$$\begin{cases} U_t = D_U \Delta U + a - U - R(U,V) \\ V_t = D_V \Delta V + c(b-V) - \rho R(U,V) \end{cases} \tag{3-82}$$

其中

$$R(U,V) = \frac{dUV}{e + fU + gU^2}$$

边界条件取为Neumann边界条件(头和尾巴)及周期边界条件(身体)。这里反应扩散方程组是定义在一个稍扁的圆柱体表面(动物表皮)加上一个长长的圆柱体表面(尾巴)上面。

为了更好地解释具体问题,我们假设所考虑的问题的空间区域为二维空间的矩形$\Omega = (0,a) \times (0,b)$。将系统(3-82)通过变量替换,便可得到如下反应扩散方程组:

$$\begin{cases} u_t = u_{xx} + u_{yy} + \lambda f(u,v), t > 0, \quad (x,y) \in (0,a) \times (0,b) \\ v_t = d(u_{xx} + u_{yy}) + \lambda g(u,v), t > 0, \quad (x,y) \in (0,a) \times (0,b) \\ u_x = 0, \quad x = 0,a \\ u(x,0) = u(x,b), \quad u_x(x,0) = u_x(x,b) \\ v_x = 0, \quad x = 0,a \\ v(x,0) = v(x,b), \quad v_x(x,0) = v_x(x,b) \\ u(0,x,y) = u_0(x,y), \quad v(0,x,y) = v_0(x,y) \end{cases} \tag{3-83}$$

其中

$$\lambda = 1/D_U, \quad d = D_U/D_V, \quad u = U, v = V/D_U$$
$$f(u,v) = (a - U - R(U,V))/D_U, \quad g(u,v) = c(b-V) - \rho R(U,V)/D_U$$

令J为雅可比矩阵,

$$\boldsymbol{D} = \begin{pmatrix} 1 & 0 \\ 0 & d \end{pmatrix}, \quad k_{n,m} = \left(\frac{n^2}{a^2} + \frac{4m^2}{b^2} \right) \pi^2$$

则方程组(3-83)的解具有如下形式：

$$\begin{pmatrix} u(t,x,y) \\ v(t,x,y) \end{pmatrix} = \sum_{n,m=0}^{\infty} C_{n,m} e^{\mu_{n,m} t} V_{n,m} \cos\left(\frac{n\pi x}{a}\right) \cos\left(\frac{2m\pi x}{b}\right)$$

其中，$\mu_{n,m}$ 为矩阵 $\lambda \boldsymbol{J} - k_{n,m}^2 \boldsymbol{D}$ 的特征值。

拉普拉斯算子在圆柱体表面上的特征函数正是两个方向的余弦函数的乘积，即 $\cos\left(\frac{nx}{a}\right)\cos\left(\frac{2my}{b}\right)$，这里 a、b 分别是动物身体长度和"腰围"，m、n 是自然数或者零，x、y 是两个方向变量。这样的特征函数的图像正好是条纹(如果 $m=0$ 或 $n=0$)，或者斑点。究竟哪个特征函数图像出现在动物身上取决于很多自然因素，而最重要的就是 a 和 b 的比例。$\frac{a}{b}$ 不太大或小时，两个方向都容易在特征函数中出现，所以斑图倾向于斑点型；$\frac{a}{b}$ 很大或很小时，特征函数就容易是一个方向的余弦函数，斑图就是条纹。这样，我们就可以得到生物学如下两个结论。

结论 1　蛇的表皮一般总是条纹状，很少斑点状，如彩图 3.15 所示。

结论 2　世界上只有条纹尾巴、斑点身体的动物，而没有斑点身体、条纹尾巴的动物，如彩图 3.16 所示。

正如前面所提到的，迄今为止，还没有哪一种理论或学说能完全精确地解释斑图的形成机制。对于这一问题的研究，需要包括生物数学家在内的众多学者的更加深入的研究。

3.11　木材含水量的测定

某单位需要测量一批木材的含水量，办法是通过木材的介电常数的测量来获得，因为一些电介质的含水量可直接影响到电介质的介电常数。由于一个电容器两极板之间电介质的介电常数的大小决定着电容器的电容量，所以可将被测物置于一个电容器内，再通过测量电容器的电容量来得到其介电常数的信息。因为电容传感器能接受相当大的温度变化及各种辐射，可在强烈振动等恶劣条件下工作，所以电容传感器作为较理想的检测电介质的介电常数的仪器受到人们的关注。

电容传感器的工作原理十分简单，首先取两金属片作为检测电容器的两极，并固定在某特定的空间位置。然后把被测物体放入检测电容器两极形成的电场中，由于被测物体的尺寸、形状已确定时，检测电容的电容量将由被测物体的介电常数唯一确定，这样就可通过测量检测电容器的电容量来得到其介电常数的值。下面我们建立检测电容器的电容量与被测物介电常数之间的函数关系。

众所周知，带电量为 Q 的点电荷产生的电场分布为

$$E = \frac{Q}{4\pi\varepsilon r^3}\boldsymbol{r} \tag{3-84}$$

其中 $\boldsymbol{r}$ 和 r 分别为由 Q 所在的位置指向讨论点的空间矢量和模,ε 为被测点处电介质的介电常数。

在电场中假想有一组曲线,曲线上任意一点的切线方向,恰好是该点电场强度的方向,而垂直于电场强度的方向上单位面积穿过的曲线根数正好是该处电场强度的大小,则称这组假想的曲线为电力线。穿过电场中某一曲面的电力线的根数,称为穿过该曲面的电通量。下面我们给出著名的高斯定理。

定理 3.2 在静电场中通过任意闭合曲面的电通量等于该闭合曲面所包围的电荷电量的代数和除以 ε。

如图 3.17 所示,设检测电容的两金属电极所占据空间区域分别为 Ω_1、Ω_2,被检测物所占据的空间区域为 Ω。易知 Ω_1、Ω_2、Ω 互不相交,它们通常互不接触。

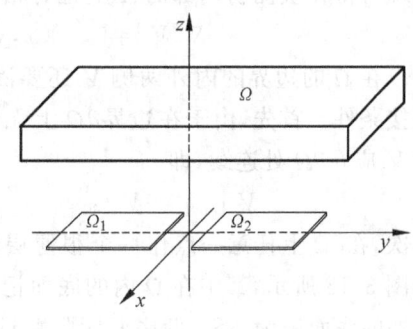

图 3.17

电场内某点处试探电荷的电势能与其电量之比,称为该点的电势。由于静电场中处于静电平衡状态的同一导体上各点电势相同,不妨设 Ω_1、Ω_2 上电势分别为常数 V_1、V_2,又设被测物的介电常数为 ε。若电极 Ω_1、Ω_2 上所带电量为 q(为 V_1、V_2、ε 等的函数),则根据检测电容器的电容量 C 及关系式

$$C = \frac{q}{V_1 - V_2} \tag{3-85}$$

即可得到介电常数 ε。

由于在静电场中导体内部电势都相等,所以其梯度都为零,从而在导体内部场强为零。由高斯定理知,在导体内部无净电荷,所以电极 Ω_1、Ω_2 所带电荷都在其表面上。再由高斯定理容易得到,导体表面处某点的电荷密度 σ 与该点处外电场强度 E 成正比,并有关系式:

$$E = \frac{\sigma}{\varepsilon} \tag{3-86}$$

由于 Ω_1、Ω_2 的表面 $\partial\Omega_1$、$\partial\Omega_2$ 为等势面,所以在 $\partial\Omega_1$、$\partial\Omega_2$ 上电场强度与 $\partial\Omega_1$、$\partial\Omega_2$ 面垂直。若电极 Ω_1、Ω_2 表面 $\partial\Omega_1$、$\partial\Omega_2$ 的外场强的分布分别为 $E_1(x,y,z)((x,y,z)\in\partial\Omega_1)$ 及 $E_2(x,y,z)((x,y,z)\in\partial\Omega_2)$,则两表面所带电荷分别为

$$\oint_{\partial\Omega_1} \varepsilon E_1 \mathrm{d}s \quad \text{及} \quad \oint_{\partial\Omega_2} \varepsilon_{空气} E_2 \mathrm{d}s \tag{3-87}$$

所以,如果能够得到电势分布函数 V 在 Ω_1 及 Ω_2 的外表面附近的表达式,就可以得到所需场强分布 E_1、E_2,从而得到极板所带电量。

在 $\mathbf{R}^3 - \Omega_1 - \Omega_2 - \Omega$ 上,任取一小体积元 $\widetilde{\Omega}$,则由高斯定理知 $\widetilde{\Omega}$ 内所带电荷为

$$\widetilde{q} = \oiint_{\partial\widetilde{\Omega}} \widetilde{\varepsilon} \boldsymbol{E} \cdot \mathrm{d}\boldsymbol{s} = -\widetilde{\varepsilon} \oiint_{\partial\widetilde{\Omega}} \mathrm{grad} V \cdot \mathrm{d}\boldsymbol{s} = -\widetilde{\varepsilon} \oiiint_{\widetilde{\Omega}} \nabla^2 V \mathrm{d}\Omega$$

其中 $\widetilde{\varepsilon}$ 为该部分的介电常数,当该部分为空气时,可近似认为 $\widetilde{\varepsilon} = \varepsilon_0$。

从另一方面,由于 $\mathbf{R}^3 - \overline{\Omega}_1 - \overline{\Omega}_2 - \overline{\Omega}$ 上无电荷存在,故其子区域 $\widetilde{\Omega}$ 也无电荷存在,即 $\widetilde{q} = 0$。再由 $\widetilde{\Omega}$ 的任意性,知在 $\mathbf{R}^3 - \overline{\Omega}_1 - \overline{\Omega}_2 - \overline{\Omega}$ 内 V 满足方程:

$$\nabla^2 V = 0$$

同理可得在被测物内部的 Ω 上也有相同结果,从而有

$$\nabla^2 V = 0, \quad (x,y,z) \in \Omega \cup (\mathbf{R}^3 - \overline{\Omega}_1 - \overline{\Omega}_2 - \overline{\Omega}) \tag{3-88}$$

在 Ω 的边界的内外两侧 V 还要满足一定的连接条件。首先,由于在边界 $\partial\Omega$ 上无电偶极层,故 V 应在 $\partial\Omega$ 处连续,即

$$V|_{\partial\Omega内} = V|_{\partial\Omega外} \tag{3-89}$$

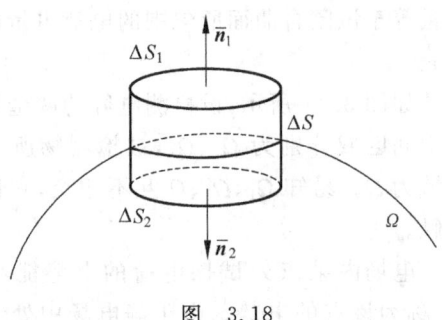

图 3.18

其次,在 $\partial\Omega$ 上任意一点作一个很薄层的圆柱面,如图 3.18 所示,其中在 Ω 内的底面记为 ΔS_2,在 Ω 外的底面记为 ΔS_1,两底面无限贴近 $\partial\Omega$。记圆柱侧面为 Δh,在该柱面上应用高斯定理,注意到在 $\partial\Omega$ 上无自由电荷,所以有

$$\oiint_{\Delta S_1} \widetilde{\varepsilon} \boldsymbol{E} \cdot \mathrm{d}\boldsymbol{s} + \oiint_{\Delta S_2} \varepsilon \boldsymbol{E} \cdot \mathrm{d}\boldsymbol{s} + \oiint_{\Delta h \cap \Omega} \varepsilon \boldsymbol{E} \cdot \mathrm{d}\boldsymbol{s} + \oiint_{\Delta h - (\Delta h \cap \Omega)} \widetilde{\varepsilon} \boldsymbol{E} \cdot \mathrm{d}\boldsymbol{s} = 0$$

由于圆柱的底面无限贴近 $\partial\Omega$,故后两项趋于零。同时 ΔS_1 和 ΔS_2 的外法线方向分别趋于 $\partial\Omega$ 的外法线方向和其负方向,ΔS_1 和 ΔS_2 相等,所以上式取极限得到

$$\varepsilon \boldsymbol{E}_{内 n}|_{\partial n} = \widetilde{\varepsilon} \boldsymbol{E}_{外 n}|_{\partial n} \tag{3-90}$$

其中 n 表示法线方向的分量,从而得到

$$\varepsilon \frac{\partial V_内}{\partial n}\Big|_{\partial n} = \widetilde{\varepsilon} \frac{\partial V_外}{\partial n}\Big|_{\partial n} \tag{3-91}$$

最后,由于有限区域内的电荷对于无穷远点的影响为零,故有

$$\lim_{\sqrt{x^2+y^2+z^2} \to \infty} V(x,y,z) = 0 \tag{3-92}$$

这样,微分方程问题式(3-88)、式(3-89)、式(3-91)、式(3-92)和 $V|_{\Omega_1} = V_1, V|_{\Omega_2} = V_2$ 便构成了求解电势分布函数 $V(x,y,z)$ 的数学模型。

注意到,电场中任意一点的电场强度的大小 E 等于电势在该处梯度的模,方向相反。利用积分,我们可以求出 Ω_1 及 Ω_2 的带电量:

$$q_1 = \oiint_{\partial\Omega_1} \varepsilon E \mathrm{d}s = \varepsilon \oiint_{\partial\Omega_1} |\mathrm{grad}V| \mathrm{d}s, \quad q_2 = \oiint_{\partial\Omega_2} \varepsilon E \mathrm{d}s = \varepsilon \oiint_{\partial\Omega_2} |\mathrm{grad}V| \mathrm{d}s$$

再由电容传感器检测到的电容量及式(3-85)即可得到电容量与被测物介电常数的关系式,

从而求出介电常数。

在具体求解过程中,由上述偏微分方程问题求电势分布函数 $V(x,y,z)$ 很难得到精确解。这时,整个计算过程需要利用数值方法——如有限差分法或有限元等——得到近似的求解结果。

思考题:

考虑较特殊的球形电容传感器。检测电容器的两极,是半径为 R_1 的球 Ω_1 和内径为 R_2、外径为 R_3 的球壳 Ω_2,被测物为内径为 R_4、外径为 R_5 的球壳 Ω。在被测物与两极之间分别由介电常数为 $\tilde{\varepsilon}$,内径为 R_1、外径为 R_4 和内径为 R_5、外径为 R_2 的球壳 Ω_3、Ω_4 作为隔离层,如图 3.19 所示,上述各球球壳都是同心的。试给出被测物的介电常数的表达式。

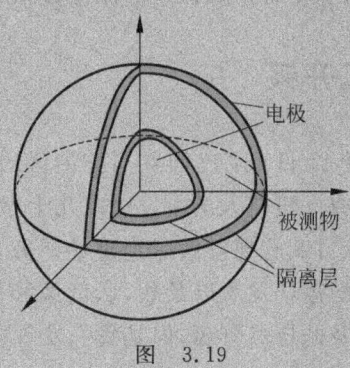

图 3.19

第 4 章 数学规划模型

在市场经济的发展模式下,我国的经济更多地强调规划。这种方式一改计划经济时代那种硬性的投入与产出,而是通过科学合理的规划为经济建设铺建出一条最优化的发展方向。在数学上,把条件极值中的约束由等式变成不等式,体现了数学由硬性向软性过渡的更为贴近客观实际的本来面目,数学规划也成为人们优化各类问题的强有力的武器。

4.1 森林资源的合理开采

路透社华盛顿 2010 年 6 月 11 日讯:巴西亚马孙地区的森林砍伐使经济先荣后衰,这是《科学》杂志开展的一项新研究。研究人员通过追踪几十年来亚马孙地区森林砍伐的不同阶段,对森林砍伐导致经济先荣后衰的现象做了定量的研究。研究报告的主要撰写人罗德里格斯论述到——我们所看到的蓬勃发展以及收入、健康和教育上的快速提高是因为人们在很快地开发利用以前没有触及的自然资源,但是我们发现这种发展实际上是昙花一现,随之而来的就是自然资源的过度开发。然而,森林资源的过度破坏却不能使人民的福祉有持续的提高。

无独有偶,尼日利亚的森林过度砍伐达到令人惊骇的状况,该国肆意砍伐森林带来的后果包括土地荒漠化,降雨减少和干旱。据尼日利亚森林保护委员会 2007 年的报告,该国北部的森林资源已近枯竭,北部已经看不到成片的树林,该北部 11 个州 35% 的可耕地已经变成了沙漠。尼日利亚林业专家进一步警告——如果该国不减缓砍伐林木的速度,政府也不采取任何措施保护森林,该国所有的森林将在 2020 年消失。

森林开采不仅使地球的资源日益较少,更为可怕的是,过度的森林砍伐会导致地球生态环境的严重破坏。事实上,原始林区作为二氧化碳储存库的宝贵价值正日益彰显。因此,有专家指出,任何遏制气候变化的全球协议都应包括阻止森林过度砍伐的条款。

瑞典是木材出口大国,早在 19 世纪末,瑞典也面临过度砍伐的问题。瑞典政府及时出台法律,要求每砍伐 1 棵树木,就地种植 2 棵树木,以保证瑞典森林工业可持续发展。

中国在改革开放后也经历了森林乱砍滥伐的无序时代。1998 年,国家出台的新的森林法,对森林开采进行了规范。

1. 问题及分析

某林场森林中的树木每年都要有一批被砍伐出售。为使森林资源不被耗尽而且每年都能有收获,林场规定,每砍伐一棵树时,应该就地补种一棵树苗,使森林树木的总数保持不变。最初森林中的树木有着不同的高度,被出售的树木,其价值取决于树木的高度。林场需要进行决策的是,如何砍伐树木,才能在维持每年都有收获的前提下获得最大的经济价值?

因为树木的出售价格与树木的高度有关,现在将树木的高度划分成若干个区间,为了简化问题,假设高度落在同一区间上的树木具有同一价格。在解决问题时,不考虑树木的自然死亡和自然灾害对森林所造成的破坏。

2. 模型假设

(1) 因为树木的价值与高度有关,若设树木的高度为 $h_1, h_2, \cdots, h_n, \cdots$,则树木就可以按区间 $[0, h_1), [h_1, h_2), \cdots, [h_{n-1}, \infty)$ 来划分,如表 4.1 所示,用 1 级,2 级,$\cdots$,n 级来表示。

(2) 因为树木的出售价格是它所属区间中树木的平均价格,所以可以设各个区间所对应的价格为 $p_1, p_2, \cdots, p_n$,其中 $p_1 = 0$。

表 4.1

级别	价格	高度区间
1	p_1	$[0, h_1)$
2	p_2	$[h_1, h_2)$
3	p_3	$[h_2, h_3)$
$\vdots$	$\vdots$	$\vdots$
n	p_n	$[h_{n-1}, \infty)$

(3) 在初始时刻,树木有不同的高度分布,在一个生长期内,树木的高度增加是不相同的;为了使每年都能维持收获,只能砍伐一部分树木,假设在砍伐树木后就地补种一棵幼苗,这时树木的高度分布状态与初始时刻相同。设 $x_i(i=1,2,\cdots,n)$ 是生长初期第 i 级中的树木数,$y_i(i=1,2,\cdots,n)$ 是每一次砍伐时第 i 级中被砍伐的树木数。如果用向量表示,则 $\boldsymbol{X} = (x_1, x_2, \cdots, x_n)^\mathrm{T}$ 表示未砍伐向量,$\boldsymbol{Y} = (y_1, y_2, \cdots, y_n)^\mathrm{T}$ 表示砍伐向量。

(4) 设树木总和为 S,假设树木没有自然死亡和不受自然灾害的袭击,这样 S 就是根据自然条件和树木所需空间预先确定的,因此有

$$x_1 + x_2 + \cdots + x_n = S \tag{4-1}$$

(5) 假设在一个生长期内树木至多只能生长一个高度级,设 $g_i(1, 2, \cdots, n-1)$ 是生长参数,即第 i 级中的树木生长到第 $i+1$ 级的比例数。

3. 模型的建立和求解

设向量 Z 表示经过一个生长周期后,森林中树木的高度分布,则有

$$Z = ((1-g_1)x_1, g_1 x_1 + (1-g_2)x_2, g_2 x_2 + (1-g_3)x_3, \cdots, g_{n-2} x_{n-2} + (1-g_{n-1})x_{n-1}, g_{n-1} x_{n-1} + x_n)^\mathrm{T}$$

因为 $y_1 + y_2 + \cdots + y_n$ 是收获的总数,S 是一定值,所以每年应补种 $y_1 + y_2 + \cdots + y_n$ 棵幼

苗。用向量 $\boldsymbol{R}=(y_1+y_2+\cdots+y_n,0,0,\cdots,0)^{\mathrm{T}}$ 表示每次收获后所种幼苗的分布状况。

依据维持每年都收获的原则,有
$$\boldsymbol{Z}-\boldsymbol{Y}+\boldsymbol{R}=\boldsymbol{X} \tag{4-2}$$
因为幼苗的经济价值为零,所以可设 $y_1=0$,这样式(4-2)具体表示为
$$\begin{cases} y_2+y_3+\cdots+y_n=g_1x_1 \\ y_2=g_1x_1-g_2x_2 \\ y_3=g_2x_2-g_3x_3 \\ \vdots \\ y_{n-1}=g_{n-2}x_{n-2}-g_{n-1}x_{n-1} \\ y_n=g_{n-1}x_{n-1} \end{cases} \tag{4-3}$$
因为 $y_i \geqslant 0(i=1,2,\cdots,n)$,所以可推出
$$g_1x_1 \geqslant g_2x_2 \geqslant \cdots \geqslant g_{n-1}x_{n-1} \geqslant 0 \tag{4-4}$$
设收获的总价值为 M,则有
$$M=p_2y_2+p_3y_3+\cdots+p_ny_n \tag{4-5}$$
利用式(4-3),得到
$$M=p_2g_1x_1+(p_3-p_2)g_2x_2+\cdots+(p_n-p_{n-1})g_{n-1}x_{n-1} \tag{4-6}$$
根据要求及约束条件(4-1)、(4-4)可建立下面的问题:
$$\max M=p_2g_1x_1+(p_3-p_2)g_2x_2+\cdots+(p_n-p_{n-1})g_{n-1}x_{n-1}$$
$$\text{s.t.} \begin{cases} x_1+x_2+\cdots+x_n=S \\ g_1x_1 \geqslant g_2x_2 \geqslant \cdots \geqslant g_{n-1}x_{n-1} \geqslant 0 \\ x_i \geqslant 0, \quad i=1,2,\cdots,n \end{cases}$$

此问题建立的是线性规划模型,利用纯形法可解得最优方案是:从某一高度中收获全部树木,而不收获其他高度中的树木可得到最大的收益。下面为具体的求解过程。

设收获第 k 级树木可获利 M_k,砍伐第 k 级的所有树木,其他级的树木均不收获,因此有
$$y_i=0, \quad 2\leqslant i \leqslant n, \quad i\neq k \tag{4-7}$$
因为第 k 级树木完全被收获,所以当 $i \geqslant k$ 时,第 i 级中不存在非收获树木,因此 $x_i=0(i \geqslant k)$。将 $x_i=0(i \geqslant k)$ 及式(4-7)代入式(4-3),得到
$$y_k=g_1x_1=g_2x_2=\cdots=g_{k-1}x_{k-1} \tag{4-8}$$
从式(4-8)解出 $x_i(i=2,3,\cdots,k-1)$,代入式(4-1),得到
$$x_1=\frac{S}{1+\dfrac{g_1}{g_2}+\dfrac{g_1}{g_3}+\cdots+\dfrac{g_1}{g_{k-1}}} \tag{4-9}$$
而
$$M_k=p_ky_k=\frac{p_kS}{\dfrac{1}{g_1}+\dfrac{1}{g_2}+\cdots+\dfrac{1}{g_{k-1}}}$$

因此当 $g_i(i=1,2,\cdots,n-1)$ 为已知时,可以解出所有的 M_k,然后比较它们的大小,从而得到最大收益值及砍伐方案。

> **思考题:**
> 如果像瑞典政府规定那样,砍伐 1 棵树木,就地种植 2 棵树苗,则森林的规模会有怎样的发展?

4.2 10 选 6+1 体育彩票销售问题

在我国现销售的彩票种类中,较早出现的体育彩票类型是 10 选 6+1,即从 $0,1,\cdots,9$ 中选取 7 个数字组成一组号码,按中奖规则确定该组号码是否中奖。由于不同地区、不同城市的经济状况、消费水平等因素的影响,存在着不同的销售方案,试确定一个较优的彩票销售方案。

对于彩票销售机构,如果要想使得彩票销售情况良好,必须调动彩民的积极性,所以既要关注中奖面问题,又要关注高项奖奖金期望值问题。因此,应把中奖面和高项奖奖金期望值作为衡量方案的指标。

显然,经济状况、消费水平这两个因素与彩票的销售存在着正相关的关系,同时,中奖面与高项奖单注奖金的期望值存在着相互制约的关系。所以,在制定销售方案时,应考虑不同地区彩民的风险承受能力及彩民的偏好。

1. 模型假设与符号

我们作如下假设:
(1) 彩票摇奖是公正的;
(2) 中奖等级为六个,一、二、三等奖属于高项奖;
(3) 风险承受能力强的彩民,偏好高项奖,反之,偏好中奖面;
(4) 一等奖单注奖金期望值封顶 500 万元,最低为 50 万元;
(5) 每期中奖号码是随机出现的,且各个数字出现的概率相同。

为方便叙述,规定符号如下:
(1) 当 $1\leqslant i\leqslant 3$ 时,x_i 代表第 i 等奖奖金额期望值,当 $4\leqslant i\leqslant 6$ 时,代表第 i 等奖的奖金值;
(2) $p_i(1\leqslant i\leqslant 6)$ 为中第 i 等奖的概率;
(3) N 为当期彩票的总投注数;
(4) $r_i(1\leqslant i\leqslant 3)$ 为第 i 等奖对应的奖金分配比例;
(5) 单注彩票销售金额为 2 元;
(6) 奖金占销售总额的 50%;

(7) λ_1 为中奖面的权重系数；

(8) λ_2 为高项奖金额的权重系数。

2. 模型的建立

根据已有的方案，计算各等奖项的中奖概率为

$$p_1 = \frac{1}{5 \times 10^6} = 2 \times 10^{-7}, \quad p_2 = \frac{C_4^1}{5 \times 10^6} = 8 \times 10^{-7}, \quad p_3 = \frac{2C_9^1}{10^6} = 1.8 \times 10^{-5}$$

$$p_4 = \frac{2C_9^1 C_{10}^1 + C_9^1 C_9^1}{10^6} = 2.61 \times 10^{-4}, \quad p_5 = \frac{2(C_9^1 C_{10}^1 C_{10}^1 + C_9^1 C_9^1 C_{10}^1)}{10^6} = 3.42 \times 10^{-3}$$

$$p_6 = \frac{2C_9^1 C_{10}^1 C_{10}^1 + 3C_9^1 C_9^1 C_{10}^1 - 3C_9^1 C_9^1 - 2C_9^1}{10^6} = 4.2 \times 10^{-2}$$

由于高项奖的期望值越高，对彩民的吸引力就越大，这样必然会使彩票的销售金额增加，从而使得规则越合理，而高项奖中各等奖的期望值为

$$x_i = \frac{(N \times 2 \times 50\% - N \times \sum_{j=4}^{6} x_j p_j) r_i}{N p_i} = \frac{(1 - \sum_{j=4}^{6} x_j p_j) r_i}{p_i}, \quad i = 1, 2, 3$$

由于单注中奖金额期望值与其概率成反比，$x_i > x_{i+1} (i=1, 2, \cdots, 5)$，所以有

$$\frac{r_1}{p_1} > \frac{r_2}{p_2} > \frac{r_3}{p_3} > \frac{x_4}{1 - \sum_{j=4}^{6} x_j p_j}$$

因为销售规则对彩民的吸引力与奖的设置有关，设置高项奖的目的是为了激发人的博彩心理，刺激人们来买彩票，设置中低等奖的目的是满足多数人的心理要求。所以，在制定销售规则时，要考虑中奖面、中低等奖的金额以及高项奖中各等级奖的奖金比例，等级奖之间的级差要尽量适宜，既不能过大也不能太小。因此，高项奖中各等级的奖金的期望值级差应控制在一定范围内，即

$$a_i \leqslant \frac{x_i}{x_{i+1}} \leqslant b_i, \quad i = 1, 2$$

高项奖中 i 等奖单注奖金的期望值也应在一定范围内，即

$$c_i \leqslant x_i \leqslant d_i, \quad i = 1, 2, 3$$

对于中高项奖的比例，有 $r_i > 0 (i=1,2,3)$，$\sum_{i=1}^{3} r_i = 1$；根据现有的规则一般有

$$0.5 \leqslant r_1 \leqslant 0.8$$

彩票的中奖面的大小与彩民的利益相关，中奖面大，单注中奖概率就增加，因此中奖概率是衡量销售规则合理性的因素之一。通过上面的讨论，我们可以将问题转化为下面模型的求解：

$$\max Z = \lambda_1 \sum_{i=1}^{6} p_i + \lambda_2 \sum_{i=1}^{3} x_i p_i$$

$$\begin{cases} x_i = \dfrac{(1-\sum\limits_{j=4}^{6} x_j p_j)r_i}{p_i}, & i=1,2,3 \\ \dfrac{r_1}{p_1} > \dfrac{r_2}{p_2} > \dfrac{r_3}{p_3} > \dfrac{x_4}{1-\sum\limits_{j=4}^{6} x_j p_j} \\ a_i \leqslant \dfrac{x_i}{x_{i+1}} \leqslant b_i, & i=1,2 \\ c_i \leqslant x_i \leqslant d_i, & i=1,2,3 \\ 0.5 \leqslant r_1 \leqslant 0.8 \\ \sum\limits_{i=1}^{3} r_i = 1 \\ r_i > 0, & i=1,2,3 \end{cases}$$

3. 模型求解

根据不同地区、不同城市的情况，确定模型中的待定系数，利用适当的算法，即可以求出问题的解。

在上述模型中，无论是目标函数还是约束条件都是未知变量的非线性函数，称这样的数学规划问题为非线性规划模型。与线性规划问题相比，非线性规划问题没有一种较成熟规范的解法，其求解方法往往要根据问题的非线性特点而定。非线性规划问题的解法大致有以下几种：

（1）用线性规划、二次规划来逐步逼近非线性规划的方法；

（2）直接求解方法，如随机试验法等；

（3）对约束非线性规划问题不预先作转换而直接进行处理的分析方法，如可行方向法、凸单纯形法等；

（4）把约束非线性规划问题转换为无约束非线性规划来求解的方法，如 SUMT 外点法、SUMT 内点法、乘子法等。

4.3 上海的经济增长为何要减缓

在《上海市国民经济和社会发展第十一个五年规划纲要》中指："十一五"期间上海全市年均经济增长率预期为 9% 以上，到 2010 年全市生产总值达到 1.5 亿元。

各个城市为保持高增长需做一定的规划。到 2004 年底，上海已经连续 14 年保持经济的两位数增长。2005 年，上海市政府主动提出将经济增长率下调，体现了政府希望通过比较稳健的经济发展节奏，实现经济增长方式和城市经济形态的重大变化，更加强调经济结构的质量和效益，而不是数量。

经济增长速度预期放缓的同时,上海的"十一五"规划要求资源利用效率必须明显提高,单位生产总值的能耗要比"十五"末降低 20%,每平方公里的工业区用地产值要超过 55 亿元,环保重点监管企业污染物稳定达标排放率要达到 95%。

显然,上海"十一五"规划中新的增长目标表明,上海的政绩观念正在变化,不再唯 GDP 论成败,而是在促进经济增长的基础上,更多地关注社会指标、人文指标、资源指标和环境指标,追求社会的全面进步。

在上海市的"十二五"规划中,"高端制造、创新驱动、品牌引领、低碳发展"十六个字更是成为了上海"十二五"产业的发展目标。在这个方针的指导下,高新能源、民用航空制造业、先进重大装备、生物医药、电子信息制造业、新能源汽车、海洋工程装备、新材料、软件和信息服务业成为上海高新技术产业化的九大重点领域。2010 年,这九大重点领域计划新增投资 500 亿元以上,力争新增产业规模超过 1000 亿元,总产业规模达到 8400 亿元以上。

下面我们用规划的思路来对上述问题进行建模。

1. 多目标规划

在许多客观实际问题中,要达到的目标往往不止一个。例如,设计导弹时既要使其射程最远,又要燃料最省,还要精度最高。这类含有多个目标的优化问题称为多目标规划问题。

例 4.1 某单位要筹办一次节日茶话会,需要购买香蕉、苹果、葡萄三种水果,其单价分别为 4.2 元/千克、2.4 元/千克、2.2 元/千克。要求买的水果重量不少于 10 千克,香蕉、苹果的总和不少于 6 千克,目前有 30 元钱,问如何确定最好的购买方案?

设 x_1、x_2、x_3 分别为购买香蕉、苹果、葡萄三种水果的重量(千克)。用于买水果的总钱数为 y_1,所买的水果的总量为 y_2,自然,我们希望 y_1 取最小值,y_2 取最大值。约束条件为

$$\begin{cases} 4.2x_1 + 2.4x_2 + 2.2x_3 \leqslant 30 \\ x_1 + x_2 + x_3 \geqslant 10 \\ x_1 + x_2 \geqslant 6 \\ x_i \geqslant 0, \quad i = 1, 2, 3 \end{cases}$$

并使

$$y_1 = 4.2x_1 + 2.4x_2 + 2.2x_3 \to \min$$
$$y_2 = x_1 + x_2 + x_3 \to \max$$

易见,这是一个包含两个目标(y_1, y_2)的规划问题,属于多目标规划的范畴。尤其是,我们发现,这两个目标有强烈的矛盾成分。正因为如此,使得求解多目标规划问题有些复杂,常用的方法有约束法、分层序列法、加权求和法及理想点法等。

2. 目标规划

目标规划是一个新的多目标决策工具,其把决策者的意愿反映到数学模型中。目标规划不像线性或非线性规划那样去直接求目标函数的最大(小)值,而是寻求实际能够达到的值与目标之间的偏差变量的最小值,这些偏差变量表示目标的达成程度。

我们重新回到上海的九大领域产业规划的问题上来。假设 2010 年上海在这九大领域生产总值达到 A_1 亿元,在保证此目标的前提下,问各项资源、人力和物力如何分配?

用 x_i 表示第 i 个行业的产值,上海各个行业的编号如表 4.2 所示。

表 4.2

行业	高新能源	民用航空制造业	先进重大装备	生物医药	电子信息制造业	新能源汽车	海洋工程装备	新材料	软件和信息服务业
编号	1	2	3	4	5	6	7	8	9

考虑到这九大产业在发展时要充分考虑能源、环境等因素的指标,我们先从约束的角度建立目标约束方程。我们在 d_i(某些情况是 d_{ki})右上角处标"+"、"−"号,用以代表相对于目标值的超出值或缺少值。为方便计,以下大部分指标略去单位。

(1) 产值目标约束——总产值达到 A_1

$$\sum_{i=1}^{9} x_i + d_1^- - d_1^+ = A_1$$

(2) 劳动力的约束——总劳动力共有 A_2

$$\sum_{i=1}^{9} a_{2i} x_i + d_2^- - d_2^+ = A_2$$

其中 a_{2i} 为第 i 个行业单位产值的劳动力系数。

(3) 能源供应需求约束——能源总量供应为 A_3

$$\sum_{i=1}^{9} a_{3i} x_i + d_3^- - d_3^+ = A_3$$

其中 a_{3i} 为第 i 个行业单位产值的能源消耗系数。

(4) 每平方公里的工业区用地产值——超过 55 亿元

$$\frac{x_i}{a_{4i}} + d_{4i}^- - d_{4i}^+ = 55, \quad i = 1, 2, \cdots, 9$$

其中 a_{4i} 为第 i 个行业所需的建筑用占地面积。

(5) 投资约束——2010 年新增 500 亿元

$$\sum_{i=1}^{9} a_{5i} x_i + d_5^- - d_5^+ = 500$$

其中 a_{5i} 为第 i 个行业单位产值所需的新增投资数。

(6) 上缴利税目标——上缴利税 A_6

$$\sum_{i=1}^{9} a_{6i} x_i + d_6^- - d_6^+ = A_6$$

其中 a_{6i} 为第 i 个行业单位产值的上缴利税。

3. 求解方法——确定目标优先级

根据实际要求,可建立如下模型:

(1) 为保证 2010 年达到总产值 A_1 亿元,期望有
$$d_1^- \to \min$$
(2) 为了上缴利税达到 A_6 亿元,期望有
$$d_6^- \to \min$$
(3) 为了提高土地使用效率,期望有
$$d_{4i}^- \to \min$$
(4) 为了充分利用劳动力,期望有
$$d_2^+ \to \min$$
(5) 为了能源消耗不超过额定值,期望有
$$d_3^+ \to \min$$
(6) 为了投资不超过额定值,期望有
$$d_5^+ \to \min$$

模型(1)~模型(6)显然是一个多目标的规划问题。目标规划方法处理多目标规划的思路是,如果两个不同目标相差悬殊,为达到某一目标可牺牲其他一些目标,称这些目标是属于不同层次的优先级。不同优先级之间的差别无法用数字大小来衡量。对属于同一层次优先级的不同目标,按其大小可分别乘上不同的权重系数。

为区分优先级的高低,可用 P_i 来表示第 i 级的优先因子,并规定 $P_k \geqslant P_{k+1}$。再注意到我们的偏差变量 d_i^+、d_i^- 必有一个为零,故 $d_i^+ \cdot d_i^- = 0$。关于目标函数,这里采取最小和目标规划法,即使加权的目标偏差变量之和最小。这样,针对上面的问题,我们建立下面的线性规划模型:

$$\min Z = P_1(2d_1^- + d_6^- + \sum_{i=1}^{9} d_{4i}^-) + P_2(4d_3^+ + d_5^+) + P_3 d_2^+$$

$$\text{s.t.} \begin{cases} \sum_{i=1}^{9} x_i + d_1^- - d_1^+ = A_1 \\ \sum_{i=1}^{9} a_{2i} x_i + d_2^- - d_2^+ = A_2 \\ \sum_{i=1}^{9} a_{3i} x_i + d_3^- - d_3^+ = A_3 \\ \sum_{i=1}^{9} \frac{x_i}{a_{4i}} + d_4^- - d_4^+ = 55 \\ \sum_{i=1}^{9} \frac{x_i}{a_{5i}} + d_5^- - d_5^+ = 500 \\ \sum_{i=1}^{9} a_{6i} x_i + d_6^- - d_6^+ = A_6 \\ d_i^- \cdot d_i^+ = 0, \quad i = 1, 2, \cdots, 9 \\ d_i^-, d_i^+ \geqslant 0, \quad i = 1, 2, \cdots, 9 \\ x_i \geqslant 0, \quad i = 1, 2, \cdots, 9 \end{cases}$$

4.4 投资的选择

某人手头有 15 万元准备投资,有股票、期货及基金三种方式共 5 个项目供其选择。然而,虽然有些项目投资预期价值很高,但风险也很大。这个人想知道的是,即使按最大的风险进行投资,他是否仍可获得价值增值的回报?各种项目的投资最低资金、预期价值以及预期的风险程度见表 4.3。

表 4.3

投资项目	最低投资资金 v_j	预期价值	预期的风险程度/%	最低的回报
1	4	10	20	8
2	6	15	60	6
3	5	10	80	2
4	3	10	30	7
5	7	20	75	5

下面按照最低的回报给出最佳的投资方式。设

$$x_j = \begin{cases} 1, & \text{投资项目 } j \\ 0, & \text{不投资项目 } j \end{cases}, \quad j=1,2,3,4,5$$

$P(j,b)$ 表示用经费 b 来资助 $j,j+1,\cdots,5$ 项目中的若干个所获得的价值中的最大值。这样,原问题可化为求 $P(1,15)$。

为了求 $P(1,15)$,我们需要分两种情况计算:若投资了项目 1,则要去求 $P(2,11)$;若不投资项目 1,则求 $P(2,15)$。从而

$$P(1,15) = \max\{8+P(2,11), 0+P(2,15)\}$$
$$= \max\{8x_1 + P(2,15-4x_1)\}, \quad x_1=0,1, \quad 4x_1 \leqslant 15 \quad (4\text{-}10)$$

这样,为了求出 $P(1,15)$,需要求出 $P(2,15-4x_1)$。令 $15-4x_1=b_2$,则类似地得到

$$P(2,b_2) = \max\{6x_2 + P(3,b_2-6x_2)\}, \quad x_2=0,1, \quad 6x_2 \leqslant b_2 \quad (4\text{-}11)$$

令

$$b_i = b_{i-1} - v_{i-1}x_{i-1}, \quad i=2,3,4,5$$

这里,$b_1=15$。继续解下去,有

$$P(3,b_3) = \max\{2x_3 + P(4,b_3-5x_3)\}, \quad x_3=0,1, \quad 5x_3 \leqslant b_3 \quad (4\text{-}12)$$

$$P(4,b_4) = \max\{7x_4 + P(5,b_4-3x_4)\}, \quad x_4=0,1, \quad 3x_4 \leqslant b_4 \quad (4\text{-}13)$$

$$P(5,b_5) = \max\{5x_5\}, \quad x_5=0,1, \quad 7x_5 \leqslant b_5 \quad (4\text{-}14)$$

仔细观察式(4-10)～式(4-14)，我们发现，$P(1,15)$、$P(2,b_2)$、$P(3,b_3)$、$P(4,b_4)$、$P(5,b_5)$都构成了一个规划问题，而且相互链接成一个整体的规划模型。这种问题我们称之为动态规划问题。在求解时，只要解出$P(5,b_5)$，倒着解回去，就可得到$P(1,15)$。当然，我们并不知道b_5为何值，考虑b_5的所有可能性，列于表4.4。

表 4.4

b_5	得到的价值 $5x_5$		$P(5,b_5)$	b_5	得到的价值 $5x_5$		$P(5,b_5)$
	$x_5=0$	$x_5=1$			$x_5=0$	$x_5=1$	
0	0	—	0	8	0	5	5
1	0	—	0	9	0	5	5
2	0	—	0	10	0	5	5
3	0	—	0	11	0	5	5
4	0	—	0	12	0	5	5
5	0	—	0	13	0	5	5
6	0	—	0	14	0	5	5
7	0	5	5	15	0	5	5

同理，考虑b_4、b_3、b_2的所有情况，分别列于表4.5～表4.7。

表 4.5

b_4	$v_4 x_4 + P(5,b_5)$		$P(4,b_4)$	b_4	$v_4 x_4 + P(5,b_5)$		$P(4,b_4)$
	$x_4=0$	$x_4=1$			$x_4=0$	$x_4=1$	
0	0	—	0	8	5	7	7
1	0	—	0	9	5	7	7
2	0	—	0	10	5	7	12
3	0	7	7	11	5	7	12
4	0	7	7	12	5	7	12
5	0	7	7	13	5	7	12
6	0	7	7	14	5	7	12
7	5	7	7	15	5	7	12

表 4.6

b_3	$v_3 x_3 + P(4,b_4)$		$P(3,b_3)$	b_3	$v_3 x_3 + P(4,b_4)$		$P(3,b_3)$
	$x_3=0$	$x_3=1$			$x_3=0$	$x_3=1$	
0	0	—	0	8	7	9	9
1	0	—	0	9	7	9	9
2	0	—	0	10	12	9	12
3	7	—	7	11	12	9	12
4	7	2	7	12	12	9	12
5	7	2	7	13	12	9	12
6	7	9	7	14	12	9	12
7	7	9	7	15	12	14	14

表 4.7

b_2	$v_2 x_2 + P(3,b_3)$		$P(2,b_2)$	b_2	$v_2 x_2 + P(3,b_3)$		$P(2,b_2)$
	$x_2=0$	$x_2=1$			$x_2=0$	$x_2=1$	
0	0	—	0	8	9	13	7
1	0	—	0	9	9	13	9
2	0	—	0	10	12	13	13
3	7	—	7	11	12	13	13
4	7	—	7	12	12	13	13
5	7	6	7	13	12	13	13
6	7	6	7	14	12	15	15
7	7	6	7	15	14	15	15

从表 4.5～表 4.7 可以求出 $P(1,15)$：

$$P(1,15) = \max_{\substack{x_1=0,1 \\ 4x_1 \leq 15}} \{v_1 x_1 + P(2,15-4x_1)\} = \max\{8+P(2,11), P(2,15)\} = 21$$

从 $P(1,15)=21$，找到 $x_1=1$，投资项目 1，$b_2=11$；

从 $P(2,11)=13$，找到 $x_2=1$，投资项目 2，$b_3=5$；

从 $P(3,5)=7$，找到 $x_3=0$，不投资项目 3，$b_4=5$；

从 $P(4,5)=7$，找到 $x_4=1$，投资项目 4，$b_5=2$；

从 $P(5,2)=0$，找到 $x_5=0$，不投资项目 5。

这样,投资项目 1、2、4,获得的最低回报为
$$8+6+7=21$$
用去投资金
$$4+6+3=13(万元)$$

思考题:
如果按照预期的价值回报,投资的项目应该是哪几个?

第 5 章 对策与决策模型

2008 年是一个特殊的年份。

它充满着对抗——美国与伊朗就核设施的问题钩心斗角;以色列与巴勒斯坦就领土问题的争斗愈演愈烈;泰国的红衫军团与蓝衫军团的游行与对抗搅得社会秩序大乱。

它又充满着不稳定的因素——"5·12"汶川特大地震揪碎了全中国人民的心,也考验着中国人的意志力及决断力;席卷全球的金融风暴考量着中国经济体的坚实程度,同时也考验着中国政府的决策能力。

大到国家、政党、集团,小到家庭、个人,都会不可避免地遇到对抗或者某些危难,这时,策略的选择显得极为关键。在集团(政府、公司、政党等)之间或者个人之间的利害发生冲突时,根据不同情况、不同对手制定策略的过程称为对策过程;而在处理一个问题时,根据自己的行动目的,在若干个可行的方案中选择行动方案的过程称为决策过程。

5.1 诺曼底战役的斗智斗勇

1942 年,"二战"激战正酣。苏德战场形势非常严峻,德军已进至斯大林格勒,苏联强烈要求英美在欧洲发动登陆作战,以牵制德军减轻苏军压力。英国只好仓促派出由 6018 人组成的突击部队在法国第厄普登陆,结果遭到惨败,伤亡 5810 人,伤亡率高达 96.5%。

1944 年 6 月 6 日,诺曼底登陆战役正式打响。

盟军在制定登陆计划时,首先要确定登陆地点。登陆地点要具备以下三个条件:一是登陆地点要在从英国机场起飞的战斗机所能抵达的半径内,二是登陆地点要使航渡距离尽可能短,三是登陆地点附近要有大港口。从荷兰符利辛根到法国瑟堡长达 480 千米的海岸线上,有三处地区较为合适:康坦丁半岛、加莱和诺曼底。由于诺曼底的德军防御较弱,且地形开阔,可同时展开 30 个师;还有一个重要的原因是诺曼底距法国北部最大港口瑟堡仅 80 公里。几经权衡比较,盟军最终选择了诺曼底作为登陆地点并成功登陆,在欧洲开辟了第二战场。

然而,德军当时并非不堪一击。事实上,德军在沿海可能登陆的地区都有重兵防守。如果德军对登陆地点判断准确,横跨英吉利海峡的登陆作战将会异常艰难。

因此,盟军采取了很多瞒天过海的战术,例如,盟军虚设了一个由 12 个师组成的美国"第 1 集团军群",司令部设在与加莱隔海相望的地区;"第 1 集团军群"的司令官由备受德国人关注的巴顿将军担任。

还有,为减弱正面登陆海滩的压力,盟军巧妙地在德军后方投了许多与真人一般大小的假伞兵。空投假伞兵的范围很广,从勒阿弗尔到康坦丁半岛西海岸的莱塞一带,许多地域都投下假伞兵,致使德军仓皇报告——盟军的伞兵在多处出现。

被迷惑的德军顾此失彼,防线被盟军不断突破,使纳粹德国陷入要同时与苏联红军及盟军两面作战的困境。1945年4月30日,苏联红军攻占了希特勒的老巢——柏林。

1. 对策问题

"二战"的登陆战役中盟军与德军的斗智斗勇,从根本上说是一场双方智力上的对抗。我们可以从对策的角度对其过程进行模拟。

这里我们简化战争的过程,将盟军进攻部队分为2支部队——主攻部队和伴作攻击的部队,并假设2支部队具有足够的攻击能力;将3处可能的登陆地点——康坦丁半岛、加莱和诺曼底——设想为三条通向德国的路线,德军共有3支部队可供调遣防守这3条路线。并假设每一条线路都有德军把守。德军任何1支部队都可以在任何1条路线上把守住来自盟军1支部队的进攻,但无法抵挡住盟军2支部队的合击。我们的问题是,需要为盟军及德军选择最优的策略。

2. 对策理论

首先,介绍一些对策论中的基本要素。

(1) 局中人——具有决策权的参加者,如问题中的盟军及德军。

(2) 策略——局中人可采取的可行方案。策略的全体构成策略集。问题中的盟军在登陆地点的可行性选择方案及德军的各种防御方案都成为双方的策略。

设局中人 A 有 m 个策略 $\alpha_1, \alpha_2, \cdots, \alpha_m$,记策略集为 $S_A = \{\alpha_1, \alpha_2, \cdots, \alpha_m\}$;局中人 B 有 n 个策略 $\beta_1, \beta_2, \cdots, \beta_n$,记策略集为 $S_B = \{\beta_1, \beta_2, \cdots, \beta_n\}$。当 A 选用第 i 个策略 α_i,B 选用第 j 个策略 β_j 时,(α_i, β_j) 构成一个纯局势。S_A、S_B 中的策略可构成 $m \times n$ 个纯局势。对应于 (α_i, β_j),把 A 的赢得记为 a_{ij},B 的赢得记为 b_{ij}。

(3) 支付矩阵——当纯局势 (α_i, β_j) 已确定时,A 的赢得正是 B 的所失,即双方得失之和为零,此类对策称为零和对策。此时,$a_{ij} = -b_{ij}$,记

$$A_{m \times n} = \begin{bmatrix} a_{11} & a_{12} & \cdots & a_{1n} \\ a_{21} & a_{22} & \cdots & a_{2n} \\ \vdots & \vdots & & \vdots \\ a_{m1} & a_{m2} & \cdots & a_{mn} \end{bmatrix}$$

称 $A_{m \times n}$ 为支付矩阵。

一般地,把一个对策记为 G,$G = \{S_A, S_B, A_{m \times n}\}$。

(4) 最优纯策略与鞍点

对于参加对策的局中人来说,他们考虑问题的出发点并非是获得最好的结果,而是在避免最坏结果的前提下,寻求一种保险的最佳办法,这也往往是对策双方考虑问题的通用规则。

设有一零和对策 $G=\{S_A, S_B, \boldsymbol{A}_{m\times n}\}$,我们有必要对 A 与 B 的最坏结果(或最大损失)作一分析。假设 B 选择策略 j,从赢利的角度讲,$\max_i a_{ij}$ 便是 A 此时的最大赢得;由于不知道 B 选择什么策略,A 的保守想法是在这些最大赢得中选取最小的最大赢得 $\min_j \max_i a_{ij}$。这样,$\min_j \max_i a_{ij}$ 就表示 A 的至少赢得,注意到零和对策有 $a_{ij}=-b_{ij}$,这样 $\max_i \min_j a_{ij}$ 就表示 B 的至少赢得。若

$$\max_i \min_j a_{ij} = \min_j \max_i a_{ij} = V_G \tag{5-1}$$

则表示 A 的至少赢得与 B 的至少赢得恰好可以吻合,此时双方可以满意。称上式中的值 V_G 为对策 G 的值。

若存在某纯局势 $(\alpha_{i'}, \beta_{j'})$ 使

$$\min_j a_{i'j} = \max_i a_{ij'} = V_G \tag{5-2}$$

则称 $(\alpha_{i'}, \beta_{j'})$ 为对策 G 的鞍点,支付矩阵 $\boldsymbol{A}_{m\times n}$ 中的元素 $a_{i'j'}$ 称为矩阵的鞍点。式(5-2)比式(5-1)更具体化,由于找到了达到对策值 V_G 的 A 策略 i' 与 B 的策略 j',从而称 $\alpha_{i'}$ 与 $\beta_{j'}$ 分别为 A 和 B 的最优纯策略。

但是,在实际中有些零和问题可能无解,即式(5-1)不成立,这时需要考虑混合策略。所谓混合策略就是在每次对策时做一次随机试验,以确定这次应选哪一种策略。混合策略往往有迷惑对方的功效。事实上,当对策的一方 A 连续地使用某策略而获得利益时,对方 B 必察觉,从而 B 改变其策略以对付 A。因此,从获利的角度讲,对策双方都不能连续不变地使用某种纯策略,而必须考虑如何随机地使用自己的策略,从而使对方难以捉摸。

设对策的局中人 A 有几种纯策略构成策略集 $S_A=\{\alpha_1, \alpha_2, \alpha_3\}$,且以概率 p_1、p_2、p_3 分别取 α_1、α_2、α_3。此时 S_A 记为

$$S_A = \begin{Bmatrix} \alpha_1 & \alpha_2 & \alpha_3 \\ p_1 & p_2 & p_3 \end{Bmatrix}, \quad 且 \quad p_1 + p_2 + p_3 = 1$$

这时 A 的按概率计算出的赢得称为"期望赢得"。进行混合策略的对策时,A 自然还是按最大最小原则选择他的策略,而 B 也按最大最小原则选择他自己的策略,混合策略的最优解就是寻求对策双方利益得以平衡的吻合点。

(5) 优超——设支付矩阵 $\boldsymbol{A}_{m\times n}=(a_{ij})_{m\times n}$,如果

$$a_{kj} \geqslant a_{ij}, \quad j=1, 2, \cdots, n$$

则称局中人 A 的策略 k 优超于策略 i。若不等号严格成立,则称局中人 A 的策略 k 严格优超于策略 i。

若存在优超,则可通过将被优超的那个纯策略所对应的行划去来简化求解过程。同理,

对局中人 B 也可进行优超过程，从而划去相应的列以达到求解过程的简化。

3. 对策模型的建立

假设盟军 2 支部队登陆可选择的策略有：

α_1——从不同的路线进入；

α_2——从同一条路线进入。

德军可以选择的策略有：

β_1——对每一条路线配置 1 支部队；

β_2——对某条路线配置 2 支部队，另外某条路线配置 1 支部队；

β_3——对某条路线配置 3 支部队。

对于 α_1,β_1 一定会将阻止盟军前进的步伐，而 β_3 则会使盟军至少有 1 支部队成功登陆，β_2 则使盟军以 $\frac{2}{3}$ 的概率获得成功。对于 α_2，我们可以进行类似的分析，从而得到以概率作为赢得的支付矩阵：

$$\begin{array}{c} & \begin{array}{ccc} \beta_1 & \beta_2 & \beta_3 \end{array} \\ \begin{array}{c} \alpha_1 \\ \alpha_2 \end{array} & \begin{bmatrix} 0 & \frac{2}{3} & 1 \\ 1 & \frac{2}{3} & \frac{2}{3} \end{bmatrix} \end{array}$$

利用优超的方法，去掉第三列，得到简化的支付矩阵：

$$\boldsymbol{A} = \begin{bmatrix} 0 & \frac{2}{3} \\ 1 & \frac{2}{3} \end{bmatrix}$$

易得到

$$\max_i \min_j a_{ij} = \min_j \max_i a_{ij} = \frac{2}{3}$$

即式(5-1)成立。上述结果表明，盟军采用 α_2 方案、德军采取 β_2 方案是对策的最佳结果。

4. 进一步的模型

在登陆战役中，空降伞兵也是计划中很重要的部分。事实上，在诺曼底登陆战役中，伞兵们被投放在整个诺曼底，使德军陷入一片混乱。伞兵们各自为战，分散了德军的兵力，取得了不小的战果，并且他们使德军指挥官大大高估了伞兵的人数，调动了更多不必要的军力，从很大程度上分散了海滩登陆场的压力。

我们不妨假设空降伞兵也是通向德国的有效路线。对于这条增加的进攻方式，德军也利用某机动部队进行阻击。现在的问题的条件变成——有 2 支盟军部队进攻，进攻的方式有 4 条路线,共有 4 支德军部队进行阻止登陆的防御;其余的条件不变——德军任何 1 支部队都可以在任何 1 条路线上把守住来自盟军 1 支部队的进攻,但无法抵挡住盟军 2 支部队的合击。

盟军可选择的策略仍然为

α_1——从不同的路线进入;

α_2——从同一条路线进入。

德军可以选择的策略则变为

β_1——对每一条路线配置 1 支部队;

β_2——对两条路线各配置 2 支部队;

β_3——对某一条路线配置 2 支部队,另两条路线各配置 1 支部队;

β_4——对某一条路线配置 3 支部队,对另一条路线配置 1 支部队;

β_5——对一条路线配置 4 支部队。

5. 求解

类似地,我们可以得到支付矩阵

$$\begin{array}{c} & \begin{array}{ccccc} \beta_1 & \beta_2 & \beta_3 & \beta_4 & \beta_5 \end{array} \\ \begin{array}{c} \alpha_1 \\ \alpha_2 \end{array} & \left[\begin{array}{ccccc} 0 & \frac{5}{6} & \frac{1}{2} & \frac{5}{6} & 1 \\ 1 & \frac{1}{2} & \frac{3}{4} & \frac{3}{4} & \frac{3}{4} \end{array} \right] \end{array}$$

从支付矩阵中可以看到,β_3 优超于 β_4 和 β_5,划去 β_4 和 β_5,可得到简化的支付矩阵

$$\begin{array}{c} & \begin{array}{ccc} \beta_1 & \beta_2 & \beta_3 \end{array} \\ \begin{array}{c} \alpha_1 \\ \alpha_2 \end{array} & \left[\begin{array}{ccc} 0 & \frac{5}{6} & \frac{1}{2} \\ 1 & \frac{1}{2} & \frac{3}{4} \end{array} \right] \end{array}$$

易发现

$$\max_i \min_j a_{ij} = \frac{1}{2}, \quad \min_j \max_i a_{ij} = \frac{3}{4}$$

式(5-1)不成立,从而,本零和问题无解,这时需要考虑混合策略。

若盟军的最佳策略是 $(x, 1-x)$(x 是 A 选择 α_1 的概率),则对于 β_1,盟军的赢得是

$$0 \cdot x + 1 \cdot (1-x) = 1 - x$$

对于 β_2,盟军的赢得是

$$\frac{5}{6}x + \frac{1}{2}(1-x) = \frac{1}{2} + \frac{1}{3}x$$

对于 β_3,盟军的赢得是

$$\frac{1}{2}x + \frac{3}{4}(1-x) = \frac{3}{4} - \frac{1}{4}x$$

把每种赢得作为 x 的函数画出,得到图 5.1。

从图 5.1 可知,盟军的最大最小赢得为

$$\max_{0 \leqslant x \leqslant 1}\left[\min\left(1-x, \frac{1}{2}+\frac{1}{3}x, \frac{3}{4}-\frac{1}{4}x\right)\right]$$

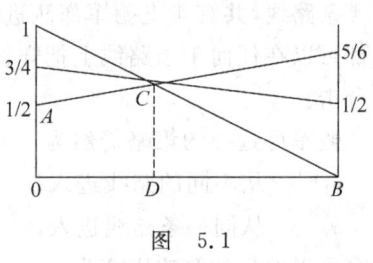

图 5.1

其中,$\min_{0 \leqslant x \leqslant 1}\left(1-x, \frac{1}{2}+\frac{1}{3}x, \frac{3}{4}-\frac{1}{4}x\right)$ 即为折线 ACB,

C 点为折线的最高点,即 C 点为盟军在混合策略意义下的最大最小值。令

$$1 - x = \frac{1}{2} + \frac{1}{3}x$$

解得

$$x = \frac{3}{8}$$

即盟军按概率 $\left(\frac{3}{8}, \frac{5}{8}\right)$ 来分布决策 α_1、α_2,所得的最大最小赢得 $V_A = \frac{5}{8}$。

计算德军的决策概率分布也可类似上述过程求得,即计算德军的各种赢得,再画出赢得图,最终求出德军的最小最大值。经过计算,可以得到德军选择策略的概率分布为 $\left(\frac{1}{4}, \frac{3}{4}, 0, 0, 0\right)$。

从上述过程看出,对于盟军,应以 $\frac{3}{8}$ 的概率选择 α_1,以 $\frac{5}{8}$ 的概率选择 α_2;对于德军,应以 $\frac{1}{4}$ 的概率选择 β_1,以 $\frac{3}{4}$ 的概率选择 β_2。

思考题:
对策给出的结果是否是对抗双方真正喜欢的方案?

5.2 沿江企业的潜在风险

在美丽的北国江城吉林市,松花江宛如一条秀丽的飘带穿城而过。2010 年 7 月底,连日暴雨后,沿江水位持续上涨。7 月 28 日,吉林永吉县城一片汪洋。这场突如其来的特大洪水让永吉县猝不及防,洪水冲毁了坐落在县经济开发区的新亚强生物化工有限公司和吉林众鑫集团库房,共有大约 4000 个空桶和 3000 个原辅料桶冲入温德河,经流淌进入松花江。桶内装有三甲基一氯硅烷、六甲基二硅氮烷等物质。三甲基一氯硅烷是无色透明液体,有刺激性臭味,受热或遇水分解放热,会分解释放出有毒的腐蚀性烟气。

许多企业需水量巨大,沿江河而建有利于企业生产。但是,水能载舟亦能覆舟。虽然特

大洪水百年一遇,但一旦发生,则损失巨大。

我们作一个简单的模拟。假设汛期出现平水水情的概率为 0.7,出现高水水情的概率为 0.25,出现洪水水情的概率为 0.05。位于江边的某工厂固定资产 2000 万元,其年产价值 8000 万元。鉴于安全的考虑,政府部门敦促其进行搬迁。但搬迁需要高额的费用,总资金需要 2000 万元。因此,该工厂希望通过修堤坝来保护工厂的安全,费用也相对较少,仅需 100 万元。当然,置之不理也是一种方案。

当灾难来临时,这三种方案当然会有不同的结果。若采取搬迁的方案,那么无论出现任何水情都不会遭受损失;若采用修堤坝的方案,则仅当发生洪水时,因坝被冲垮而损失 8000 万元;若采用最后的方案,那么当出现平水位时不遭受损失,发生高水位时损失部分产品 4000 万元,发生洪水时损失 8000 万元。根据上述条件,为该工厂选择最佳的决策方案。

这个问题属于风险决策问题,可以通过比较各方案的损失大小来评定方案的优劣,损失最小者为最佳方案。由于并不知道真正的水情,因此,每种方案的损失应计算其期望值。

1. 模型的建立和求解

把各种情况用决策树表示(图 5.2),其中:

□——表示决策点,从它引出的分枝称为方案分枝,分枝的数目就是方案的个数。

○——表示机会节点,从它引出的分枝称为概率分枝;一条概率分枝代表一种状态,标有相应发生的概率。

△——表示末梢节点,右边的数字代表各个方案在不同状态下的效益值。

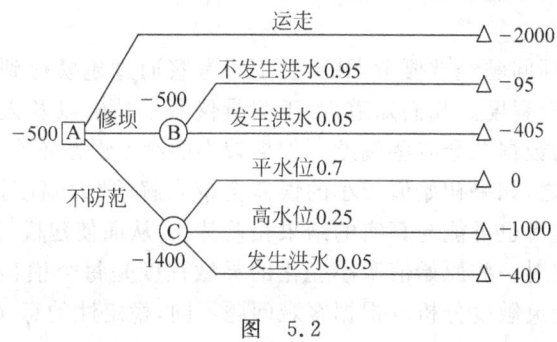

图 5.2

在决策树上的计算是从右往左进行的,遇到机会节点,就计算该点的期望值,将结果标在节点的上方;遇到决策点,比较各方案分枝的效益期望值,决定优劣。淘汰的打上"×"号,余下的为最佳方案,其效益期望值标在决策点旁。

现在我们计算各点的期望值:

$$E(B) = 0.95 \times (-100) + 0.05 \times (-8100) = -500(万元)$$

$$E(C) = 0.7 \times 0 + 0.25 \times (-4000) + 0.05 \times (-8000) = -1400(万元)$$

第一种方案是将厂址迁移,其损失为 2000 万元。经过比较,工厂的最佳方案应该是修建堤坝。

2. 模型的细化

对于带有危险的物品失落到江河,其损失不能简单地用其价值衡量。自两家化工厂的7000多只化工原料桶被冲入松花江后,其沿线下游居民的饮用水安全问题引起社会广泛关注。

环保部门高调介入,实时监测和发布松花江的水质状况。同时,吉林省政府紧急调遣人员在松花江上游设置8道防线进行拦截打捞,以确保化工原料桶不流出吉林省。即便如此,松花江下游沿岸仍采取了各种防范措施。甚至,作为中俄两国跨界河流黑龙江(俄方称阿穆尔河)最大的支流,松花江中化工原料桶事件也引起了俄方的高度关注,并相应采取防范措施。这种大面积地动用人力、物力以及在社会上引起的恐慌,其损失难以估量。

保守地估计,我们按5亿元来计算洪水带来的损失,对上述风险方案的损失期望进行重新计算,结果会大相径庭。除了第一种搬迁厂址的方案不会改变其损失值,其余两种方案都须重新计算其损失的期望值:

$$E(B) = 0.95 \times (-100) + 0.05 \times (-50100) = -2600(万元)$$

$$E(C) = 0.7 \times 0 + 0.25 \times (-4000) + 0.05 \times (-50000) = -3500(万元)$$

这时,搬迁厂址则成为最佳的方案选择。

3. 稳定性分析

假设发生洪水的概率能够准确预报,我们对出现平水水位和高水水位的概率进行稳定性分析。

稳定性是各类实际问题经常要考虑的,它主要考察通过建模得到的问题解对原问题一些初始数据变化的依赖程度。我们知道,由于测量仪器不精确以及人类不能控制的一些因素,在实验中所测量的数据总会有些偏差。如果较小的测量误差不会引起解的较大误差,则解就是可信赖的。反之,如果初始值较小的误差会带来解的"大幅度振荡",那么,即使数学模型建立的再合理,其解也可能与真实的结果相差甚远,从而使建模过程变得毫无意义。因此,分析模型最终的解对一些原始值微小变化的灵敏程度是每个模型必须考虑的问题。有时,稳定性分析也称为灵敏度分析。根据客观问题不同,稳定性的意义以及稳定性分析的方法也有所不同。

在本问题中,一旦初始数据(如概率、运费等)发生变化,将会引起各效益期望值的变化,从而极有可能引起最佳决策方案选择上的改变。相比较而言,出现各种水情的概率较之于运费及损失费等各种费用更容易产生误差。为简化起见,下面假设在不发生洪水的情况下,并不考虑厂址迁移的方案,只针对出现平水位和高水位的概率进行稳定性分析。首先引入概念:使各行动方案具有相同效益期望值的自然状态出现的概率称为转折概率。

设出现平水水情的概率为 α,则出现高水水情的概率为 $1-\alpha$,令

$$-2000 = 0 \cdot \alpha + (1-\alpha)(-4000)$$

解得 $\alpha=0.5$。$\alpha=0.5$ 即为使修堤坝方案的效益期望值与采取置之不理方案的效益期望值相同的转折概率。当出现平水位的概率大于 0.5 时，置之不理方案为最佳方案；否则，修堤坝方案为最佳方案，这也正是转折概率的含义。

显然，当预测的平水位概率接近 0.5 时，将给选择方案带来极大的不稳定因素。例如，当平水位概率为 0.55 时，应采取置之不理的方案。但由于预测的概率稍高，误差为 10%，这时，平水概率将小于 0.5，方案将会是修堤坝。

如果预测的平水位概率远离 0.5，则不会发生上述不稳定的方案选择状况。

思考题：
如果考虑洪水的状况，如何进行稳定性分析？

5.3 AIG 巨额奖金风波

2008 年，美国次贷危机引发世界范围的金融危机，AIG（美国国际集团）因此亏损了 400 多亿美元，陷入了严重的财务危机。这个全球市值最大的保险公司几乎奄奄一息，不得不向政府求援，累计接受政府救助 1825 亿美元。

然而，AIG 却于 2009 年 3 月 15 日宣布向公司部分高管支付 2008 年的奖金总额 1.65 亿美元，引发了美国上下的一片讨伐。美国总统奥巴马在发表演讲怒斥这一行为的时候甚至一时语塞。

本来，如何利用这笔救助资金是 AIG 的集团行为，它完全有权力用这笔资金偿还债务、提供贷款以及对员工发放奖金。奥巴马手下的官员们也表示他们无力阻止奖金的发放。但是，AIG 如此做法显然忽视了美国政府救助的本意。鉴于银行和其他金融机构亏损加剧将进一步削弱其恢复正常放贷活动的能力，极不利于美国经济的复苏，美国政府出手驰援。显然，改善银行财务状况、激活信贷活动被视为美国人亟待解决的问题之一。奥巴马也明确表示，他希望把这笔资金用于恢复信贷市场正常运转，为消费者、小企业和市政当局提供贷款。

然而，对于此次奖金事件，AIG 的解释是，发放奖金是因为企业与员工早有合同在先，公司必须依法行事，同时也是为了留住公司未来发展必需的人才。如果员工以公司违反合同为由将其告上法庭，AIG 届时必定输掉官司。

在如何利用政府救助资金的问题上，AIG 考虑的因素远不止这些。它必须对这笔救助后面的美国纳税人这个庞大群体的情绪进行充分的估量。集团的利益、员工的工作积极性、社会责任感以及大众的情感接受程度都是 AIG 在使用这笔资金时必须要重点考虑的因素。

在客观世界中，许多决策问题所涉及的因素是无法用数字去衡量的，数量化、半量化以及非量化的因素交织在一起，使我们的决策难以完全用定量进行分析的方法处理。

例如一个人在买衣服时，需要在质地、颜色等方面作出选择；学生在填写高校志愿时，会面临学校、专业的选择问题；科研单位中的科技人员在有效地利用资金时，也会面临研究课题的选择问题。人们在处理上面这些决策问题的时候,要考虑的因素有多有少,有大有小,但是一个共同的特点是它们通常都涉及经济、社会、人文等方面的因素。在作比较、判断、评价、决策时,这些因素的重要性、影响力或者优先程度往往难以量化,人的主观选择(当然要根据客观实际)会起着相当主要的作用,这就给用一般的数学方法解决问题带来本质上的困难。人们在探索各种方法解决这类问题,层次分析法就是针对这类问题的一种实用方法,它是一种定性和定量相结合的、系统化、层次化的分析方法。

1. 层次分析法

(1) 建立层次结构模型

层次分析法是将问题所包含的因素分层,可以划分为目标层、准则层、方案层。目标层表示解决问题的目的;准则层表示各准则对目标的权重的比较,及各方案对于每一准则的权重;方案层表示对准则层的权重及准则层对目标层的权重进行综合,最终确定方案层对目标层的权重。在层次分析法中要给出进行综合的计算方法。例如某人要去旅游,有 3 个旅游地 A、B、C 可供选择,他需要考虑景色、费用、饮食、居住、路途条件等一些准则去反复比较,来确定旅游地,这个问题可以建立层次结构模型如下,见图 5.3。

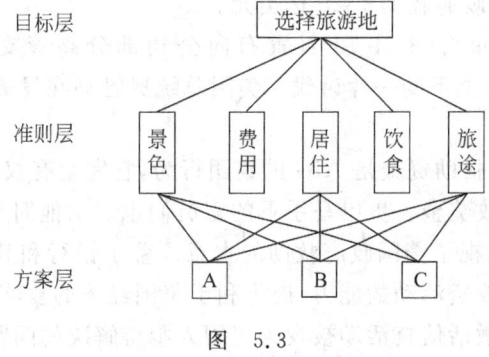

图 5.3

简单地讲,层次分析法就是依据准则层的各种准则,如何选择方案层好的方案以实现目标层的目的。

(2) 构造判断矩阵

由于许多诸如社会、人文及日常生活等实际问题,其因素通常不易定量地测量,人们只能根据自己的经验及知识对因素的重要性进行判断。而当比较的因素较多时,这种判断将很难做到准确。一种简单的思想是:先不把所有因素放在一起进行比较,而是两两相比较,从而提高判断的精确性。

假设目标 Z 下有 n 个因素 $X_1, X_2, \cdots, X_n$,我们考虑每个因素 X_i 对目标 Z 的影响有多大。令 a_{ij} 表示 X_i 与 X_j 对目标 Z 的影响比,$A = (a_{ij})_{n \times n}$ 称为成对比较判断矩阵,其满足

① $a_{ij}>0, a_{ij}=\dfrac{1}{a_{ji}}, i\neq j, i=1,2,\cdots,n, j=1,2,\cdots,n$；

② $a_{ii}=1, i=1,2,\cdots,n$。

称满足条件①、②的矩阵 A 为正互反矩阵。

描述因素相互影响大小的 a_{ij} 的取值也作某种规定性的量化。我们在描述事物好坏、强弱时往往用相等、较强、强、很强和绝对强来表示差别程度，正像我们往往用优秀、良好、中等、及格和不及格大体区分考试的成绩一样。一般地，a_{ij} 的取值为 1、3、5、7、9，见表 5.1。

表 5.1

判断矩阵元素 \ 对比等级	相等	较强	强	很强	绝对强
a_{ij}	1	3	5	7	9

若成对事物的差别判断介于上述 5 个数之间，则 a_{ij} 的取值为 2、4、6、8。如果需用 1～9 之外的数，那么可根据情况先将因素聚类进行类比，再比较每一类中的元素，从而避免用 1～9 以外的数字。这样选值也是符合心理学理论的，因为 7 ± 2 个因素的成对比较是心理学的极限，多于 9 个的因素比较将超出人的判断力。

(3) 层次单排序及其一致性检验

我们注意到，在判断矩阵 A 的构造中，a_{ij} 的选值仅注意了因素 X_i 与 X_j 对目标层影响的比例。而在确定矩阵的各个元素 a_{ij} 时，所用的判断标准可能并不统一。因此，我们对判断矩阵 A 必须进行一致性检验以尽量减少这种人为主观上的不统一，从而使最终的结果趋于合理。下面我们首先给出一致阵的概念。

如果正互反矩阵 A 满足
$$a_{ij}\cdot a_{jk}=a_{ik},\quad i,j,k=1,2,\cdots,n$$
则 A 称为一致阵。

我们不加证明地给出一致阵的如下性质：

① A 的最大特征值 $\lambda_{\max}=n$，其余的特征根皆为零；A 的转置 A^{T} 也是一致阵。

② 若 $\lambda_{\max}$ 对应的特征向量为 $W=(\omega_1,\omega_2,\cdots,\omega_n)^{\mathrm{T}}$，则 $a_{ij}=\dfrac{\omega_i}{\omega_j}, i,j=1,2,\cdots,n$。

显然，若在确定判断矩阵的各个元素时皆保持相同的比较标准，则最终形成的判断矩阵 A 应为严格的一致阵，而验证判断矩阵 A 是一致阵的充要条件是其最大特征根 $\lambda_{\max}=n$。一旦判断矩阵 A 为一致阵时，由性质②，因素 X_i 对目标 Z 影响的排序便可由 $\lambda_{\max}$ 对应的特征向量的元素 ω_i 来确定。此过程称为层次单排序。

然而，对于一般的问题，尤其当考虑的因素较多时，很难保证判断矩阵 A 为一致阵，因此在计算判断矩阵 A 的最大特征根之前，需检验判断矩阵 A 的一致程度。令

$$CI=\dfrac{\lambda_{\max}-n}{n-1}$$

称 CI 为一致性指数。显然，$CI=0$ 时，判断矩阵 A 为一致阵。可以证明，CI 越大，判断矩阵 A 的不一致程度越严重。

当然，对于一个具体的矩阵 A 来讲，很难说其一致性指数 CI 到底是很大或很小。针对上述定义的不严格性，A. Saaty 提出用平均随机一致性指标 RI 检验判断矩阵 A 是否具有满意的一致性。

RI 是这样选取的：对于固定的 n，随机构造正互反矩阵 A'，其中 a'_{ij} 是从 $1,2,\cdots,9$，$1/2,1/3,\cdots,1/9$ 中随机抽取的，此时 A' 是最不一致的。取充分大的子样得到 A' 的最大特征值的平均值 k，定义

$$RI = \frac{k-n}{n-1}$$

令

$$CR = \frac{CI}{RI}$$

则 CR 称为随机一致性比率。

一般地，当 $CR<0.1$ 时，认为矩阵具有满意的一致性，否则必须重新调整判断矩阵，直至其具有满意的一致性。此时，计算出的最大特征值所对应的特征向量，经过标准化后，才可以作为层次单排序的权值。

(4) 层次总排序及其一致性检验

层次 A 包含 m 个因素 $A_1,A_2,\cdots,A_m$，它的层次总排序权值分别为 $a_1,a_2,\cdots,a_m$，下一层次 B 包含 n 个因素 $B_1,B_2,\cdots,B_n$，它们对于 A_j 的层次单排序权值分别为 $b_{1j},b_{2j},\cdots,b_{nj}$（当 B_k 与 A_j 无联系时，$b_{kj}=0$），此时 B 层总排序权值就可由表 5.2 给出。

表 5.2

层次 A / 层次 B	A_1 a_1	A_2 a_2	$\cdots$	A_n a_n	B 层次总排序权值
B_1	b_{11}	b_{12}	$\cdots$	b_{1n}	$\sum_{j=1}^{m} a_j b_{1j}$
B_2	b_{21}	b_{22}	$\cdots$	b_{2n}	$\sum_{j=1}^{m} a_j b_{2j}$
$\vdots$	$\vdots$	$\vdots$	$\cdots$	$\vdots$	$\vdots$
B_n	b_{n1}	b_{n2}	$\cdots$	b_{nn}	$\sum_{j=1}^{m} a_j b_{nj}$

层次总排序也要进行一致性检验。检验是从高层到低层进行的。设 B 层中的某些因素对 A_j 单排序的一致性指标为 CI_j，平均随机一致性指标为 RI_j，则 B 层总排序随机一致性比率 CR 为

$$CR = \frac{\sum_{j=1}^{m} a_j CI_j}{\sum_{j=1}^{m} a_j RI_j}$$

当 $CR<0.1$ 时,认为层次总排序结果具有满意的一致性。

2. 问题的模型化

我们这里给出一个简化的模型,来看看资金使用的决策过程。

某工厂有一笔企业留成利润,要由领导决定如何利用。可供选择的方案有:以奖金名义分给职工;扩建集体福利设施;引进新技术、新设备等。为进一步促进企业发展,该如何使用这笔资金?

问题中的三个方案的目的是为了更好地调动职工劳动积极性,提高企业技术水平和改善职工物质生活,促进企业更大发展。我们利用层次分析法来建模,整个结构模型如图 5.4 所示。

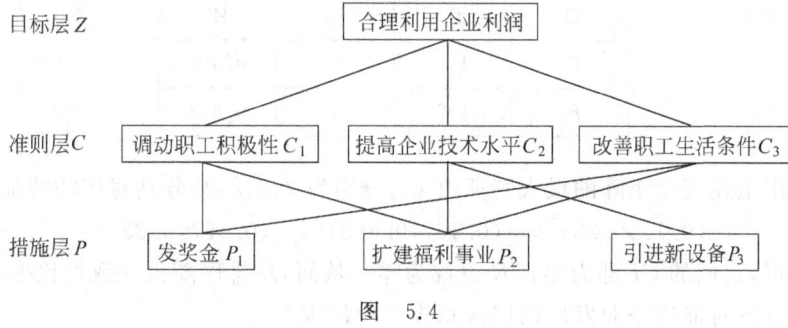

图 5.4

3. 模型的建立和求解

构造判断矩阵 $Z-C$:

Z	C_1	C_2	C_3	W
C_1	1	1/5	1/3	0.105
C_2	5	1	3	0.637
C_3	3	1/3	1	0.258

求出 $Z-C$ 的特征值,得到 $\lambda_{max}=3.038$,从而

$$W = (0.105, 0.637, 0.258)^T$$

这样代入公式,得到

$$CI = 0.019, \quad CR = 0.033$$

同理,构造判断矩阵 $C_1 - P$:

C_1	P_1	P_2	W
P_1	1	3	0.75
P_2	1/3	1	0.25

构造判断矩阵 $C_2 - P$:

C_2	P_2	P_3	W
P_2	1	1/5	0.167
P_3	5	1	0.833

构造判断矩阵 $C_3 - P$:

C_3	P_1	P_2	W
P_1	1	2	0.667
P_2	1/2	1	0.333

通过公式解出上述三个矩阵的最大特征值 $\lambda_{\max}$ 分别为 2、2、2,其分别对应的特征向量为

$$(0.75, 0.25)^T, \quad (0.167, 0.833)^T, \quad (0.667, 0.333)^T$$

可以算得,它们的 CI 都为零,CR 也都为零。从而,总排序随机一致性比率 CR 也为零。写出各方案对促进企业发展的层次总排序权值表 5.3。

表 5.3

层次 Z 层次 P	C_1	C_2	C_3	层次 P 的总排序权值
	0.105	0.637	0.258	
P_1	0.75	0	0.667	0.251
P_2	0.25	0.167	0.333	0.218
P_3	0	0.833	0	0.531

4. 模型检验

总排序一致性检验:

$$CI = \sum_{j=1}^{3} a_j CI_j = 0.105 \times 0 + 0.637 \times 0 + 0.258 \times 0 = 0$$

从而 $CR=0<0.1$。由于计算的结果具有满意的一致性,所以表 5.3 给出的总排序值是合理的。这样,三种方案相对优先为:P_3 优于 P_1,P_1 优于 P_2,并且,三种方案的总排序值也可作为利润分配的参考,即利润分配比例为 P_3 占 53.1%,P_1 占 25.1%,P_2 占 21.8%。

思考题:
(1) 在上述例子中,判断矩阵 C_1-P 及 C_3-P 都是关于 P_1 及 P_2 的比较关系的,为什么两者不同?
(2) 针对 AIG 的政府救助基金,利用层次分析法对其进行建模,给出一个合理的分配方案。

5.4 污水处理厂建设费用的纠纷

有三个位于河流同旁的城镇 1、2 和 3(图 5.5)。三城镇的污水必须经处理后方能排入河中,三城镇可单独建立污水处理厂,也可以通过管道输送合作建厂。

假设污水只能由上游送往下游。用 Q 表示污水量(m^3/s),L 表示管道长度,单位为千米,按照经验公式,建厂费用 $C_1=73Q^{0.712}$(万元);管道费用为 $C_2=0.66Q^{0.51}L$(万元)。已知三城镇的污水量分别为 $Q_1=5(m^3/s)$,$Q_2=3(m^3/s)$,$Q_3=5(m^3/s)$,问三城镇怎样处理污水可使总开支最小?每一城镇负担的费用为多少?

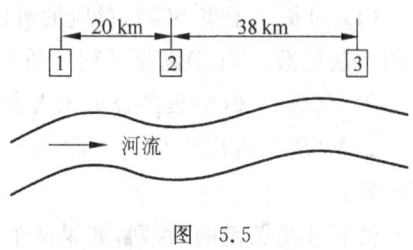

图 5.5

1. 合作的纠纷

由于沿岸而居,三城镇有多方的往来。在污水处理的问题上,三城镇有相同的需求,因此可能带来共同的利益,具体有 5 种方案可供选择:
(1) 每城镇各建一处理厂;
(2) 城镇 1、2 合建一厂,城镇 3 单建(1、2 城镇合建于 2 处);
(3) 城镇 1 单建,城镇 2、3 合作建厂(2、3 合建于 3 处);
(4) 城镇 1、3 合建,城镇 2 单建(1、3 合建于 3 处);
(5) 三城镇合建(建于 3)。

运用计算费用的公式可以计算出各方案所需的总投资分别为:方案 1 需 620 万元;方案 2 需 580 万元;方案 3 需 595 万元;方案 4 需 620 万元;方案 5 需 556 万元。

通过比较可知,三城镇合作建厂总投资最少,所以应选择方案 5。然而,在三个城镇如何分担费用的问题上却突起波澜。

首先，城镇 3 提出，建厂费用按三城镇污水量之比 5：3：5 分担，管道是为城镇 1、2 修建的，应由 1、2 协商分担；城镇 2 马上提出，城镇 2 到城镇 3 的管道费用可按污水量之比与城镇 1 分担，但城镇 1 到城镇 2 的管道费用应由城镇 1 自己承担。城镇 1 虽然觉得城镇 2、3 的意见有些道理，但隐约中感到有些吃亏。于是私下里城镇 1 算了一笔账后发现，城镇自己单独建处理厂只需 230 万元，而按城镇 2、3 的意见合作建厂，其花费将达到 246.7 万元。合作建厂反而使自己的花费增加了，城镇 1 当然不能接受。

2. 合作对策

一般来讲，从事某一活动的各方若能通力合作，通常可以获得比个人单干更大的总效益（或更小的开支）。这里寻求的不是 1+1=2 的等式，而是获得 1+1>2 的效果。当然，这种合作的基础便是合作各方应合理地分配效益。如何合理地分配效益便是 n 人合作对策问题，下面先介绍一下相关的基本知识。

设有一 n 人的集合 $I=\{1,2,\cdots,n\}$，其元素是合作的可能参加者。

(1) 对每一子集 $S \subseteq I$，对应的可以确定一个实数 $V(S)$，用来表示 S 中的人参加此项合作的总获利数。$V(S)$ 满足下列性质：

① $V(\varnothing)=0$（空集 $\varnothing$ 表示无人参加合作）；

② $V(S_1 \cup S_2) \geqslant V(S_1)+V(S_2)$，当 $S_1 \cap S_2 = \varnothing$ 时。将具有此性质的 $V(S)$ 称为 I 的特征函数。

性质②是关键的，否则，如果两个集团合作的获利比单干的总和还少，这种合作便毫无意义。

(2) 定义合作结果 $V(S)$ 的分配为 $\Phi(V)=(\varphi_1(V),\varphi_2(V),\cdots,\varphi_n(V))$，其中 $\varphi_i(V)$ 表示第 i 人在这种合作下分配到的获利，$\Phi(V)$ 称为合作对策。合理分配原则为 $\Phi(V)$ 应满足

① 合作获利对每人的分配与此人的标号无关；

② $\sum_{i=1}^{n} \varphi_i(V) = V(I)$；

③ 若对所有包含 i 的子集 S，有 $V(S/i)=V(S)$，则 $\varphi_i(V)=0$；

④ 若此 n 人同时进行两项互不影响的合作，则两项合作的分配也应互不影响，每人的分配额即两项合作单独进行时应分配数的和。

对性质③，我们稍加说明。显然，$V(S/i)=V(S)$ 表示从获利的角度讲，合作有没有第 i 人结果都一样，也就是说，第 i 人对合作没有贡献，所以其效益分配 $\varphi_i(V)=0$。

可以证明满足这 4 个性质的合作对策 $\Phi(V)$ 是唯一存在的，而且，这样的 $\Phi(V)$ 可按下面的公式给出：

$$\varphi_i(V) = \sum_{S \in S_i} W(|S|)[V(S)-V(S/i)], \quad i=1,2,\cdots,n \qquad (5\text{-}3)$$

其中 S_i 是 I 中包含 i 的一切子集所构成的集合，$|S|$ 表示 S 中的元素个数，记

$$W(|S|) = \frac{(|S|-1)!(n-|S|)!}{n!} \tag{5-4}$$

式(5-3)的意义是：$V(S)-V(S/i)$ 表示 i 参与 S 的合作对获利的贡献，$\varphi_i(V)$ 是将第 i 人的所有的贡献按某种权加起来。不难看出，合作对策能够实现的基础之一是对每个参加者，合作获利应不少于单干时的获利(或合作时的开支不大于单干时的开支)。用数学式子表示，即对每一 $i \in I$，须满足 $\varphi_i(V) \geqslant V(\{i\})$。而式(5-3)中的 $\varphi_i(V)$ 满足该条件。

3. 问题求解

为什么城镇 2、3 的意见不合理呢？应该注意的是，合作的任何一方都从合作中得到了好处，因此，也就有义务对合作中的任何一项工作分担费用。例如，如果不修管道，则三城镇不可能合作建厂，城镇 3 便不能少花钱，只能单独建厂。换句话说，城镇 3 已从修建管道上得到了好处，自然应该对修建管道分担一些费用。下面我们从合作对策原理出发具体计算一下各城镇的分担费用。

首先，算出三城镇皆单干时各需 230 万元、160 万元、230 万元。将三城镇记为 $I=\{1,2,3\}$，令

$$S_1 = \{\{1\},\{1,2\},\{1,3\},\{1,2,3\}\}$$
$$S_2 = \{\{2\},\{1,2\},\{2,3\},\{1,2,3\}\}$$
$$S_3 = \{\{3\},\{1,3\},\{2,3\},\{1,2,3\}\}$$

先对 S_1 计算出与公式(5-3)有关的数据，列于表 5.4。表中 $V(S)$ 表示以单干为基准的合作获利值，例如，$S=\{1,3\}$ 时，由于总投资大于单干总投资，所以合作不能实现，合作获利为零。

表 5.4

S	{1}	{1,2}	{1,3}	{1,2,3}
$V(S)$	0	40	0	64
$V(S/1)$	0	0	0	25
$V(S)-V(S/1)$	0	400	0	39
$|S|$	1	2	2	3
$W(|S|)$	1/3	1/6	1/6	1/3
$W(|S|) \times [V(S)-V(S/1)]$	0	6.7	0	13

由公式(5-3)可算出，城镇 1 可从合作中获利 $\varphi_1(V)=6.7+13=19.7$ 万元，从而城镇 1 应承担费用 $230-19.7=210.3$ 万元。类似地算出，$\varphi_2(V)=32.2$ 万元，城镇 2 应分担费用 127.8 万元。$\varphi_3(V)=12.2$ 万元，城镇 3 应分担费用 217.9 万元。

通过上面的计算，我们得到结论：三城镇合作建厂可使总费用最少，总费用为 556 万元。三城镇分担的费用分别为城镇 1：210.3 万元；城镇 2：127.8 万元；城镇 3：217.9 万元。

思考题：
当污水量分别为多少时，才能出现某两个城镇合建，一城镇单建的情况？当在什么条件下三城镇单建？

第6章 图论模型

图论也许是学生们最愿意学习的一个数学分支之一,因为它让人直接看到了数学。图论利用由点和边组成的图形来模拟实际问题,问题的难度恰恰由于图论理论的可看性而得以分析和解决。图论方法使得很多实际问题变得直观和清晰化。

6.1 如何到世博园

某学者2010年暑期在上海外国语大学访问结束后开车返回,途中路过上海世博园欲顺路游览。为了避免世博期间交通拥堵,为游客提供良好的公共交通,上海市区某些路段实行单双号及尾号限制,但这些交通管制给这位学者的出行带来了麻烦。一番研究之后,学者发现,除了可以穿入市区到达世博会园区之外,也可借助内环高架桥从两个方向绕行到达世博园区。世博园区共有8个入门,学者可以通过任何一个入门进入园区。为了设计模型的方便,将世博园浦东及浦西整个区域缩成一个地点。学者可以通过的8个市区地点用$P_i(i=1,2,\cdots,8)$表示如下。

P_1:上海外国语大学;P_2:杨浦大桥;P_3:内环共和新路立交桥;P_4:陆家嘴绿地;P_5:外白渡桥;P_6:人民广场;P_7:外滩;P_8:上海世博园某号门。表6.1给出了任意两个地点P_i与P_j之间的距离(单位:公里)$C_{ij}(i,j=1,2,\cdots,8)$,其中$C_{ij}=\infty$表示两个地点之间难以估计的交通堵塞或某种原因的交通禁行。请给这位学者设计一个路线,使其到达世博园的距离最短。

表 6.1

地点	地点						
	P_7	P_1	P_2	P_3	P_4	P_5	P_6
P_2	8.8						
P_3	3.2	∞					
P_4	∞	5.2	∞				
P_5	4.1	5.5	∞	∞			
P_6	∞	∞	4.2	∞	2.3		
P_7	∞	∞	∞	2.6	∞	1.7	
P_8	∞	∞	21	6.1	∞	∞	5

1. 画网络图

该问题属于图论中的最短路问题,依据表 6.1 画出网络图 6.1。

显然,从 P_1 走到 P_8 有若干种走法,每种线路的长度不同。一种简单的想法是,从某一城市 P_j 出发时,皆选花费最小的城市作为下一站。这种办法当然可以使当前一站的路长最短,但未必使整个线路长度最短。

举一个简单的例子,如图 6.2 所示,边上的值为相邻点之间的长度。显然,若按上面的想法,每走一步皆为当前的路径最短,则从 A 点到 C 点的最短路线为 $A—B—C$,其长度为 4,而从 A 直接走到 C 的长度仅为 3。因此,在考虑这类问题时,每次寻找下一站时不是去考虑局部长度,而应以考虑总体长度最短为原则。

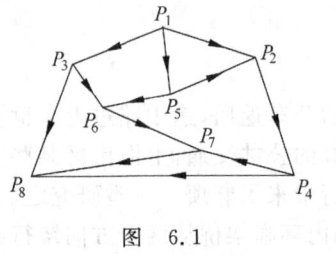
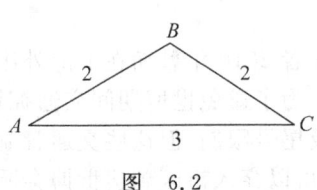

图 6.1 图 6.2

2. Dijkstra 算法

Dijkstra 算法是一种考虑全局最优的算法。先把顶点集分成两个集合,集合 A 包含所有的出发点(包括始发点 P_1),集合 B 包括其他点。显然,初始时,$A=\{P_1\}$,$B=\{P_2,P_3,P_4,P_5,P_6,P_7,P_8\}$,为了保证整体路线最短的原则,每一次开始走时将找出当前从 P_1 出发的所有可能的线路,即从所有可能的出发点分别走(亦即从集合 A 中的所有点开始往前走),然后再算出各种线路的长度。具体地,用 $d(i)$ 表示由 P_1 到 P_i 的最少费用($d(1)=0$),每一次出发时我们都试图找出 B 中距 P_1 最近的点,即需求出

$$d(j) = \min_{j}\{d(i)+c_{ij}\}, \quad i \in A, j \in B \tag{6-1}$$

显然,最终的目的便是求出 $d(8)$。

3. 求解

下面利用式(6-1)求解。

(1)
$$\min_{j \in B}\{d(1)+c_{1j}\} = \min_{j \in B}\{d(1)+c_{13}, d(1)+c_{15}, d(1)+c_{12}\}$$
$$= d(1)+c_{13} = 3.2 = d(3)$$

此时,求得 B 中点 P_3,$d(3)=3.2$,把 P_3 放入 A 中,得到

$$A = \{P_1, P_3\}, \quad B = \{P_2, P_4, P_5, P_6, P_7, P_8\}$$

(2)
$$\min_{i \in A, j \in B} \{d(i) + c_{ij}\} = \min_{j \in B} \{d(1) + c_{1j}, d(3) + c_{3j}\}$$
$$= d(1) + c_{15} = 4.1 = d(5)$$

仍重复上述过程，将 P_5 放入 A 中，即有
$$A = \{P_1, P_3, P_5\}, \quad B = \{P_2, P_4, P_6, P_7, P_8\}$$

(3)
$$\min_{i \in A, j \in B} \{d(i) + c_{ij}\} = \min_{j \in B} \{d(1) + c_{1j}, d(3) + c_{3j}, d(5) + c_{5j}\}$$
$$= d(5) + c_{56} = 6.4 = d(6)$$

此时，有
$$A = \{P_1, P_5, P_3, P_6\}, \quad B = \{P_2, P_4, P_7, P_8\}$$

(4)
$$\min_{i \in A, j \in B} \{d(i) + c_{ij}\} = \min_{j \in B} \{d(1) + c_{1j}, d(3) + c_{3j}, d(5) + c_{5j}, d(6) + c_{6j}\}$$
$$= d(6) + c_{67} = 8.1 = d(7)$$

此时，有
$$A = \{P_1, P_5, P_3, P_6, P_7\}, \quad B = \{P_2, P_4, P_8\}$$

此时，由于 P_6 的下一站已全部在 A 中，故 P_6 已不用参与计算。

(5)
$$\min_{i \in A, j \in B} \{d(i) + c_{ij}\} = d(1) + c_{12} = 8.8 = d(2)$$

此时，有
$$A = \{P_1, P_5, P_3, P_6, P_7, P_2\}, \quad B = \{P_4, P_8\}$$

(6)
$$\min_{i \in A, j \in B} \{d(i) + c_{ij}\} = d(7) + c_{74} = 10.7 = d(4)$$

此时，有
$$A = \{P_1, P_5, P_3, P_6, P_7, P_2, P_4\}, \quad B = \{P_8\}$$

(7)
$$\min_{i \in A, j \in B} \{d(i) + c_{ij}\} = d(7) + c_{78} = 13.1 = d(8)$$

计算到此时，P_8 已在 A 中。由于 P_8 是线路的终点，因此计算到此线结束。需要指出的是，虽然 A 中有 8 个点，但并非每个点都是路径最短的线路所经过的点。要想找到路径最短的线路，我们必须根据上述计算从终点反向去找真正长度为 $d(8)=13.1$ 的路线。注意到

$$d(8) = d(7) + c_{78} = d(6) + c_{67} + c_{78}$$
$$= d(5) + c_{56} + c_{67} + c_{78}$$

$$= d(1) + c_{15} + c_{56} + c_{67} + c_{78}$$
$$= 13.1$$

由此得到花费最少的路线：$P_1 \to P_5 \to P_6 \to P_7 \to P_8$。

> **思考题：**
> 为什么算法经过的点集合 A 中的点并不一定是最短路径经过的点？

6.2 频率分配问题

某地区欲建 n 个无线电发射台，该 n 个无线电发射台形成一个正三角形平面网形状，即任意三个相邻的发射台为一正三角形的三个顶点，见图 6.3。为避免无线电频率之间的干扰，需要进行频率频道分配。试问至少需要多少频道？

1. 模型分析和假设

频率分配问题是一个资源优化问题，该问题的解决目的就是对每个无线电发射台分配一个频率，使得无线电发射台所分配的频率的间隔在容许的范围内，从而避免相互干扰。通过对无线电频率分配的基本要求，问题需满足的要求为：如果用非负整数表示频率，则相邻的两个无线电发射台的频率至少相差 2，中间隔一个发射台的两个无线电发射台的频率至少相差 1。现在我们将这 n 个无线电发射台用点表示，它们中间的相邻关系用线表示，即如果两个发射台相邻，则在表示这两个发射台的顶点中间画一条线，根据问题的条件，可以用一个平面图形来表示这 n 个无线电发射台的分布和关系，该平面图形如图 6.3 所示。

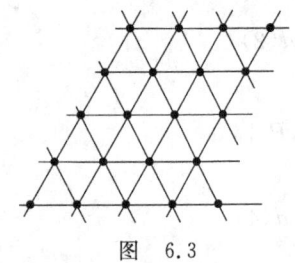

图 6.3

这样我们就可以将问题转化为：在图 6.3 中，给该图中的顶点赋予非负整数作为标号，使得距离为 1（每个正三角形边长）的两个顶点的标号值差的绝对值至少是 2，距离为 2 的两个顶点的标号值差的绝对值至少是 1，求在所有可能标号的最大值中的最小值。

这是一个标号图中的距离标号问题。

2. 建模与解

现在我们引入一些图论的知识。

用符号 $G(V,E)$ 表示一个图，其中 V 代表图的顶点集合，E 代表图的边集合，用 x、y 表示图 $G(V,E)$ 中的任意两个顶点，令 $d(x,y)$ 表示该两个顶点之间的距离。图 $G(V,E)$ 中与一个顶点所关联的边数称为该顶点的度，Δ 表示图 $G(V,E)$ 的最大度。再令 S_i 为非负整数

集，即
$$S_i = \{0,1,2,\cdots,k_i\}, \quad i=1,2,\cdots$$
其中 k_i 为某非负整数。

先介绍图的 $L(2,1)$——标号问题。所谓 $G(V,E)$ 的 $L(2,1)$——标号就是，存在一个从顶点集合 $V(G)$ 到非负整数集 $S=\{0,1,2,\cdots\}$ 的映射 f，使得对于图 $G(V,E)$ 中的任意两个顶点 x、y，如果 $d(x,y)=1$，则 $|f(x)-f(y)|\geq 2$；如果 $d(x,y)=2$，则 $|f(x)-f(y)|\geq 1$。如果在顶点标号集 S 中存在一个数 k，使得顶点的所有标号都小于等于 k，并且至少有一个等于 k，则称 k 为图 $G(V,E)$ 的 $L(2,1)$——标号数。因此原问题变为求图 6.3 的所有 $L(2,1)$——标号数中的最小值，即求
$$\lambda = \min_i\{k_i, i=1,2,\cdots\}$$

对于图 6.3 中的顶点数 n，不妨设 n 充分大，即问题具有一般性。首先，由于图 6.3 中除边界的顶点外，内部所有的顶点的度皆为 6，即任意一个内部顶点都与 6 个顶点相邻。易知，为保证生成的 6 个标号差的绝对值都大于等于 2，λ 至少为 7。

其次，根据假设，n 充分大，即在图 6.3 中有相当多的顶点在图的内部，所以在图 6.3 中内部至少有一个顶点的标号为正值。设 $f(u)=a>0$，这样与顶点 u 相邻的顶点标号不能为 $a-1$、a、$a+1$，而与之相邻的顶点一共有 6 个，所以，λ 至少为 8。

下面我们来构造图 6.3 的顶点标号，首先选取图 6.3 的一个子图，与它上面的顶点标号如图 6.4 所示。

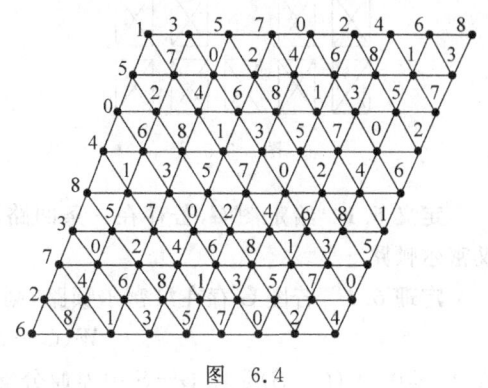

图 6.4

从图 6.4 上面的顶点标号可以看出，这些标号满足图的 $L(2,1)$——标号的要求。下面我们将图 6.4 放回到图 6.3 中，将该图沿图 6.3 中的直线做复制，由此可以得到图 6.3 的 $L(2,1)$——标号。因此，我们可以得到，如果要想在图 6.3 所示的无线电发射台的分布图中，分配无线电频率，为避免频率之间的相互干扰，至少需要 9 个不同的频道。

思考题：
如果三角形平面网换成正方形平面网形状，本问题的频道数量是否会有改变？

6.3 一种翻牌游戏

现有 24 张扑克牌，如图 6.5 所示摆放，要求找到一种翻牌方法将牌逐一翻过来。首先给出游戏规则：每张扑克牌只能被翻一次，且下一张被翻到的牌只能是位于刚被翻过的牌

的上、下、左、右四个方向,即翻牌方向不能斜着且前后翻过的两张牌必须是相邻的。

1. 汉密尔顿路及其判断

1859 年威廉·汉密尔顿爵士(Sir Willian Hamilton)在给他朋友的一封信中首先谈到关于十二面体的一个数学游戏:能不能在图 6.6 中找到一条回路,使它经过这个图的所有顶点?他把每个顶点看成一个城市,连接两个节点的边看成是交通线,于是他的问题就是能不能找到旅行路线,沿着交通线经过每个城市恰好一次,再回到原来的出发地?他把这个问题称为周游世界问题,于是对连通图引出了汉密尔顿路的概念。

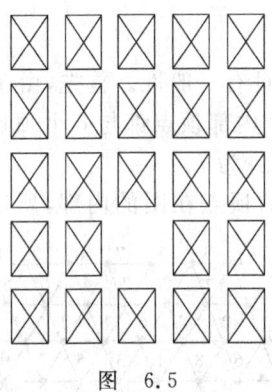

图 6.5

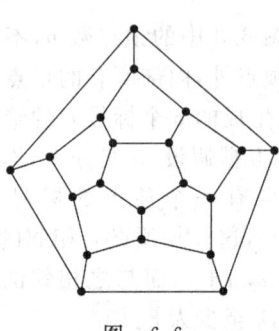

图 6.6

定义 6.1 给定图 G,若存在一条回路经过图中的每个顶点恰好一次,则这条路被称作汉密尔顿路。

定理 6.1 若图 G 存在汉密尔顿路,则对于顶点集 V 的每个非空子集 S,均有

$$W(G-S) \leqslant |S|+1$$

成立,其中 $W(G-S)$ 是图 $G-S$ 中连通分支数,$|S|$ 表示 S 中的顶点个数。

证明:设 C 是 G 的一条汉密尔顿路,则对于 V(V 为 G 的顶点集合)的任何一个非空子集 S,在 C 中删去 S 中任意一个节点 v_1,则 $C-v_1$ 是连通的或被分为两个连通分支,即 $W(C-v_1) \leqslant 2$;若再删去 S 中另外一个顶点 v_2,则 $W(C-v_1-v_2) \leqslant 3$。由归纳法可得

$$W(C-S) \leqslant |S|+1$$

同时 $C-S$ 是 $G-S$ 的一个生成子图,因而

$$W(G-S) \leqslant W(C-S)$$

从而得到定理结论:

$$W(G-S) \leqslant |S|+1$$

该定理也可以用来证明一个图不存在汉密尔顿路。

2. 问题的求解

回到给出的翻牌游戏中,我们发现,翻牌问题可以理解为要找到一条路,使得它按照游

戏规则经过每张扑克牌当且仅当一次，即寻找一条汉密尔顿路。为了方便判断是否存在汉密尔顿路，并将其找出，可以将每张扑克牌视为一个点，而将每一个可能的翻牌方向视为一条边，则可得到一个连通图（如图 6.7 所示）。从而问题转化为在图 6.8 中寻找汉密尔顿路，即寻找一条经过每个节点一次且仅一次的路。

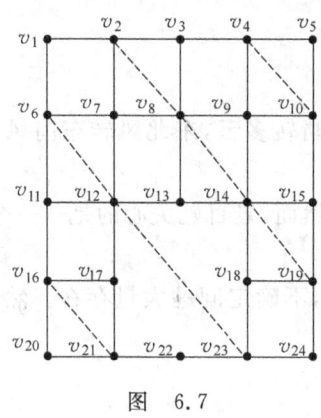

图 6.7

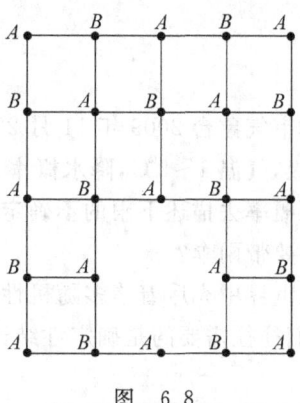

图 6.8

选取 $S=\{v_2,v_4,v_6,v_8,v_{10},v_{12},v_{14},v_{16},v_{19},v_{21},v_{23}\}$，其中 $v_i(i=1,2,\cdots,24)$ 表示第 i 个顶点，则在原图中去掉 S 中的点及与各点相连的所有边得到图 $G-S$，易知它是一个只包含 13 个孤立点的图。

由上述分析显然有 $W(G-S)=13$ 成立，但对 S 来说有 $|S|=11$，则
$$W(G-S)=13>12=|S|+1$$
此时可得出结论：对上述游戏规则来说是得不到翻牌方案。

另外，如图 6.8 所示，将图 6.7 中的各顶点相隔标记 A、B 后，可知标记为 A 的点有 13 个，而标记为 B 的点只有 11 个，如果图中存在一条汉密尔顿路，其必是 A、B 相间隔出现，此时则要求 A、B 的数目最多相差 1，即存在一条形如 $ABAB\cdots\cdots AB$ 或 $ABAB\cdots\cdots ABA$ 这样的路。而在图 6.8 中 A、B 的个数相差 2，故判断出图 6.8 中不存在汉密尔顿路。

3. 游戏的推广

(1) 综合上述两种方法可知，若一开始就摆出 25 张扑克牌，并将其摆成 5 行 5 列，则按照第二种方法，此时标记为 A 的点有 13 个，标记为 B 的点为 12 个，此时很容易就能找到一条汉密尔顿路，使得它遍历每个顶点一次。因此，若将次对角线（如图 6.7 中虚线所示）上的某张牌拿掉，这个游戏就不存在解了。

(2) 由上边的阐述及证明可以得出，对于此种游戏规则，若给定扑克牌数为 $(2n+1)^2(n=1,2,\cdots)$ 张时，若去掉相隔次对角线（如图 6.7 虚线所示）上的某张牌，这个游戏无解。

(3) 当给定的扑克牌数为 $(2n)^2(n=1,2,\cdots)$ 张时，则去掉主对角线及与其相隔平行的次对角线上的任意两张牌，此游戏无解。

第 7 章 不确定问题模型

天津市气象台 2009 年 11 月 27 日发布：市区白天晴转多云，东北风转东南风 3～4 级转 2～3 级，气温 1～5℃，降水概率 10%。

利用概率去描述下雨的不确定性，无疑是科学的。然而，老百姓关心的是——今天我到底是否需要带雨伞？

客观世界中充斥着诸多随机性、模糊性以及灰色性，不确定问题大量存在。然而，在生活中，我们往往需要的是确定性结论。

7.1 运动员选材问题

某中学在新生入学时，让体育教练在新生中挑选篮球和举重运动员。这两种运动都需要力量，因此，肌肉发达是一个重要指标。然而，对于篮球及举重这两种运动，其运动员的身体特长完全不同。篮球需要高度，弹跳力要好；而过高的高度则会使重心不稳，不适合举重运动。黑人运动员在篮球场上叱咤风云，得益于其出色的弹跳能力，其腿部修长，无以伦比。然而，过高的重心使得在举重的风云榜上看不到黑人的踪影。

为了科学地进行选才，体育教练决定对这两类运动员做数据分析，从而对他们进行分类。他找来在校的现役的 10 名校队男篮球运动员及曾在市里取得过成绩的 7 位男举重运动员的入学资料，资料详细记载了这 17 位运动员的身高及体重（见表 7.1）。

表 7.1

i	篮球运动员		举重运动员	
	身高 $x_1^{(i)}$/cm	体重 $x_2^{(i)}$/kg	身高 $y_1^{(i)}$/cm	体重 $y_2^{(i)}$/kg
1	168	116	164	125
2	166	110	158	105
3	165	114	150	95
4	170	115	152	105
5	169	118	168	140

续表

i	篮球运动员		举重运动员	
	身高 $x_1^{(i)}$/cm	体重 $x_2^{(i)}$/kg	身高 $y_1^{(i)}$/cm	体重 $y_2^{(i)}$/kg
6	175	121	170	135
7	172	125	165	145
8	160	105		
9	180	140		
10	175	120		

教练希望以这组数据进行建模,以便为其在新生中选择体育人才提供参考和帮助。

1. 距离判别模型

我们首先给出每个篮球运动员及每个举重运动员的特征向量:

$$\boldsymbol{X}^{(i)} = \begin{bmatrix} x_1^{(i)} \\ x_2^{(i)} \end{bmatrix}, \quad \boldsymbol{Y}^{(i)} = \begin{bmatrix} y_1^{(i)} \\ y_2^{(i)} \end{bmatrix}$$

再分别计算这两类运动员特征向量的均值向量:

$$\bar{\boldsymbol{X}} = \begin{bmatrix} \dfrac{1}{10}\sum_{i=1}^{10} x_1^{(i)} \\ \dfrac{1}{10}\sum_{i=1}^{10} x_2^{(i)} \end{bmatrix}, \quad \bar{\boldsymbol{Y}} = \begin{bmatrix} \dfrac{1}{7}\sum_{i=1}^{7} y_1^{(i)} \\ \dfrac{1}{7}\sum_{i=1}^{7} y_2^{(i)} \end{bmatrix}$$

对于一个给定的运动员苗子,用 $\boldsymbol{Z}$ 表示其身高及体重组成的向量。我们考察其特征向量 $\boldsymbol{Z}$ 与哪类均值向量距离近,从而判断该运动员属于哪一类。用 d 表示距离,当

$$d(\boldsymbol{Z},\bar{\boldsymbol{X}}) < d(\boldsymbol{Z},\bar{\boldsymbol{Y}}) \tag{7-1}$$

则判该新生倾向于进行篮球训练;反之,则判该新生具有举重运动的潜力。

对于距离公式,我们习惯于欧式距离,但欧式距离无法排除模式样本之间的相关性。事实上,上述问题所用的数据来自于身高和体重,而体重和身高又有一定的关联性。身高的人,体重在某种程度上要相对地大。为避免这个缺点,我们这里采用马式距离。这样,新生 $\boldsymbol{Z}$ 到篮球运动员类及举重运动员类的距离分别为

$$d(\boldsymbol{Z},\bar{\boldsymbol{X}}) = \{(\boldsymbol{Z}-\bar{\boldsymbol{X}})^{\mathrm{T}} \boldsymbol{S}_X^{-1} (\boldsymbol{Z}-\bar{\boldsymbol{X}})\}^{\frac{1}{2}}, \quad d(\boldsymbol{Z},\bar{\boldsymbol{Y}}) = \{(\boldsymbol{Z}-\bar{\boldsymbol{Y}})^{\mathrm{T}} \boldsymbol{S}_Y^{-1} (\boldsymbol{Z}-\bar{\boldsymbol{Y}})\}^{\frac{1}{2}} \tag{7-2}$$

其中 $\boldsymbol{S}_X$ 与 $\boldsymbol{S}_Y$ 分别为篮球运动员总体及举重运动员总体的协方差矩阵。引入协方差矩阵的距离公式(7-2)可以有效地去除身高及体重这两个因素的相关性。

2. 建立模型

根据所给的数据,可求得篮球运动员及举重运动员两个总体的均值向量和协方差矩

阵为

$$\overline{X} = \begin{bmatrix} 170 \\ 118.4 \end{bmatrix}, \quad S_X = \begin{bmatrix} 30 & 44.5 \\ 44.5 & 80.6 \end{bmatrix}$$

$$\overline{Y} = \begin{bmatrix} 161 \\ 121.4 \end{bmatrix}, \quad S_Y = \begin{bmatrix} 52.3 & 121.23 \\ 121.23 & 333.96 \end{bmatrix}$$

因此，新生 $Z = (z_1, z_2)^T$ 到篮球运动员总体的马式距离为

$$\begin{aligned} d(Z, \overline{X}) &= \{(Z - \overline{X})^T S_X^{-1} (Z - \overline{X})\}^{\frac{1}{2}} \\ &= \{0.184 z_1^2 + 0.069 z_2^2 - 0.204 z_1 z_2 \\ &\quad - 38.406 z_1 + 18.34 z_2 + 2178.77\}^{\frac{1}{2}} \end{aligned} \tag{7-3}$$

同理，新生 $Z = (z_1, z_2)^T$ 到举重运动员总体的马式距离为

$$\begin{aligned} d(Z, \overline{Y}) &= \{(Z - \overline{Y})^T S_Y^{-1} (Z - \overline{Y})\}^{\frac{1}{2}} \\ &= \{0.121 z_1^2 + 0.019 z_2^2 - 0.088 z_1 z_2 \\ &\quad - 28.279 z_1 + 9.555 z_2 + 1696.467\}^{\frac{1}{2}} \end{aligned} \tag{7-4}$$

然后，利用式(7-1)判断该新生具有哪种运动的潜力。

3. 模型检验

将表 7.1 中的数据代入式(7-3)及式(7-4)，经上述模型判定每个样本个体属于哪个类别。具体回代结果如表 7.2、表 7.3 所示。

表 7.2

X	$d(Z,X)$	0.36	0.968	0.65	0.88	0.297	1.55	1.01	1.85	2.55	1.77
	$d(Z,Y)$	3.13	22.199	2.254	3.95	3.201	4.92	3.52	1.94	4.38	5.05
	结论	X	X	X	X	X	X	X	X	X	X

表 7.3

Y	$d(Z,X)$	4.201	5.11	3.99	4.77	6.38	4.36	7.78
	$d(Z,Y)$	0.61	1.36	0.82	1.71	1.02	1.59	2.05
	结论	Y	Y	Y	Y	Y	Y	Y

由上两个表得知，本模型回代正确率为 100%。

思考题：

在式(7-2)中，如果各特征分量相互独立，马氏距离将简化成什么形式？

7.2 船体分段的智能识别

大型船舶在建造时,需要依据船舶部位在形状及构造上的不同进行分段制造,然后再将造好的分段——如单壳分段、双壳分段及曲型分段——在船坞内进行拼装。总体上讲,各种分段在重量特性、尺度特性、结构特性及工艺特性上有差异。某现代船厂希望依据一块板材的重量、尺度、结构及工艺的特性指标对这块板材进行智能识别,判断其是单壳分段、双壳分段还是曲型分段。表7.4所示为某油轮的原始数据表。

表 7.4

分段名称	分段类别	重 量	尺 寸	分段数	工艺程序数
601p	单壳	40	1	3	9
602p	单壳	78	1	3	9
603p	单壳	82	1	3	9
604p	单壳	82	1	3	9
606p	单壳	102	1	3	9
607p	单壳	102	1	3	9
608p	单壳	87	1	3	9
609p	单壳	82	1	3	9
610p	单壳	80	1	3	9
611p	单壳	93	1	3	9
701	单壳	90	1	3	12
702	单壳	135	1	3	12
703	单壳	150	1	3	12
704	单壳	140	1	3	12
705	单壳	160	1	3	12
303p	双壳	195	0.96	5	18
303s	双壳	176	0.96	5	18
304p	双壳	222	1	5	18
304s	双壳	200	1	5	18
305p	双壳	236	1	5	18
305s	双壳	210	1	5	18

续表

分段名称	分段类别	重 量	尺 寸	分段数	工艺程序数
310p	双壳	165	0.935	5	18
404p	双壳	92	1	8	18
405p	双壳	102	1	8	18
406	双壳	102	1	8	18
503p	双壳	155	1	5	18
504p	双壳	168	1	5	18
505p	双壳	173	1	5	18
506p	双壳	173	1	5	18
507p	双壳	173	1	5	18
401	曲型	65	0.9	7	20
402p	曲型	104	0.92	7	20
402s	曲型	104	0.92	7	20
403	曲型	100	0.955	7	20
409p	曲型	100	0.965	8	18
410	曲型	107	0.93	8	18
411	曲型	110	0.93	7	20
502	曲型	138	0.975	5	23
510	曲型	138	0.975	5	18
511	曲型	130	0.94	5	18
301	曲型	190	0.91	5	23
302p	曲型	165	0.925	5	23
302s	曲型	154	0.925	5	23
311p	曲型	142	0.92	5	23
311s	曲型	131	0.92	5	23

1. 模糊数学

在建模时有一个问题。虽然在总体上,三种分段在各种特性上有区别,但对这三种分段在各种特性上的界限进行划分仍然存在困难。比如,从表7.4易看出,在重量上,单壳分段普遍比双壳分段轻,但也有个别双壳分段的重量较单壳分段轻,两种分段在重量上的界限仍然很模糊。

在日常生活中,人们经常碰到模糊现象,即指没有严格的界限划分从而很难用精确的尺度来刻划的现象,反映模糊现象的种种概念为模糊概念。例如年轻、中年、老年是三个模糊概念。

1965 年,美国控制论学者扎德(L. A. Zadeh)发表了论文《模糊集合》,标志着模糊数学的诞生。他利用"隶属函数"这个概念来描述现象差异中的中间过渡,从而突破了古典集合论中属于或不属于的绝对关系。

定义 7.1 设 $\tilde{A}$ 是论域 X 到 $[0,1]$ 的一个映射,即 $\tilde{A}: X \rightarrow [0,1]$,对于任意 $x \in X$,皆有对应

$$x \rightarrow \tilde{A}(x)$$

则称 $\tilde{A}$ 是 X 上的模糊集,而函数 $\tilde{A}(\cdot)$ 称为模糊集 $\tilde{A}$ 的隶属函数,$\tilde{A}(x)$ 称为 x 对模糊集 $\tilde{A}$ 的隶属度。

最大隶属原则:x 隶属于哪个集合的隶属度大,则判 x 隶属于哪个集合。

例如,为判断 27 岁属于年轻、中年还是老年,这里采取统计方法给出隶属度:

$$\tilde{A} = \lim_{n \to \infty} \frac{\text{"}x \in X\text{" 的次数}}{n}$$

其中,n 为统计次数。现对 129 个人进行调查,每人给出年轻、中年及老年的区间。经过统计发现,在 129 个人给出的各个区间中,年龄 27 出现在年轻人的区间次数为 109 次,出现在中年人的区间次数为 19 次,出现在老年人的区间次数为 1 次,因此,27 岁属于年轻、中年还是老年的隶属度分别为

$$\tilde{A}_{\text{年轻}} = \frac{109}{129} = 0.845, \quad \tilde{A}_{\text{中年}} = \frac{19}{129} = 0.147, \quad \tilde{A}_{\text{老年}} = \frac{1}{129} = 0.008$$

根据最大隶属原则,27 岁隶属于年轻人。

2. 数学模型

我们按流水线生产去考虑问题,即每次只需识别一块板材。为方便描述,称单壳分段为第一分段,曲型分段为第二分段,双壳分段为第三分段。设区分板材的四个标准(指标特征)为重量 G、尺寸(外板展开尺寸)K、结构特性(分段数)n 及工艺特性(原则工艺程序数)m,则板材 x 隶属于第 j 种分段的隶属函数可写成

$$\tilde{A}_j(x) = C_1 \tilde{A}_{Gj} + C_2 \tilde{A}_{Kj} + C_3 \tilde{A}_{nj} + C_4 \tilde{A}_{mj} \tag{7-5}$$

其中,$C_i(i=1,2,3,4)$ 为重量、尺寸、分段数及工艺程序数的权重;$\tilde{A}_{Gj}$、$\tilde{A}_{Kj}$、$\tilde{A}_{nj}$ 及 $\tilde{A}_{mj}$ 分别为板材针对重量、尺寸、分段数及工艺程序数分别隶属于第 j 个分段的隶属度,$\tilde{A}_j(x)$ 为板材 x 隶属于第 j 个分段的隶属度。如前所述,由于三种分段在实际划分时具有模糊的特征,因此,对隶属度的计算可以采用模糊概率统计法。

(1) 模糊概率统计法

不妨以重量为例说明模糊概率统计的思想。现在取样本容量为 k 的一组样本数据 (x_{G1}, x_{G2}, x_{G3})，其中 x_{Gi} 表示取样中的第 i 种分段的重量。设单壳、双壳、曲型三种分段的重量的边界为 ξ, η，且 $\xi < \eta$，根据经验我们可以发现，ξ, η 分别服从正态分布：

$$\xi \sim N(a_{G1}, \sigma_{G1}^2), \quad \eta \sim N(a_{G2}, \sigma_{G2}^2)$$

$a_{Gi}, \sigma_{Gi}^2 (i=1,2)$ 的值可采取矩估计法算出：

$$a_{G1} = \sum_{i=1}^{k} \frac{\xi_{Gi}}{k}, \quad \sigma_{G1}^2 = \sum_{i=1}^{k} \frac{(\xi_{Gi} - a_{G1})^2}{k-1} \tag{7-6a}$$

$$a_{G2} = \sum_{i=1}^{k} \frac{\eta_{Gi}}{k}, \quad \sigma_{G2}^2 = \sum_{i=1}^{k} \frac{(\eta_{Gi} - a_{G2})^2}{k-1} \tag{7-6b}$$

这里 σ_{Gi}^2 取的是无偏估计，ξ_{Gi}, η_{Gi} 为第 i 组样本点中单壳与曲型、曲型与双壳的重量分界点。考虑到曲型分段不可在单壳及双壳分段中心制造的特点，我们选取曲型分段的范围大些，即取单壳与曲型、曲型与双壳的重量分界点如下：

$$\xi = \frac{2}{3} x_{G1} + \frac{1}{3} x_{G2}, \quad \eta = \frac{1}{3} x_{G2} + \frac{2}{3} x_{G3} \tag{7-7}$$

然后，按式(7-6)计算 $a_{Gi}, \sigma_{Gi}^2 (i=1,2)$。最后，利用概率统计的方法计算该块板料在重量上属于单壳、曲型及双壳的隶属度：

$$\widetilde{A}_{G1} = \int_{x}^{\infty} \varphi_{\xi}(t) \mathrm{d}t = 1 - \Phi\left(\frac{x - a_{G1}}{\sigma_{G1}}\right) \tag{7-8a}$$

$$\widetilde{A}_{G3} = \int_{-\infty}^{x} \varphi_{\eta}(t) \mathrm{d}t = \Phi\left(\frac{x - a_{G3}}{\sigma_{G2}}\right) \tag{7-8b}$$

$$\widetilde{A}_{G2} = 1 - \widetilde{A}_{G1} - \widetilde{A}_{G3} \tag{7-8c}$$

其中，$\varphi_{\xi}, \varphi_{\eta}$ 分别为 ξ, η 的概率分布密度，Φ 为标准正态分布的分布函数，即

$$\Phi(x) = \int_{-\infty}^{x} \frac{1}{\sqrt{2\pi}} \mathrm{e}^{-\frac{t^2}{2}} \mathrm{d}t$$

(2) 尺寸、分段数、工艺程序数的隶属函数

尺寸、分段数、工艺程序数的隶属函数的计算方法与重量的计算方法一样，只是在基于式(7-7)划分三种分段的分界点时要根据尺寸、分段数、工艺程序数的不同特点给出不同的公式。例如，在尺度这个特征上，一般来讲，曲型分段比双壳分段小，双壳分段比单壳分段小。因此，式(7-7)可相应改为

$$\xi_K = \frac{1}{3} x_{K1} + \frac{2}{3} x_{K2}, \quad \eta_K = \frac{1}{2} x_{K2} + \frac{1}{2} x_{K3}$$

其中，x_{K1}, x_{K2} 及 x_{K3} 分别为曲型分段、双壳分段及单壳分段的外板展开尺寸；ξ_K, η_K 分别为曲型分段与双壳分段、双壳分段与单壳分段在尺寸上的分界点。

(3) 总隶属度的计算

按上述概率统计方法可分别针对重量、尺寸、分段数及工艺程序数计算出一块板材

相应的隶属度 $\widetilde{A}_{Gj}$、$\widetilde{A}_{Kj}$、$\widetilde{A}_{nj}$ 及 $\widetilde{A}_{mj}$，再按式(7-5)计算出这块板材的总的隶属度 $\widetilde{A}_j(x)$ ($j=1,2,3$)。这里，我们根据实际情况，选取重量、尺寸、分段数及工艺程序数的权重分别为 0.1、0.2、0.3、0.4，则式(7-5)变为

$$\widetilde{A}_j(x) = 0.1\widetilde{A}_{Gj} + 0.2\widetilde{A}_{Kj} + 0.3\widetilde{A}_{nj} + 0.4\widetilde{A}_{mj}, \quad j=1,2,3 \tag{7-9}$$

最后，比较 $\widetilde{A}_1(x)$、$\widetilde{A}_2(x)$ 及 $\widetilde{A}_3(x)$ 的大小，哪个大即可判定属于哪种相应的分段。

3. 数值结果

利用上述办法，可以计算表 7.4 中的每块板材属于哪种分段。

(1) 重量

按表 7.4 以向量(单壳,曲型,双壳)的形式选取 15 个重量向量：

(40,65,92),(78,100,102),(80,100,102),(82,104,155),(82,104,165),(82,107,168),(87,110,173),(90,130,173),(193,131,173),(102,138,176),(102,138,195),(135,142,200),(140,154,210),(50,165,210),(160,190,236)。

(2) 尺寸

按表 7.4 以向量(曲型,双壳,单壳)的形式选取 15 个尺寸向量：

(0.90,0.935,1),(0.91,0.96,1),(0.91,0.96,1),(0.92,1,1),(0.92,1,1),(0.92,1,1),(0.92,1,1),(0.925,1,1),(0.925,1,1),(0.93,1,1),(0.94,1,1),(0.955,1,1),(0.965,1,1),(0.975,1,1),(0.975,1,1)

另外，根据实际情况，式(7-7)可被改成

$$\xi_K = \frac{1}{3}x_{K1} + \frac{2}{3}x_{K2}, \quad \eta_K = \frac{1}{2}x_{K2} + \frac{1}{2}x_{K3}$$

(3) 分段数

按表 7.4 以向量(单壳,双壳,曲型)的形式选取 15 个分段数向量：

(3,5,5),(3,5,5),(3,5,5),(3,5,5),(3,5,5),(3,5,5),(3,5,5),(3,5,7),(3,5,7),(3,5,7),(3,5,7),(3,5,7),(3,8,8),(3,8,8),(3,8,8)

另外，根据实际情况，式(7-7)可被改成

$$\xi_n = \frac{1}{2}x_{n1} + \frac{1}{2}x_{n2}, \quad \eta_n = \frac{2}{3}x_{n2} + \frac{1}{3}x_{n3}$$

(4) 工艺程序数

按表 7.4 以向量(单壳,双壳,曲型)的形式选取 15 个工艺程序数向量：

(9,18,18),(9,18,18),(9,18,18),(9,18,18),(9,18,20),(9,18,20),(9,18,20),(9,18,20),(9,18,20),(9,18,23),(9,18,23),(9,18,23),(9,18,23),(9,18,23),(9,18,23)

另外，根据实际情况，式(7-7)可被改成

$$\xi_m = \frac{1}{2}x_{m1} + \frac{1}{2}x_{m2}, \quad \eta_m = \frac{2}{3}x_{m2} + \frac{1}{3}x_{m3}$$

(5) 总隶属度

依据式(7-8)的方法可分别针对重量、尺寸、分段数及工艺程序数计算出一块板材相应的隶属度 $\widetilde{A}_{Gj}$、$\widetilde{A}_{Kj}$、$\widetilde{A}_{nj}$ 及 $\widetilde{A}_{mj}$，再按式(7-9)计算出这块板材的总的隶属度 $\widetilde{A}_j(x)$。下面给出针对表7.4中的板材数据计算的结果。

表 7.5

分段名称	实际分段类别	$\widetilde{A}_1(x)$	$\widetilde{A}_2(x)$	$\widetilde{A}_3(x)$	计算结果
601p	单壳	0.93	0.017	0.053	单壳
602p	单壳	0.915	0.031	0.054	单壳
603p	单壳	0.911	0.0336	0.553	单壳
604p	单壳	0.911	0.0336	0.553	单壳
606p	单壳	0.889	0.05	0.061	单壳
607p	单壳	0.889	0.05	0.061	单壳
608p	单壳	0.91	0.037	0.053	单壳
609p	单壳	0.911	0.037	0.053	单壳
610p	单壳	0.913	0.327	0.06	单壳
611p	单壳	0.9	0.042	0.058	单壳
701	单壳	0.904	0.039	0.057	单壳
702	单壳	0.85	0.065	0.085	单壳
703	单壳	0.84	0.06	0.1	单壳
704	单壳	0.846	0.064	0.09	单壳
705	单壳	0.836	0.053	0.011	单壳
303p	双壳	0.038	0.273	0.69	双壳
303s	双壳	0.039	0.285	0.676	双壳
304p	双壳	0.175	0.135	0.690	双壳
304s	双壳	0.175	0.142	0.683	双壳
305p	双壳	0.175	0.133	0.692	双壳
305s	双壳	0.175	0.138	0.687	双壳
310p	双壳	0.041	0.346	0.613	双壳
404p	双壳	0.207	0.374	0.419	双壳
405p	双壳	0.195	0.382	0.423	双壳

续表

分段名称	实际分段类别	$\tilde{A}_1(x)$	$\tilde{A}_2(x)$	$\tilde{A}_3(x)$	计算结果
406	双壳	0.195	0.382	0.423	双壳
503p	双壳	0.182	0.173	0.645	双壳
504p	双壳	0.178	0.163	0.659	双壳
505p	双壳	0.177	0.159	0.664	双壳
506p	双壳	0.177	0.159	0.664	双壳
507p	双壳	0.177	0.159	0.664	双壳
401	曲型	0.091	0.841	0.068	曲型
402p	曲型	0.055	0.867	0.078	曲型
402s	曲型	0.055	0.867	0.078	曲型
403	曲型	0.06	0.822	0.118	曲型
409p	曲型	0.06	0.49	0.45	曲型
410	曲型	0.051	0.569	0.38	曲型
411	曲型	0.047	0.873	0.08	曲型
502	曲型	0.06	0.605	0.335	曲型
510	曲型	0.06	0.25	0.69	双壳
511	曲型	0.061	0.356	0.583	双壳
301	曲型	0.038	0.69	0.272	曲型
302p	曲型	0.41	0.707	0.252	曲型
302s	曲型	0.045	0.715	0.24	曲型
311p	曲型	0.051	0.721	0.228	曲型
311s	曲型	0.06	0.723	0.217	曲型

从表 7.5 可以看出,模糊统计识别的准确率还是很高的,仅 510 分段及 511 分段识别发生错误,错误率仅为 4.4%。

7.3 双氰胺的生产

双氰胺是一种可以用于合成医药、农药和燃料的中间原料,在其生产过程中,白灰车间的石灰窑 CO_2 浓度是影响双氰胺生产速度的关键因素。山西省某双氰胺厂,在优化双氰胺生产的研究中,希望对白灰车间的石灰窑气体 CO_2 浓度进行试验与分析,以便为提高石灰

窑 CO_2 气体浓度（CO_2 浓度越高，生产速度越快），寻求最适宜的操作条件。具体地，考虑石灰窑 CO_2 浓度的三个影响因素：投入物中煤和石头的比例（煤石比）、投料量和投料次数。已知煤石比的范围是从 1∶0.14 到 1∶0.2，投料量从 5 吨/次到 6 吨/次，投料次数为 7 次/天到 9 次/天。

如何试验是很多企业和研究机构面临的问题。试验过多，会造成人力及物力的大量消耗；试验过少，又会使试验结果片面而可靠性下降。人们希望科学合理地设计试验，在一个适量的试验下获得比较准确的结论。正交试验设计方法是一种比较成熟的试验设计方法，其用一套现成的规格化表格——正交表，来科学地安排试验，以达到用最少的试验次数获得含有足够信息的数据资料的目的，并以此作进一步的统计推断。

1. 正交表

下面将以上述双氰胺生产问题为例，引入正交表 $L_9(3^4)$ 的使用，并介绍正交表记号的含义和正交表结构上的特点。

对于如何在双氰胺的生产中提高石灰窑 CO_2 浓度的问题，我们很容易想到的是全面搭配法方案。也就是让各因素的数据点均匀分布，对于煤石比，可设置 3 个水平：1∶0.14、1∶0.17、1∶0.2；对于投料量，也设置 3 个水平：5、5.5、6；对于投料次数，同样设置 3 个水平：7、8、9。之后，让各因素水平之间互相搭配进行试验，见表 7.6。这种全面搭配的方案的试验次数为 $3^3 = 27$ 次，其中指数 3 代表 3 个因素，底数 3 代表每个因素有 3 个水平。

显然，因素、水平数愈多，则试验次数就愈多，例如，做一个 6 因素 3 水平的试验，就需 $3^6 = 729$ 次实验，这在实际中可能做不到或造成过分的消耗。正交试验设计方法利用正交表进行正交分析，从而使试验次数减少并得到合理的结论。以 $L_9(3^4)$ 为例，正交表记号 $L_9(3^4)$ 的意义如图 7.1 所示。

表 7.6

水平	因素		
	A 煤石比	B 投料量 /(吨/次)	C 投料次数 /(次/天)
1	1∶0.14	5	7
2	1∶0.17	5.5	8
3	1∶0.2	6	9

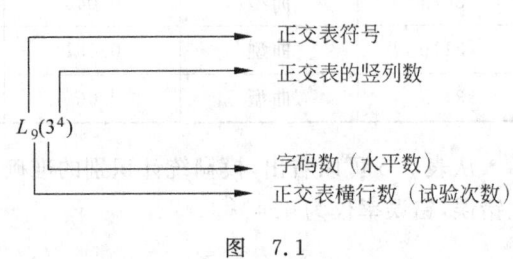

图 7.1

以表 7.7 为例，所有的正交表与 $L_9(3^4)$ 正交表都具有以下两个特点。

(1) 在每一列中，各个不同的数字出现的次数相同。在表 $L_9(3^4)$ 中，每一列有三个水平，水平 1、2、3 均出现 3 次。

(2) 表中任意两列并列在一起形成若干个数字对，不同数字对出现的次数也都相同。

表 7.7　$L_9(3^4)$

试验号	列号				试验号	列号			
	1	2	3	4		1	2	3	4
1	1	1	3	1	6	3	2	1	1
2	2	1	1	2	7	1	3	1	3
3	3	1	2	3	8	2	3	2	1
4	1	2	2	2	9	3	3	3	2
5	2	2	3	3					

在表 7.7 中,任意两列并列在一起形成的数字对共有 9 个:(1,1),(1,2),(1,3),(2,1),(2,2),(2,3),(3,1),(3,2),(3,3),每一个数字对均出现一次。

这两个特点称为正交性,从而保证了在正交表安排的试验方案中因素水平是均衡搭配的,数据点的分布是均匀的。

需要说明的是,表 7.7 中的第 4 列没有放置具有实际意义的因子,被称为空白列,在以后的统计分析中有用。当然,哪一列为空白列都可以。在一些情况下,也可以不设置空白列。

2. 无交互作用的正交试验模型

假设本问题中,各因素间无相互影响,下面我们通过建立模型来确定各因素对石灰窑 CO_2 浓度的影响。

(1) 建立模型

根据表 7.6 给出的方案,确定了各个因素的变化范围(即因素的水平)。这是一个三因子并且每个因子均有三个水平的试验设计问题。

(2) 求解

① 确定试验方案

选表:这是一个三个水平的试验问题,故应选取 $L_n(3^k)$ 型的正交表。由于只有三个因子,故可选有 4 列的 $L_9(3^4)$ 表。

表头设计:将因子填在表的上方,就得到所需的试验方案。

② 按实验方案进行试验,取得数据

共需做 9 次试验,得数据 $y_i(i=1,2,\cdots,9)$ 并对数据进行初步整理计算,将结果填在表 7.8 内。

其中,I_j 表示第 j 列上水平 1 的试验数据之和:

$I_1 = 26.4 + 28.6 + 29.2 = 84.2, \quad I_2 = 26.4 + 28.7 + 27.4 = 82.5,$
$I_3 = 28.7 + 29.4 + 29.2 = 87.3$

表 7.8

试验号	列 号				
	A 煤石比	B 投料量	C 投料次数	D	实验结果 CO_2 浓度/%
1	1	1	3	1	$y_1=26.4$
2	2	1	1	2	$y_2=28.7$
3	3	1	2	3	$y_3=27.4$
4	1	2	2	2	$y_4=28.6$
5	2	2	3	3	$y_5=30.1$
6	3	2	1	1	$y_6=29.4$
7	1	3	1	3	$y_7=29.2$
8	2	3	2	1	$y_8=31.4$
9	3	3	3	2	$y_9=32.2$
$Ⅰ_j$	84.2	82.5	87.3	87.2	
$Ⅱ_j$	90.2	88.1	87.4	89.5	$T=263.4$
$Ⅲ_j$	89.0	92.8	88.7	86.7	$\bar{y}=29.3$
R_j	1.2	10.3	1.4	2.8	
S_j	6.7	17.7	0.4	1.5	$S_总=26.3$

$Ⅱ_j$ 表示第 j 列上水平 2 的试验数据之和:

$Ⅱ_1 = 28.7+30.1+31.4 = 90.2$, $Ⅱ_2 = 28.6+30.1+29.4 = 88.1$,
$Ⅱ_3 = 27.4+28.6+31.4 = 87.4$

$Ⅲ_j$ 表示第 j 列上水平 3 的试验数据之和:

$Ⅲ_1 = 27.4+29.4+32.2 = 89$, $Ⅲ_2 = 29.2+31.4+32.2 = 92.8$,
$Ⅲ_3 = 26.4+30.1+32.2 = 88.7$

表 7.8 中,

$$T = \sum_{i=1}^{9} y_i = 263.4$$

$$\bar{y} = \frac{T}{9} = \frac{1}{9}\sum_{i=1}^{9} y_i = 29.3$$

$$R_j = \max(Ⅰ_j, Ⅱ_j, Ⅲ_j) - \min(Ⅰ_j, Ⅱ_j, Ⅲ_j)$$

$$S_j = 3\left[\left(\frac{Ⅰ_j}{3} - \bar{y}\right)^2 + \left(\frac{Ⅱ_j}{3} - \bar{y}\right)^2 + \left(\frac{Ⅲ_j}{3} - \bar{y}\right)^2\right]$$

$$= \frac{1}{3}(\text{I}_j^2 + \text{II}_j^2 + \text{III}_j^2) - \frac{1}{9}T^2$$

(3) 对试验数据作统计分析

① 对因子重要性的判别

哪一个因子对指标的作用最大呢？我们介绍两种判别方法。

a. 极差分析方法

极差指的是各列中各水平对应的试验指标平均值的最大值与最小值之差 R_j。R_j 值越大，说明该因子对指标的作用越显著。因此，可用比较 R_j 大小的方法，寻求对指标作用最显著的因子。依据此方法，分析表 7.8 的结果可知，第 2 列上的因子 B，即投料量，是影响石灰窑 CO_2 浓度的主要因素。

b. 方差分析方法

方差 S_j 表示了第 j 列因子在各水平上的数据与总平均 $\bar{y}$ 的离差平方和的大小。因子对应的 S_j 较大，其对指标的影响就越大。在本问题中，

$$S_2 = \max_{1 \leqslant j \leqslant 4}(S_j) = 17.7$$

故可以认为第 2 列上的因子 B 对指标的影响最大。这与用极差方法判断的结论是一致的。

与极差法相比，方差分析方法可以多引出一个结论：各列对试验指标的影响是否显著，以及在什么水平上显著。显著性检验强调试验在分析每列对指标影响中所起的作用。如果某列对指标影响不显著，那么，讨论该列影响下试验指标的变化趋势是毫无意义的。这是因为，在某列对指标的影响不显著时，可能会出现在该列水平发生变化时，对应的试验指标的数值也在以某种"规律"发生变化，但我们不能将此视为可靠的客观规律，因为这很可能是由于试验误差所致。

对各列进行显著性检验之后，就可以将影响不显著的交互作用列与原来的"误差列"合并起来，组成新的"误差列"，并重新检验各列的显著性。下面将就因子对指标影响是否是显著的进行检验。

② 因子作用显著的 F-检验

对于不考虑交互作用的试验结果，可以认为数据 y_i 是各因子效应及随机误差 ε_i 的简单线性叠加。依据表 7.8，数据结构可以被设定为如下形式：

$$y_1 = \mu + a_1 + b_1 + c_3 + \varepsilon_1$$
$$y_2 = \mu + a_2 + b_1 + c_1 + \varepsilon_2$$
$$\vdots$$
$$y_9 = \mu + a_3 + b_3 + c_3 + \varepsilon_9$$

其中，μ 表示总均值，随机误差 ε_i 服从正态分布 $N(0,\sigma^2)$，且相互独立（$i=1,2,\cdots,9$）。不妨设 a_j,b_j,c_j（$j=1,2,3$）分别表示煤石比（因子 A）、投料量（因子 B）以及投料次数（因子 C）这三个因子的第 j 个水平对石灰窑 CO_2 浓度的影响值中高（或低）出总均值 μ 的部分，并且由于因子之间没有交互作用，从而 a_j、b_j、c_j（$j=1,2,3$）满足条件

$$a_1 + a_2 + a_3 = 0, \quad b_1 + b_2 + b_3 = 0, \quad c_1 + c_2 + c_3 = 0$$

为了检验各因子效应是否显著，提出假设

$$H_{0A} : a_1 = a_2 = a_3 = 0$$
$$H_{0B} : b_1 = b_2 = b_3 = 0$$
$$H_{0C} : c_1 = c_2 = c_3 = 0$$

拒绝假设就意味着因子的各水平有显著的差异，因而该因子对指标的效应是不可忽视的，即效应是显著的。相反，若接受假设，那么，该因子对指标的效应就是不显著的。下面利用方差进行假设检验的分析。

总离差

$$S_{总} = \sum_{i=1}^{9}(y_i - \bar{y})^2 = \sum_{i=1}^{9} S_j$$

因子所在列的偏差平方和记为 S_A、S_B 及 S_C，则

$$S_A = S_1, \quad S_B = S_2, \quad S_C = S_3$$

空白列的偏差平方和记为 S_E，则

$$S_E = S_4$$

在本问题中，当 H_{0A}、H_{0B} 及 H_{0C} 都成立时，$S_{总}/\sigma^2$ 服从 $\chi^2(9-1) = \chi^2(8)$ 分布；当 H_{0A} 成立时，S_A/σ^2 服从 $\chi^2(3-1) = \chi^2(2)$ 分布；当 H_{0B} 成立时，S_B/σ^2 服从 $\chi^2(3-1) = \chi^2(2)$ 分布；当 H_{0C} 成立时，S_C/σ^2 服从 $\chi^2(3-1) = \chi^2(2)$ 分布。

由随机误差造成的偏差平方和 S_E/σ^2 服从 $\chi^2(3-1) = \chi^2(2)$ 分布，此结论与 H_{0A}、H_{0B} 及 H_{0C} 成立与否无关。

记

$$\overline{S_A} = S_A/f_A, \quad \overline{S_B} = S_B/f_B, \quad \overline{S_C} = S_C/f_C, \quad \overline{S_E} = S_E/f_E$$

其中，f_A、f_B、f_C 及 f_E 分别是 S_A、S_B、S_C 及 S_E 的自由度。令

$$F_A = \overline{S_A}/\overline{S_E}, \quad F_B = \overline{S_B}/\overline{S_E}, \quad F_C = \overline{S_C}/\overline{S_E}$$

则对于本问题，F_A、F_B 及 F_C 分别在假设 H_{0A}、H_{0B} 及 H_{0C} 成立时，服从 $F(2,2)$ 分布。

若因子 A 对指标的作用显著，那么，因子 A 的偏差平方和 S_A 会偏大。实际上，易算得

$$E(S_A) = 3E\left[\left(\frac{I_1}{3} - \bar{y}\right)^2 + \left(\frac{II_1}{3} - \bar{y}\right)^2 \left(\frac{III_1}{3} - \bar{y}\right)^2\right]$$
$$= 3(a_1^2 + a_2^2 + a_3^2) + 2\sigma^2$$

故当

$$H_{0A} : a_1 = a_2 = a_3 = 0$$

不真时，S_A 的值的分布有偏大的趋势，所以检验 H_{0A}，对于任意水平 α 应取右单边否定域，即取上 α 分位点 $F_\alpha(2,2)$，使

$$P\{F_A > F_\alpha(2,2)\} = \alpha$$

根据数据的值，计算出的 F_A 的值与 $F_\alpha(2,2)$ 进行比较，若 $F_A > F_\alpha(2,2)$，则拒绝 H_{0A} 成立，

否则接受 H_{0A} 成立。显著水平一般取 $\alpha=0.01, 0.05$ 及 0.10。若在 $\alpha=0.10$ 水平下仍不显著,则接受原假设,认为该因子各水平无显著差异,进而认为该因子对指标的作用不显著,不是重要因素。对假设 H_{0B} 及 H_{0C} 的检验,可以进行类似的分析。

具体地,在本问题中,取 $\alpha=0.10$,查表得 $F_\alpha(2,2)=9$,而 $F_A=4.5, F_B=11.8, F_C=0.3$,所以只有

$$F_B = 11.8 > F_\alpha(2,2) = 9$$

因此,根据 F-检验结果,可以认为只有因子 B 即投料量对指标的作用显著,因子 A 与 C 对指标的影响不显著。

③ 选择优水平

对于作用显著的因子,如何选择对指标有最佳效应的优水平呢?

首先,要根据指标的性质规定"优"的标准。本问题中,标准是浓度,"优"的标准可以是"浓度"越高越好(一般来说,在双氰胺的生产过程中,石灰窑的 CO_2 浓度只要达到 30% 以上,就完全可以满足生产需要)。

然后,比较显著因子各水平的指标值,按标准择优。本问题中,因子 B 显著,其三个水平的值分别是:$\mathrm{I}_2 = 82.5, \mathrm{II}_2 = 88.1, \mathrm{III}_2 = 92.8$。显然,水平 3 是最优的。

④ 最佳工艺搭配

因子 A 和因子 C 对指标的影响不显著,以成本核算的角度考虑,不妨选择最少投料量 A_1(煤石比 $1:0.14$)和投料次数 C_1(7 次/天)与 B 的优水平 B_3(6 吨/次)搭配,组成最佳工艺搭配 $A_1 \times B_3 \times C_1$。

⑤ 重复试验

找到最佳工艺搭配后,按此最佳搭配重复试验,如果结果令人满意,则试验可以结束。否则,应在前一阶段试验的基础上,调整因素与水平后进一步进行试验。

⑥ 最佳搭配的均值估计

$$\mu_{优} = \bar{y} + 各显著因子的优水平的效应总和$$

在本问题中,仅有因子 B 的效应是显著的,设 α_B 是优水平的效应,有

$$\alpha_B = \frac{\mathrm{III}_2}{3} - \bar{y} = 1.6$$

从而有

$$\mu_{优} = 30.9$$

7.4 舰船运动极短期预报

1. 舰船六自由度运动

作为一个刚体,舰船在静水或波浪中受到扰动后可能产生围绕其原始平衡位置 6 个自由度的摇荡运动,各个自由度运动之间相互关联、彼此影响构成一个复杂的耦合系统。舰船

沿通过船体中心 G 的纵轴、横轴和竖轴的往复震荡分别称为纵荡、横荡和升沉运动,而绕纵轴、横轴和竖轴的角震荡分别称为横摇、纵摇和艏摇,见图 7.2。

舰船以其强大的舰载能力而著称,然而受技术上的限制,飞机在舰船上进行起降作业时还有明显的不足,主要是由于波浪力和其他干扰力的作用,使舰船产生 6 个自由度的非线性运动,引起飞行甲板位移,严重干扰飞机安全起降。通常,人们可以通过舵鳍联合控制对某些运动进行减摇,但对于某些运动(如纵摇)还没有一种有效的抑制方法。比较现实的方法是对这些运动进行预报,以给出舰船未来几秒内的运动姿态,为操作人员提供航行信息,减少事故的发生。

由于海上风浪大、情况复杂,以及外界"噪声"的干扰及实测仪器的误差等原因,测量的舰船运动数据都具有一定误差;海况复杂多变,影响舰船运动的因素较多,如气候、海浪等,很难确定全部影响因素;海浪对舰船的作用,特别是纵摇、升沉这两个自由度的影响,是不容易用数学方程描述的,也难以用一种映射关系表述;且舰船各自由度之间的相互影响也是很难描述的。因此,建立舰船运动系统的描述模型或预报模型,尤其是多自由度联合预报是相当困难的。图 7.3 给出了一组舰船在低海况高航速下的纵摇、升沉运动以及海浪的实测数据。

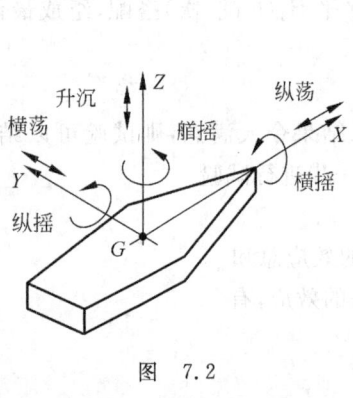

图 7.2

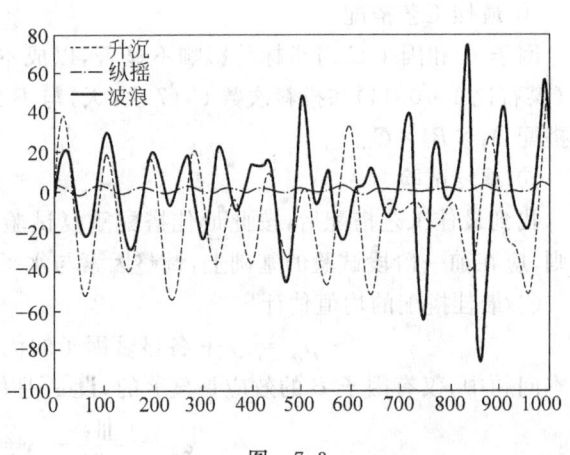

图 7.3

2. 灰色多因素 MGM$(1, n)$ 模型

在自然界中有这样一类系统,人们无法对其建立客观的物理模型,其运行的机理及原理亦不明确,内部因素难以辨识或相互之间的关系隐蔽,例如,社会系统、农业系统、生态系统等。灰色系统理论将其看成一个灰色系统,这里,灰意味着朦胧不清的含义。灰色系统理论承认不确定信息的存在,并利用灰色及不充足的数据对系统进行分析与模拟。在处理方法上,灰色系统理论把一切随机量都看作灰色数。通过对数列中的数据进行处理,产生新的数列,以此来消除灰色性,挖掘和寻找隐含的信息。数据的生成方式主要有累加生成和累减生

成等。

设系统中有 n 个相互影响的因素 $\{X_i^{(0)}, i=1,2,\cdots,n\}$，每个因素有 m 个时刻的信息 $\{X_i^{(0)}(k), k=1,2,\cdots,m\}$。将序列 $X_i^{(0)}(k)$ 进行一次累加生成，得到序列 $\{X_i^{(1)}(k)\}$，二者之间的关系为

$$X_i^{(1)}(k) = \sum_{j=1}^{k} X_i^{(0)}(j)$$

一般地，经济等实际问题产生的序列是非负的，累加生成可使序列转化为非减（递增）的序列，规律性一目了然。在图 7.4 中，波动震荡的序列通过一次累加后变为单调增加的规律性较强的序列。

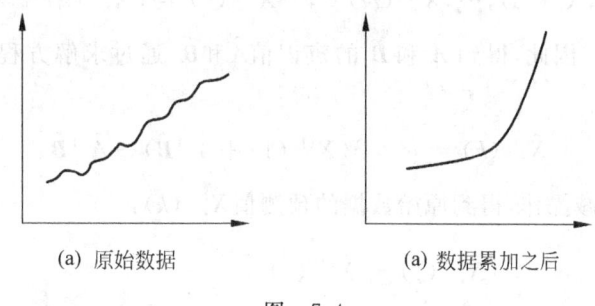

(a) 原始数据　　　　　　(a) 数据累加之后

图 7.4

MGM($1,n$) 模型就是在一次累加序列的基础上，对生成的因素建立 n 元一阶常微分方程组

$$\begin{cases} \dfrac{\mathrm{d}X_1^{(1)}}{\mathrm{d}t} = a_{11}X_1^{(1)} + a_{12}X_2^{(1)} + \cdots + a_{1n}X_n^{(1)} + b_1 \\ \dfrac{\mathrm{d}X_2^{(1)}}{\mathrm{d}t} = a_{21}X_1^{(1)} + a_{22}X_2^{(1)} + \cdots + a_{2n}X_n^{(1)} + b_2 \\ \quad\vdots \\ \dfrac{\mathrm{d}X_n^{(1)}}{\mathrm{d}t} = a_{n1}X_1^{(1)} + a_{n2}X_2^{(1)} + \cdots + a_{nn}X_n^{(1)} + b_n \end{cases} \quad (7\text{-}10)$$

来模拟系统因素之间的相互影响，进一步将式(7-10)写成矩阵形式：

$$\frac{\mathrm{d}\boldsymbol{X}^{(1)}}{\mathrm{d}t} = \boldsymbol{A}\boldsymbol{X}^{(1)} + \boldsymbol{B} \quad (7\text{-}11)$$

其中

$$\boldsymbol{A} = \begin{bmatrix} a_{11} & a_{12} & \cdots & a_{1n} \\ a_{21} & a_{22} & \cdots & a_{2n} \\ \vdots & \vdots & & \vdots \\ a_{n1} & a_{n2} & \cdots & a_{nn} \end{bmatrix}, \quad \boldsymbol{B} = \begin{bmatrix} b_1 \\ b_2 \\ \vdots \\ b_n \end{bmatrix}$$

令 $\boldsymbol{a}_i = [a_{i1} \quad a_{i2} \quad \cdots \quad a_{in} \quad b_i]^{\mathrm{T}}$，利用积分法将式(7-10)进行离散，则由积分的梯形公式及

最小二乘法得到 a_i 的辨识值 $\hat{a}_i$：

$$\hat{a}_i = (\hat{a}_{i1} \quad \hat{a}_{i2} \quad \cdots \quad \hat{a}_{in} \quad \hat{b}_i)^T = (L^T L)^{-1} L^T Y_i$$

式中

$$L = \begin{bmatrix} \bar{X}_1^{(1)}(2) & \bar{X}_2^{(1)}(2) & \cdots & \bar{X}_n^{(1)}(2) & 1 \\ \bar{X}_1^{(1)}(3) & \bar{X}_2^{(1)}(3) & \cdots & \bar{X}_n^{(1)}(3) & 1 \\ \vdots & \vdots & \vdots & \vdots & \vdots \\ \bar{X}_1^{(1)}(m) & \bar{X}_2^{(1)}(m) & \cdots & \bar{X}_n^{(1)}(m) & 1 \end{bmatrix}_{(m-1)\times(n-1)}$$

$$Y_i = [X_i^{(0)}(2), X_i^{(0)}(3), \cdots, X_i^{(0)}(m)]^T, \quad \bar{X}_i^{(1)}(k) = [X_i^{(1)}(k) + X_i^{(1)}(k-1)]/2$$

其中，$k=2,3,\cdots,m$。因此，得到 A 和 B 的辨识值 $\hat{A}$ 和 $\hat{B}$，通过求解方程(7-11)得模型预测解为

$$\hat{X}_i^{(1)}(k) = e^{\hat{A}(k-1)}(X_i^{(1)}(1) + \hat{A}^{-1}\hat{B}) - \hat{A}^{-1}\hat{B}$$

最后，对数据进行累减操作，得到原始数据的预测值 $\hat{X}_i^{(0)}(k)$：

$$\begin{cases} \hat{X}_i^{(0)}(1) = \hat{X}_i^{(1)}(1) \\ \hat{X}_i^{(0)}(k) = \hat{X}_i^{(1)}(k) - \hat{X}_i^{(1)}(k-1) \end{cases} \tag{7-12}$$

3. 原始数据的预处理

微分方程组(7-10)描述了 n 个关联因素对其中某个因素变化率的影响，系数 a_{ij} 可以形象地称为系统中第 j 个因素对第 i 个因素的影响因子；而 b_i 则为系统中其他未知因素或无法明确的复杂因素对第 i 个因素的影响因子。也就是说 a_{ij} 大，则第 j 个因素对第 i 个因素的影响就大；a_{ij} 小，则第 j 个因素对第 i 个因素的影响就小。

表 7.9

自由度名称	升沉	纵摇	波浪
单位	厘米	度	厘米

我们注意到，舰船运动各个自由度测量数据的单位不同，数量级也不同，如表 7.9 所示。则根据各自由度数据的幅值大小建立 MGM(1,3)模型，所得到的方程系数 a_{ij} 和 b_i 就不能很准确地表达因素间的相互影响程度。

要计算舰船运动各自由度之间的影响因子就必须先解决量纲和数量级的问题。这里引入极差变换对原始数据进行预处理。

极差变换：设原始数据列为 $X_i = (X_i(1), X_i(2), \cdots, X_i(m))$，其中，$i=1,2,\cdots,n$。利用极差变换构造新的数据列 $Y_i = (Y_i(1), Y_i(2), \cdots, Y_i(m))$，使得

$$Y_i(k) = \frac{X_i(k) - X_{i\min}}{X_{i\max} - X_{i\min}} \tag{7-13}$$

其中,$i=1,2,\cdots,n,k=1,2,\cdots,m$,$X_{imax}$、$X_{imin}$ 分别表示数据列 $X_i(i=1,2,\cdots,n)$ 的最大值及最小值。舰船运动原始数据与其经极差变换后的波形图如彩图 7.5 所示。

极差变换将各原始数据列中数据统一变化到 $0\sim1$ 之间,$Y_i(k)$ 的大小表示了 $X_i(k)$ 在整个 X_i 序列中的相对大小。从变换后的图形中可以明显看出三组数据间的相互作用关系和相似关系:波浪运动首先引起纵摇运动,其次是升沉运动。

4. 实验结果及分析

根据舰船运动的灰色性质,通过对舰船升沉、纵摇运动及波浪数据进行极差变换预处理后,建立灰色系统多因素预测模型 MGM(1,3),并对舰船的升沉和纵摇运动进行预测。模型可表示为如图 7.6 所示。

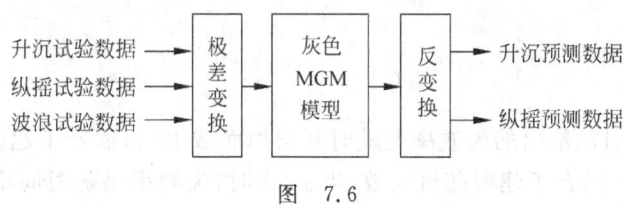

图 7.6

对低海况高航速的升沉、纵摇试验数据建立 MGM(1,3),得到模型的拟合预测图形及相应的拟合预测误差彩图 7.7。

从彩图 7.7 中看出预测 120 个数据误差控制在 20% 内,而第 120~130 个纵摇预测数据的预测误差较大,但在可接受范围内,相位无明显差异。

7.5 船体可靠度和寿命模型

船体的可靠性与船体的寿命有密切的关系。为了反映当前船体的真实可靠性水平,从而促进船体的研制、生产及使用过程中的可靠性管理工作,需要对船体的可靠性进行评估。随着科学技术的飞快发展,一些新材料在船体上得到了广泛的应用,这使得船体的可靠性越来越高。要想获得船体寿命的失效数据,不但需要花费很长的试验时间,而且对造价昂贵、可靠性高的船体进行破坏也是难以做到的。由于船体的可靠性高且样本少,在船体的可靠性试验中常用定时截尾方法得到船体寿命的无失效数据。因此,利用无失效数据对船体进行可靠性研究成为一种现实可行的方法。

1. 问题的分析

在船体的可靠性试验中,船体的失效不仅受疲劳和腐蚀作用的影响,而且还受船舶的运动状态(横摇、纵摇)和船体受到不同的砰击(船体上甲板砰击后产生的屈曲程度)作用等诸多因素的影响。因此船体的失效不仅会出现突然故障或渐变故障,而且还有可能突然故障和渐变故障同时出现。

1939 年,威布尔(Weibull)开发了 Weibull 模型,这个模型也成为可靠性领域里使用最广泛的模型。威布尔分布的分布函数为

$$F(t) = 1 - \exp\left\{-\left(\frac{t}{\beta}\right)^{\alpha}\right\} \tag{7-14}$$

其中,$\alpha,\beta>0$,α 是形状参数,β 为尺度参数。可靠度函数为

$$R(t) = \exp\left\{-\left(\frac{t}{\beta}\right)^{\alpha}\right\} \tag{7-15}$$

密度函数为

$$f(t) = \frac{\alpha}{\beta}\left(\frac{t}{\beta}\right)^{\alpha-1}\exp\left\{-\left(\frac{t}{\beta}\right)^{\alpha}\right\} \tag{7-16}$$

失效率函数为

$$r(t) = \frac{\alpha}{\beta}\left(\frac{t}{\beta}\right)^{\alpha-1} \tag{7-17}$$

当 $\alpha<1$ 时,由式(7-17)给出的失效率是随时间增加而减少的,适合于建模早期失效;当 $\alpha=1$ 时,失效率为常数,适合于建模随机失效;当 $\alpha>1$ 时,失效率是随时间增加而增加的,适合于建模磨耗或老化失效。

当 $\alpha=1$ 时,即为指数分布;$\alpha=2$ 时,即为瑞利分布;当 $\alpha=3.25$ 或更大时,其分布律与截尾正态分布律非常相似。研究表明,Weibull 分布在 $\alpha\leqslant1$ 时,描述突然故障,而当 $\alpha\geqslant3.25$ 时,仅仅描述渐变故障。当 α 在 1~3.25 之间变化时,Weibull 分布描述突然故障和渐变故障的不同组合,且不同故障的比率取决于 α 的值。所以,形状参数 α 反映的是失效机理,尺度参数反映的是特征寿命。因此,在船体的可靠性试验中是可以采用 Weibull 分布的。

2. 数学模型

模型 1 设 $(n_i,t_i)(i=1,2,\cdots,m)$ 是来自 Weibull 分布式(7-14)的一组船体寿命无失效数据,其中 α 为形状参数,β 为尺度参数,则当 $\alpha\geqslant\alpha_0$ 及给定的寿命 t 满足

$$t \leqslant \varepsilon = \exp\left\{\frac{\sum_{i=1}^{m}n_i t_i^{\alpha_0}\ln t_i}{\sum_{i=1}^{m}n_i t_i^{\alpha_0}}\right\} \tag{7-18}$$

时,两参数 Weibull 分布可靠度 R 的置信度为 γ 的单侧置信下限为

$$R_L^* = \exp\left\{\frac{t^{\alpha_0}\ln(1-\gamma)}{\sum_{i=1}^{m}n_i t_i^{\alpha_0}}\right\} \tag{7-19}$$

模型 2 设 $(n_i,t_i)(i=1,2,\cdots,m)$ 是来自 Weibull 分布式(7-14)的一组船体寿命无失效数据,其中 α 为形状参数,β 为尺度参数,则当 $\alpha\geqslant\alpha_0$ 及给定的可靠度 R 满足

$$R \geqslant \delta_\gamma = \exp\left\{\ln(1-\gamma)\exp\left[\frac{\sum_{i=1}^m n_i t_i^{\alpha_0}\ln t_i^{\alpha_0}}{\sum_{i=1}^m n_i t_i^{\alpha_0}} - \ln\sum_{i=1}^m n_i t_i^{\alpha_0}\right]\right\} \quad (7\text{-}20)$$

时,两参数 Weibull 分布可靠寿命 t_R 的置信度为 γ 的单侧置信下限为

$$t_{RL}^* = \left[\frac{\ln R}{\ln(1-\gamma)}\sum_{i=1}^m n_i t_i^{\alpha_0}\right]^{\frac{1}{\alpha_0}} \quad (7\text{-}21)$$

模型 1 和模型 2 充分说明了船体可靠度和寿命的关系。

根据大量的统计资料和美国波音公司通过对大量 Weibull 分布试验数据的统计分析,可以给出结果:对于钢结构,$\alpha_0 = 2.2$;对于钛合金结构,$\alpha_0 = 3$;对于铝合金结构,$\alpha_0 = 4$。

3. 船体的可靠性评估

对集装箱 5600 船舶(标箱)分别进行 m 次定时截尾试验,得到其使用寿命的截尾数据,截尾时间为 $t_i(i=1,2,\cdots,m)$,单位:月,$t_1 < t_2 < \cdots < t_m$,相应试验船舶数为 n_i,若试验的结果是所有船体无一失效,则称 $(n_i, t_i)(i=1,2,\cdots,m)$ 为集装箱 5600 船体寿命无失效数据。表 7.10 给出了中国船级社对集装箱 5600 船跟踪调查得到的船体寿命无失效数据。我们可以利用模型 1 对船体的可靠性进行评估。

表 7.10

i	1	2	3	4	5	6	7	8	9	10	11
t_i	36	60	84	120	132	144	168	180	204	240	276
n_i	1	1	1	2	1	2	2	1	1	2	1

(1) 钢结构船体的可靠性评估

前面提到,Weibull 分布的形状参数 α 的下限对于钢结构为 $\alpha_0 = 2.2$,根据式(7-17)可知,当给定的寿命 t 满足 $t \leqslant \varepsilon_{钢} = 196.7349$ 时,由式(7-19)求得钢结构船体对应于寿命 t 月、置信度 γ 至少为 0.95 和 0.90 的可靠度 R_L^* 置信下限,计算结果见表 7.11。

表 7.11

t	72	96	120	144	168	192	196.7349
γ	0.95	0.95	0.95	0.95	0.95	0.95	0.95
R_L^*	0.9703	0.9447	0.9113	0.8705	0.8230	0.7701	0.7591
t	72	96	120	144	168	192	196.7349
γ	0.90	0.90	0.90	0.90	0.90	0.90	0.90
R_L^*	0.9771	0.9572	0.9311	0.8989	0.8610	0.8181	0.8091

(2) 钛合金结构船体的可靠性评估

Weibull 分布的形状参数 α 的下限对于钛合金结构为 $\alpha_0=3$,根据式(7-17)可知,当给定的寿命 t 满足 $t\leqslant\varepsilon_{钛}=210.0628$ 时,由式(7-19)求得钛合金结构船体对应于寿命 t 月、置信度 γ 至少为 0.95 和 0.90 的可靠度 R_L^* 置信下限,计算结果见表 7.12。

表 7.12

t	72	96	120	144	168	192	210.0628
γ	0.95	0.95	0.95	0.95	0.95	0.95	0.95
R_L^*	0.9693	0.9869	0.9410	0.9002	0.8462	0.7794	0.7215
t	72	96	120	144	168	192	210.0628
γ	0.90	0.90	0.90	0.90	0.90	0.90	0.90
R_L^*	0.9899	0.9763	0.9543	0.9224	0.8795	0.8256	0.7781

(3) 铝合金结构船体的可靠性评估

Weibull 分布的形状参数 α 的下限对于铝合金结构为 $\alpha_0=4$,根据式(7-17)可知,当给定的寿命 t 满足 $t\leqslant\varepsilon_{铝}=223.4054$ 时,由式(7-19)求得铝合金结构船体对应于寿命 t 月、置信度 γ 至少为 0.95 和 0.90 的可靠度 R_L^* 置信下限,计算结果见表 7.13。

表 7.13

t	72	96	120	144	168	192	216	223.4054
γ	0.95	0.95	0.95	0.95	0.95	0.95	0.95	0.95
R_L^*	0.9956	0.9863	0.9669	0.9326	0.8787	0.8021	0.7023	0.6674
t	72	96	120	144	168	192	216	223.4054
γ	0.90	0.90	0.90	0.90	0.90	0.90	0.90	0.90
R_L^*	0.9967	0.9895	0.9745	0.9478	0.9054	0.8440	0.7622	0.7329

从上面的结果可以得到以下结论。

① 模型 1 的方法,是在给定船体使用寿命和置信度并且给定的船体使用寿命满足一定条件时而得到船体的可靠度置信下限,即在船体使用寿命为 t 和置信度为 γ 时船体使用的最小可靠度是 R_L^*。反之,在已知船体可靠度置信下限和置信度时就能得到船体的使用寿命,并据此判断得到的使用寿命是否满足给定的条件和工程上的要求。

② 从表 7.10~表 7.13 可以看出,相同的置信度当使用时间增大时可靠度都在递减。这与实际情况是相符的,因为当船体使用年限增大时,可靠度一定会减小。

③ 从表 7.10~表 7.13 可以看出,当置信度相同并且使用寿命相同时,钢结构船体的可靠度置信下限最小,而铝合金船体的可靠度置信下限最大。例如,当置信度为 0.95、使用寿命都为 120 个月时,钢结构船体的最小可靠度为 0.9113,而铝合金船体最小的可靠度为

0.9669。这说明铝合金结构的船体的强度要好于钢结构的船体。

4. 船体可靠寿命置信下限的预测

根据模型 2，我们可以利用表 7.9 中的船体寿命无失效数据对船体可靠寿命置信下限进行预测。

(1) 钢结构船体可靠寿命置信下限预测

Weibull 分布的形状参数 α 的下限对于钢结构为 $\alpha_0 = 2.2$，根据式(7-20)可知，当给定可靠度 R 满足条件 $R \geqslant \delta_{\gamma 钢}$ 时，由式(7-21)就可求得钢结构船体对应于可靠度 R、置信度 γ 至少为 0.95 和 0.90 的可靠寿命置信下限，计算结果见表 7.14。

表 7.14

R	0.99	0.95	0.90	0.85	0.80	0.7591
γ	0.95	0.95	0.95	0.95	0.95	0.95
t_{RL}^*	43.6700	91.6109	127.0709	154.7403	178.7250	196.7344
R	0.99	0.95	0.90	0.85	0.8091	
γ	0.90	0.90	0.90	0.90	0.90	
t_{RL}^*	49.2190	103.2514	143.2171	174.4022	196.7276	

当 $\gamma = 0.95$ 时，由式(7-20)可得
$$R \geqslant \delta_{0.95 钢} = 0.7591$$
而当 $\gamma = 0.90$ 时，由式(7-20)可得
$$R \geqslant \delta_{0.90 钢} = 0.8091$$

(2) 钛合金结构船体可靠寿命置信下限预测

Weibull 分布的形状参数 α 的下限对于钛合金结构为 $\alpha_0 = 3$，根据式(7-20)可知，当给定可靠度 R 满足条件 $R \geqslant \delta_\gamma$ 时，由式(7-21)就可求得钛合金结构船体对应于可靠度 R、置信度 γ 至少为 0.95 和 0.90 的可靠寿命置信下限，计算结果见表 7.15。

表 7.15

R	0.99	0.95	0.90	0.85	0.80	0.7215
γ	0.95	0.95	0.95	0.95	0.95	0.95
t_{RL}^*	65.8368	113.3520	144.0903	166.4856	185.0420	210.0628
R	0.99	0.95	0.90	0.85	0.80	0.7781
γ	0.90	0.90	0.90	0.90	0.90	0.90
t_{RL}^*	71.8728	123.7442	157.3007	181.7492	202.0068	210.0628

当 $\gamma=0.95$ 时,由式(7-20)可得
$$R \geqslant \delta_{0.95\text{钛}} = 0.7215$$
而当 $\gamma=0.90$ 时,由式(7-20)可得
$$R \geqslant \delta_{0.90\text{钛}} = 0.7781$$

(3) 铝合金结构船体可靠寿命置信下限预测

Weibull 分布的形状参数 α 的下限对于铝合金结构为 $\alpha_0=4$,根据式(7-20)可知,当给定可靠度 R 满足条件 $R \geqslant \delta_\gamma$ 时,由式(7-21)就可求得铝合金结构船体对应于可靠度 R、置信度 γ 至少为 0.95 和 0.90 的可靠寿命置信下限,计算结果见表 7.16。

表 7.16

R	0.99	0.95	0.90	0.85	0.80	0.6674
γ	0.95	0.95	0.95	0.95	0.95	0.95
t_{RL}^*	88.7060	133.3285	159.6163	177.8827	192.5546	223.4054
R	0.99	0.95	0.90	0.85	0.80	0.7329
γ	0.90	0.90	0.90	0.90	0.90	0.90
t_{RL}^*	94.7381	142.3950	170.4704	189.9790	207.486	223.4054

当 $\gamma=0.95$ 时,由式(7-20)可得
$$R \geqslant \delta_{0.95\text{铝}} = 0.6674$$
而当 $\gamma=0.90$ 时,由式(7-20)可得
$$R \geqslant \delta_{0.90\text{铝}} = 0.7329$$

从上面的计算结果可以得到以下结论。

① 模型 2 的方法,是在给定船体使用的可靠度和置信度已知且可靠度满足一定条件下而得到船体的可靠寿命置信下限,即在置信度为 γ 和可靠度为 R 时船体的最低使用寿命是 t_{RL}^*。反之,在已知船体可靠寿命置信下限和置信度时就能得到船体在使用时的可靠度,并据此判断得到的使用可靠度是否满足一定条件和工程上的要求。

② 从表 7.14~表 7.16 可以看出,相同的置信度当可靠度在递减时,船体的可靠寿命置信下限是递增的,这是与实际情况相符的。因为当可靠度要求不是很高时,使用寿命一定会增大。

③ 从表 7.14~表 7.16 可以看出,当置信度相同时,钢结构的可靠度满足的条件最高,而铝合金结构的可靠度满足的条件最低,即当置信度为 0.95 时,钢结构的可靠度满足的条件是 0.7591,而铝合金结构的可靠度满足的条件是 0.6674;同理,当置信度为 0.90 时也是一样的。对钛合金和铝合金结构的船体进行寿命预测时,显然对它们的可靠度要求的条件要比钢的低。所以,用该方法预测出的船体寿命具有一定的保守性。

第8章 现代方法模型

数学也经常面临尴尬,客观实际问题越来越呈现复杂的非线性和不规则性。在传统数学遭遇挑战的同时,一些富有想象力的方法也应运而生,比如人工神经网络方法、粒子群算法等智能算法。智能算法很好地诠释了数学与自然的关系。一方面,数学在完善自身的同时,竭尽全力为客观世界服务;另一方面,客观世界自然进化的合理性也在成为创造数学方法取之不尽的源泉。

8.1 污染数字的识别

字符识别是计算机模式识别的一个重要方面,现介绍对数字"0"和"1"进行识别的过程。我们将数字用一个 4×4 的网格来描述,网格中每一个小方块都对应着一个数,如果网格内有笔迹,就用"1"表示,没有笔迹就用"-1"表示。数字"0"、"1"的数字点阵如图 8.1 所示。从图中可看出,数字"0"、"1"可以表示成

$$\text{zero}=[-1\ 1\ 1\ -1\quad 1\ -1\ -1\ 1\quad 1\ -1\ -1\ 1\quad -1\ 1\ 1\ -1]^{\text{T}}$$
$$\text{one}=[-1\ 1\ -1\ -1\quad -1\ 1\ -1\ -1\quad -1\ 1\ -1\ -1\quad -1\ 1\ -1\ -1]^{\text{T}}$$

我们需要设计一种算法来识别数字"0"、"1"。同时,该算法应该具有联想记忆功能,以便当数字被噪声污染后仍可以正确地识别。例如,"1"被污染后的图形显示如图 8.2 所示。

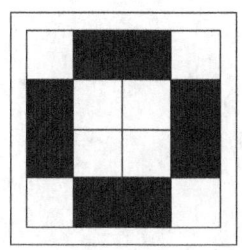
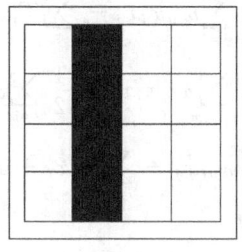
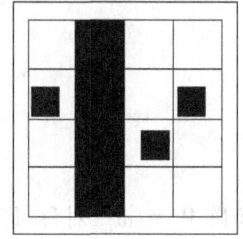

图 8.1   图 8.2

算法的设计应保证图 8.2 仍可以被识别成数字"1"。

1. 离散型 Hopfield 神经网络

Hopfield 网络是美国物理学家 J. J. Hopfield 于 1982 年首先提出的,它主要用于模拟生物神经网络的记忆机理。离散型 Hopfield 神经网络模型是一种多细胞神经网络系统,如图 8.3 所示,我们考虑由 n 个神经元构成网络结构,令 $x^n = (x_1, x_2, \cdots, x_n)$ 为状态向量。

我们考虑串行系统,即 $x^n(t+1)$ 与 $x^n(t)$ 比较,只可能有一个分量发生变化,其余分量皆保持不变。再对系统加以无自反馈的限制,且令权矩阵 $W = (\omega_{ij})$ 呈对称性,即 $\omega_{ij} = \omega_{ji}$,其中 ω_{ij} 表示第 i 个神经元与第 j 个神经元的联结权系数。在离散型 Hopfield 神经网络模型中,每个神经元只取二元的离散值 -1 或 1,此时,第 i 个神经元的输出为

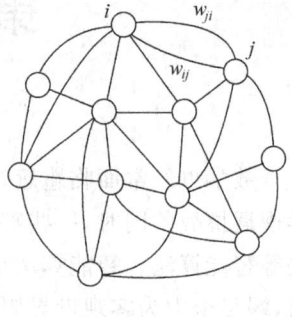

图 8.3

$$x_i = \begin{cases} 1, & \sum_{j \neq i} \omega_{ij} x_j + T_i \geqslant 0 \\ -1, & \sum_{j \neq i} \omega_{ij} x_j + T_i < 0 \end{cases} \quad (8\text{-}1)$$

其中 T_i 为第 i 个神经元的阈值。对于这样的系统,我们将从能量的角度说明,串行系统在状态变量变化过程中必收敛于状态空间的某一稳定状态。

设 Hopfield 网络的能量函数

$$E = -\frac{1}{2} \sum_i \sum_{j \neq i} \omega_{ij} x_i x_j - \sum_i T_i x_i \quad (8\text{-}2)$$

若第 m 个神经元的输出由 -1 变为 1,则由式(8-1)可得

$$\sum_{j \neq m} \omega_{mj} x_j + T_m \geqslant 0 \quad (8\text{-}3)$$

(1) 变化前(即 $(x_m = -1)$)网络的能量为

$$\begin{aligned} E_1 &= -\frac{1}{2} \sum_i \sum_{j \neq i} \omega_{ij} x_i x_j - \sum_i T_i x_i \\ &= -\frac{1}{2} \sum_{i \neq m} \sum_{j \neq i, m} \omega_{ij} x_i x_j + \frac{1}{2} \sum_{i \neq m} \omega_{im} x_i \\ &\quad + \frac{1}{2} \sum_{j \neq m} \omega_{mj} x_j - \sum_{i \neq m} T_i x_i + T_m \end{aligned} \quad (8\text{-}4)$$

由于矩阵 $W = (\omega_{ij})$ 对称,即 $\omega_{im} = \omega_{mi}$,且

$$\sum_{i \neq m} \omega_{mi} x_i = \sum_{j \neq m} \omega_{mj} x_j \quad (8\text{-}5)$$

从而有

$$E_1 = -\frac{1}{2} \sum_{i \neq m} \sum_{j \neq i, m} \omega_{ij} x_i x_j + \sum_{j \neq m} \omega_{mj} x_j - \sum_{i \neq m} T_i x_i + T_m \quad (8\text{-}6)$$

(2) 变化后(即($x_m=1$))网络的能量为

$$E_2 = -\frac{1}{2}\sum_i \sum_{j\neq i}\omega_{ij}x_i x_j - \sum_i T_i x_i$$

$$= -\frac{1}{2}\sum_{i\neq m}\sum_{j\neq i,m}\omega_{ij}x_i x_j - \frac{1}{2}\sum_{i\neq m}\omega_{im}x_i - \frac{1}{2}\sum_{j\neq m}\omega_{mj}x_j - \sum_{i\neq m}T_i x_i - T_m x_m$$

$$= -\frac{1}{2}\sum_{i\neq m}\sum_{j\neq i,m}\omega_{ij}x_i x_j - \sum_{j\neq m}\omega_{mj}x_j - \sum_{i\neq m}T_i x_i - T_m \tag{8-7}$$

(3) 网络从 $x_m=-1$ 变到 $x_m=1$,其能量变化量

$$\Delta E = E_2 - E_1 = -2\Big(\sum_{j\neq m}\omega_{mj}x_j + T_m\Big) \leqslant 0 \tag{8-8}$$

可以同样证明,当串行系统发生状态变化时,神经元由 1 变为 -1,仍有能量变化量 $\Delta E \leqslant 0$。也就是说,当串行系统神经元状态发生变化时,能量函数总是单调不增加的。由于 E 是有界的,所以系统最后必趋于稳定状态,并对应于状态空间的某一个局部极小值。

2. 网络的权值设计

Hopfield 网络的连接权是设计出来的,设计方法的主要思路是使被记忆的模式样本对应于网络能量函数的极小值。

在网络稳定时,神经元的状态不再改变,即满足

$$X = f(WX + T) \tag{8-9}$$

因此,网络所需要记忆的模式比较少时,可以采用联立求解方程的方法求得权值;当网络所需要记忆的模式较多时,可以采用外积和法来求解权值。

设给定 P 个模式样本 $X^p, p=1,2,\cdots,P, x\in\{-1,1\}^n$,并设样本两两正交,即

$$(X^p)^T X^k = \begin{cases} 0, & p\neq k \\ n, & p=k \end{cases} \tag{8-10}$$

则权值矩阵为记忆样本的外积和:

$$W = \sum_{i=1}^P X^p (X^p)^T \tag{8-11}$$

考虑系统无自反馈,即取 $\omega_{jj}=0$,上式应写为

$$W = \sum_{i=1}^P \big[X^p (X^p)^T - I\big] \tag{8-12}$$

式中 I 为单位阵。

当用外积和设计 DHNN 网络(离散 Hopfield 神经网络)时,如果记忆模式都满足两两正交的条件,则规模为 n 维的网络最多可记忆 n 个模式。对于非正交的模式样本,网络的信息存储容量会大大降低,为 $(0.13\sim 0.15)n$。

3. 网络测试

利用 DHNN 网络设计数字"0"、"1"识别系统,则网络的权系数计算如下:

$$W = \frac{1}{n}\sum_{k=1}^{P}(u^k(u^k)^T) - I$$

$$= \frac{1}{16}[(\text{one}\times(\text{one})^T) - I + (\text{zero}\times(\text{zero})^T) - I] \quad (8\text{-}13)$$

则网络权值 W 取值如表 8.1 所示。

表 8.1

0	-1/8	0	1/8	0	0	1/8	0	0	0	1/8	0	1/8	-1/8	0	1/8
-1/8	0	0	-1/8	0	0	-1/8	0	0	0	-1/8	0	-1/8	1/8	0	-1/8
0	0	0	0	1/8	-1/8	0	1/8	1/8	-1/8	0	1/8	0	0	1/8	0
1/8	-1/8	0	0	0	0	1/8	0	0	0	1/8	0	1/8	-1/8	0	1/8
0	0	1/8	0	0	-1/8	1/8	1/8	-1/8	1/8	0	1/8	0	0	1/8	0
0	0	-1/8	0	-1/8	0	0	-1/8	-1/8	1/8	0	-1/8	0	0	-1/8	0
1/8	-1/8	0	1/8	1/8	0	0	0	0	0	1/8	0	1/8	-1/8	0	1/8
0	0	1/8	0	1/8	-1/8	0	0	1/8	-1/8	0	1/8	0	0	1/8	0
0	0	1/8	0	1/8	-1/8	0	1/8	0	-1/8	0	1/8	0	0	1/8	0
0	0	-1/8	0	-1/8	1/8	0	-1/8	-1/8	0	0	-1/8	0	0	-1/8	0
1/8	-1/8	0	1/8	0	0	1/8	0	0	0	0	0	1/8	-1/8	0	1/8
0	0	1/8	0	1/8	-1/8	0	1/8	1/8	-1/8	0	0	0	0	1/8	0
1/8	-1/8	0	1/8	0	0	1/8	0	0	0	1/8	0	0	-1/8	0	1/8
-1/8	1/8	0	-1/8	0	0	-1/8	0	0	0	-1/8	0	-1/8	0	0	-1/8
0	0	1/8	0	1/8	-1/8	0	1/8	1/8	-1/8	0	1/8	0	0	0	0
1/8	-1/8	0	1/8	0	0	1/8	0	0	0	1/8	0	1/8	-1/8	0	0

针对图 8.2 带有受到污染的数字"1",给出其点阵 No1：

No1 = [-1 1 -1 -1 1 1 -1 1 -1 1 1 -1 -1 1 -1 -1]^T

对数字"0"和"1"的点阵进行训练,直至网络稳定。然后输入受到污染的数字"1"的点阵,则网络运行后输出结果为

Y = [-1 1 -1 -1 -1 1 -1 -1 -1 1 -1 -1 -1 1 -1 -1]^T

图形显示如图 8.4 所示。

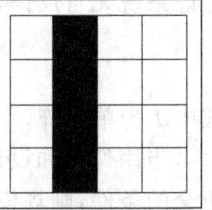

图 8.4

输出结果和数字"1"的点阵是一致的,说明网络从受到污染的数字"1"的点阵中识别出了数字"1",此网络是有效的。

8.2 中国经济的弯道减速

2008年,国际金融危机爆发,中国经济也因此受到牵连和挫伤。事实上,中国经济在连续5年增速达两位数的过热发展后,经济结构失衡问题日益凸现。区域发展的不平衡、三个产业之间明显的结构失调以及靠牺牲自然快速发展的高耗能污染产业使中国经济的大规模扩张难以为继。中国经济需要减速进行结构调整。

某省未雨绸缪,早在2004年就对经济结构进行关注和思考,并组织研究人员进行调查研究。表8.2是该省1996—2003年投资产值数据,该省决策者期望通过研究投资与产值的关系,建立合理的投资模型,以便为今后的结构投资调整和经济发展提供切实有效的决策方案和预测结果。

表 8.2   亿元

年 份	第一产业投资	第二产业投资	第三产业投资	总 产 值
1996	30.8	290.8	247	2380.9
1997	38.9	343.2	287.8	2683.8
1998	50.8	337.1	413.7	2798.9
1999	58.2	308.1	419.6	2897.4
2000	41.2	353.6	464.4	3253
2001	55.8	350.1	573.8	3561
2002	71.7	367.2	647.4	3882
2003	83.2	415.7	742.1	4433

1. BP神经网络

BP神经网络因反向传播算法而得名,是一种多层前向神经网络。该网络结构由一个输入层、一个或多个隐含层和一个输出层组成。图8.5表示了具有两个隐含层和一个输出层的前向网络结构。该网络利用误差反向传播算法(简称BP算法)实现网络训练。

BP算法由两部分组成:信息的正向传递与误差的反向传播。在正向传播过程中,输入信息从输入层经隐含层逐层计算传向输出层,每一层神经元的状态只影响下一层神经元的状态。如果在输出层没有得到期望的输出,则计算输出层的误差变化值,然后转向反向传播,通过网络将误差信号沿原来的连接通路反向传回来修改各层神经元的权值直至达到期望目标。

对于q个输入样本$\boldsymbol{p} = (p_1, p_2, \cdots, p_q)^\mathrm{T}$,与其对应的输出样本为$\boldsymbol{t} = (t_1, t_2, \cdots, t_s)^\mathrm{T}$。

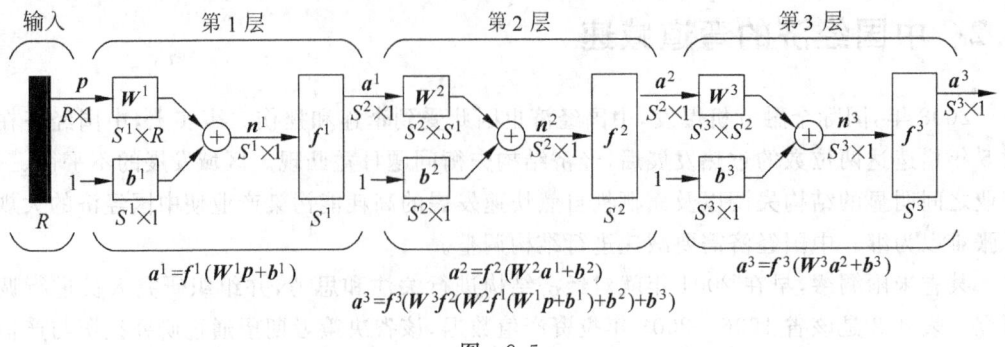

图 8.5

BP算法学习的目的是用网络的实际输出 $\boldsymbol{a}=(a_1,a_2,\cdots,a_s)^{\mathrm{T}}$ 与目标向量 $\boldsymbol{t}=(t_1,t_2,\cdots,t_s)^{\mathrm{T}}$ 之间的误差来修改其权值,使网络输出 $\boldsymbol{a}$ 与期望输出 $\boldsymbol{t}$ 尽可能地接近,即使网络输出层的误差平方和达到最小。它是通过连续不断地在相对于误差函数的负梯度方向上计算网络权值和偏差的变化而逐渐逼近目标的。每一次权值和偏差的变化都与网络误差的影响成正比,并以反向传播的方式传递到每一层。

记第 k 次迭代的近似均方误差为

$$E = (\boldsymbol{t}-\boldsymbol{a}(k))^{\mathrm{T}}(\boldsymbol{t}-\boldsymbol{a}(k)) \tag{8-14}$$

其中 $\boldsymbol{a}(k)$ 表示第 k 次迭代网络的输出向量(以下 $\boldsymbol{a}(k)$ 简记为 $\boldsymbol{a}$)。记 $\boldsymbol{a}^m$ 为第 m 层的输入,$\boldsymbol{W}^m$ 和 $\boldsymbol{b}^m$ 分别为第 m 层的权值和阈值,f^m 为第 m 层的传递函数,S^m 为 m 层的神经元个数。记

$$\boldsymbol{s}^m \stackrel{\text{def}}{=\!=} \frac{\partial E}{\partial \boldsymbol{n}^m} = \begin{bmatrix} \dfrac{\partial E}{\partial n_1^m} \\ \dfrac{\partial E}{\partial n_2^m} \\ \vdots \\ \dfrac{\partial E}{\partial n_{S^m}^m} \end{bmatrix}$$

它可以反映 E 对第 m 层的网络输入变化的敏感性。BP算法的基本步骤如下。

(1) 通过网络将输入向前传播

多层网络中某一层的输出为下一层的输入。设 M 为网络的层数(不包含输入层)。第一层的神经元从外部接收输入,最后一层神经元的输出是网络的输出。则

$$\boldsymbol{a}^0 = \boldsymbol{p}$$
$$\boldsymbol{a}^{m+1} = f^{m+1}(\boldsymbol{W}^{m+1}\boldsymbol{a}^m + \boldsymbol{b}^{m+1}), \quad m=0,1,\cdots,M-1$$
$$\boldsymbol{a} = \boldsymbol{a}^M$$

(2) 通过网络将敏感性反向传播

$$s^M = -2\dot{E}^M(n^M)(t-a)$$
$$s^m = -2\dot{E}^m(n^m)(W^{m+1})^T s^{m+1}, \quad m = M-1,\cdots,2,1$$

其中

$$n^{m+1} = W^{m+1}a^m + b^{m+1}$$

$$\dot{E}^m(n^m) = \begin{bmatrix} \dot{f}^m(n_1^m) & 0 & \cdots & 0 \\ 0 & \dot{f}^m(n_2^m) & \cdots & 0 \\ \vdots & \vdots & & \vdots \\ 0 & 0 & \cdots & \dot{f}^m(n_{s^m}^m) \end{bmatrix}$$

(3) 使用近似的最速下降法更新权值和阈值

$$W^m(k+1) = W^m(k) - \eta s^m (a^{m-1})^T$$
$$b^m(k+1) = b^m(k) - \eta s^m$$

这里 η 为学习率。

BP 网络中的传递函数一般隐含层选用对数-Sigmoid 函数或是双曲正切-Sigmoid 函数，输出层一般选用线性函数。

理论上已经证明：只含有一个隐含层的前向网络可以精确逼近闭区间上的任一连续函数(Kolmogorov 定理)。但在解决实际问题中，如何选择网络的隐层数和节点数，还没有确切的方法和理论，通常是凭学习样本和测试样本的误差交叉评价的试错法选取。

2. 投资分配的人工神经网络模型

经济作为一个演化的复杂系统，其基本特征是多变量、多目标、多层次、强耦合，系统内部各因素存在复杂的非线性相互影响。投资是一种经济活动，各因素之间的影响也是非线性的。

设投资分配向量为 $x = (x_1, x_2, x_3)^T$，其中 x_1、x_2、x_3 分别为第一产业、第二产业和第三产业的投资量，y 为对应的总产值，用函数 f 表示投资分配与总产值间的非线性关系，则 $y = f(x) = f(x_1, x_2, x_3)$。然而，一般很难用传统的数学方法给出函数 f 的具体表达式。考虑到 BP 神经网络具有良好的非线性映射能力，采用 BP 网络建立投资预测模型，拟合投资分配与总产值之间的非线性映射 f。

(1) 数据归一化处理

由于投资分配与总产值之间的数据在量级上相差悬殊，首先利用归一化的方法对原始数据进行无量纲化处理。

设 X 为原始数据，$\bar{X}$ 为变量 X 的均值，S_X 为变量 X 的标准差，$\tilde{X}$ 为变换后的数据。采用统计中常用的标准化方法得

$$Z = \frac{X - \bar{X}}{S_X} \tag{8-15}$$

此外,数据归一化处理也可以避免神经网络训练中因输入变量和输出变量数值过大造成的学习溢出。

用式(8-15)对表 8.1 中各数据进行归一化处理,归一化后的数据作为样本数据。

(2) 建立投资预测模型

通过对投资问题的深入分析,可利用 BP 神经网络建立投资预测模型。为了寻求投资分配与总产值之间的非线性映射 f,把投资分配作为输入变量,总产值作为输出变量,建立单隐含层的 BP 网络模型。

由于本问题的数据规模比较小,可适当选择隐层神经元的个数,以满足精度要求又兼顾网络的复杂性。比如选用 4 个隐层神经元,建立 3(输入层)-4(隐含层)-1(输出层)的 BP 网络模型。隐层和输出层传递函数分别选用双曲正切函数和线性函数。

将样本数据分为训练样本和测试样本。以 1996 年至 2002 年的数据为训练样本,2003 年的数据为测试样本。通过训练样本完成网络训练(网络学习),用测试样本检验 BP 网络的预测模型是否合理。

在训练样本中以投资分配数据作为网络输入,以相应的总产值作为网络输出。设定输入层和隐含层初始权值和阈值及训练目标精度,采用 LM 算法进行网络训练,网络训练结束后存储网络的权值和阈值。这组网络权值、阈值连同网络结构一起共同反映了投资分配与总产值的非线性映射关系。也就是说,虽然不能写出多元函数 $y=f(x)$ 的显式表达式,但可以通过网络结构和权值、阈值隐式地确定函数关系。给定一组 x 值,作为输入,通过训练完成后的网络就可以得到一组 y 值与之对应,这个过程一般称作网络仿真。以 2003 年的投资数据作为输入,仿真得到总产值的计算值。对比计算值与真实值之间的相对误差,如果该误差在合理的范围内,说明该 BP 网络模型合理有效,可以用来做进一步投资决策分析;否则,说明该 BP 网络的泛化能力不足,重新选择隐层神经元数或是设置网络初始参数,直到找到合适的网络结构和合适的参数为止。

(3) 结果分析

以 1996 年至 2002 年的数据为训练样本,2003 年的数据为测试样本,建立了单隐层的 3-4-1 网络模型。经过网络训练及仿真,BP 网络的输出值就对应着总产值的计算值。通过对输出值进行标准化变换的反变换可得到一组总产值的计算值。表 8.3 反映了总产值的计算值与真实值的对比情况。对比表 8.3 中计算值与真实值之间相对的误差,可以发现训练样本的相对误差较小,而测试样本的相对误差最大,其值为 1.045%。由于投资问题中影响投资效益的因素很多而且之间的影响关系复杂,从实际问题的角度考虑,认为可以接受这个误差,从而说明该模型合理有效。

表 8.3

年份 总产值	1996	1997	1998	1999	2000	2001	2002	2003
计算值	2381.2	2684.1	2798.7	2897.2	3252.1	3560.5	3881.7	4479.3
真实值	2380.9	2683.8	2798.9	2897.4	3253	3561	3882	4433
相对误差/%	0.013	0.013	0.007	0.008	0.026	0.014	0.008	1.045

3. 合理投资分配调整方案

为了保证经济持续稳定发展，投资决策在时间上应有一定的稳定性，投资结构一般不会发生剧烈的变化。另外，由于经济环境逐年变化，投资行为也要灵活适应发展的经济环境。因此，从投资决策的角度，假设已知本年度投资总预算给定的情况下，如何分配三个产业的投资金额以获得最大总产值是值得特别关注的问题。

研究历史数据的特点是寻找合理的投资结构调整方案的必要环节。通过分析历史数据得到每年的各产业的投资分配比重，如表 8.4 所示。

表 8.4

年份 三大产业	1996	1997	1998	1999	2000	2001	2002	2003
第一产业	0.054	0.058	0.063	0.074	0.048	0.057	0.066	0.067
第二产业	0.512	0.512	0.421	0.392	0.411	0.357	0.338	0.335
第三产业	0.434	0.430	0.516	0.534	0.541	0.586	0.596	0.598

从表 8.4 也可以看出投资结构"稳中有变"，各产业的投资比重基本结构保持某种稳定性，但逐年比较均有微小的变化。因此，这里采用这样的调整方案：以上一年度的投资比重为基准点，在合理的范围内调整各产业的投资量并通过网格搜索的方法寻求使得总产值达到最大的投资分配比重。

设 x_T 为本年度的投资总量，$\boldsymbol{x}^0 = (x_1^0, x_2^0, x_3^0)^T$ 为结构调整的基准点，可按照上一年的投资分配比重确定。调整各产业的投资，调整范围不超出其基准投资量的 10%，即调整量在基准投资量的 ±10% 之间变化。在投资总量给定的前提下，由于 $x_1 + x_2 + x_3 = x_T$，第三产业的投资调整量随一二产业的调整量变化。由于第一产业和第二产业的调整量在基准投资量的 ±10% 之间变化可能会导致第三产业的投资调整量超出其基准量的 10%，为了求解方便，对问题进行适当简化，不妨令第一、二产业的调整量在其基准量的 ±5% 之间变化。

由此调整方法求最大总产值的问题可以描述为下面的优化问题：

$$\begin{cases} \max \quad f(\widetilde{x}_1,\widetilde{x}_2,\widetilde{x}_3) \\ \text{s.t.} \quad x_1+x_2+x_3=x_T \\ \qquad |x_1-x_1^0| \leqslant 0.05 x_1^0 \\ \qquad |x_2-x_2^0| \leqslant 0.05 x_2^0 \\ \qquad \widetilde{x}_i = \dfrac{x_i-\overline{X}_i}{S_{X_i}}, \quad i=1,2,3 \end{cases} \qquad (8\text{-}16)$$

其中目标函数值与总产值呈正线性关系，即对 $f(\widetilde{x}_1,\widetilde{x}_2,\widetilde{x}_3)$ 用式(8-15)作逆变换就可以得到总产值。

值得注意的是由于 $x_1+x_2+x_3=x_T$，上述优化问题可以转换为只含有 x_1、x_2 两个变量的优化问题。然而从数学的角度，由于无法精确获得函数 f 在每一点的取值，无法求解优化问题式(8-16)的最优解。但是可以利用 BP 网络的网络结构和权值、阈值代替函数 f 的具体表达式，在给定的范围内做二维网格搜索可以求得近似最优解。由近似最优解可得到近似最佳的投资分配 (x_1,x_2,x_3)，在此投资分配下的预计总产值可通过对此时的目标函数用式(8-15)的逆变换得到。经过计算，相应的数据列在表 8.5 中。其中表格的第一列为 2003 年的实际数据，第二列为 2003 年结构调整后的虚拟数据，第三列数据是以 2003 年的实际投资比重，在总投资量为 1400 亿元的假设下求出的 2004 年的最优投资分配。

表 8.5

投资与产值	年份	2003	2003'	2004'
各产业投资调整方案/%	一产	0.067	0.069	0.079
	二产	0.335	0.321	0.318
	三产	0.598	0.600	0.603
相应的总产值		4433	4669	5485

分析表 8.4 和表 8.5 的投资分配比重数据，可以看出，适当增加对第一产业的投资和第三产业的投资，同时减少第二产业的投资，可以获得更好的投资效益。

8.3 变电站选址问题

根据电网发展规划，某城市计划建一座 35 kV 的变电站，用电区域划分为 8 个用电单元，城中的两个湖泊附近不能建立变电站，基本信息见表 8.6、表 8.7。线路的贴现率为 0.08，折旧年限为 16 年，新建站出线单位长度投资费用均为 150 万元/km，供电半径为 200 km，网损折算系数 $\beta=0.004$（假设线路全年投入运行），功率因数为 0.9。要求选择合适的可行位置建立变电站以满足区域内 8 个负荷点的用电需求，使得建立变电站的投资费用和运行费用等综合费用最小。

表 8.6

负荷点编号	位置坐标/km	所带负荷/kW	负荷点编号	位置坐标/km	所带负荷/kW
1	(15,13)	182	5	(12,18)	156
2	(19,4)	115	6	(3,28)	207
3	(22,17)	240	7	(10,8)	168
4	(13,29)	79	8	(9,5)	237

表 8.7

地理名称	位置坐标/km	限制半径/km	地理名称	位置坐标/km	限制半径/km
湖1	(5,12)	2	湖2	(18,20)	2

1. 建立数学模型

为了建立模型,我们作以下假设。

(1) 一般说来,将新建变电站的各项费用折算在每年的费用中,主要包括了新建变电站的年投资费用 SI 和年运行费用 SR、估算的变电站低压侧线路的年投资费用 LI 和网损费用 LR。由于变电站的容量和个数确定后,变电站新建的投资费用和运行费用就固定不变,因此,在变电站选址模型中可以将该部分忽略,仅考虑为低压侧线路的投资费用 LI 和网损运行费用 LR 的变电站选址模型。

(2) 该区域中有两个湖泊,在湖泊附近无法建立变电站。为此,在总费用中加入惩罚项。如果变电站落在限制区域,指定惩罚项为一个非常大惩罚费用;否则,惩罚项取零。

(3) 假设变电站设备及低压侧线路在折旧年限内不发生意外。

侧线路的投资费用虽然是一次性投资,但在折旧年限内没有意外故障的条件下可以一直使用,因此,这个费用需要通过"现值转年值"法折算到每年的费用。如果贴现率为 r_0,折旧年限为 l,那么投资回收系数为

$$\alpha = \frac{r_0(1+r_0)^l}{(1+r_0)^l - 1} \tag{8-17}$$

为了建立模型方便,我们给出模型的参数如下:

α——投资回收系数;

β——线路网损折算系数;

J——供电区域内负荷点个数;

N——区域内变电站个数;

K——无法建站或建站困难的区域中心个数;

W_j——第 j 点负荷的有功功率;

$\cos\theta_i$——变电站 i 的功率因数;

S_i——变电站 i 的容量；

$e(S_i)$——变电站 i 的负载率；

d_{ij}——变电站 i 到负荷点 j 的距离；

D——供电半径限制；

D_k——无法建站或是建站困难的区域半径；

d_{ik}——变电站 i 到无法建站或是建站困难的中心位置 k 的距离；

$P(d_{ik})$——惩罚因子；

c_0——单位长度投资费用；

C——变电站每年的综合费用；

g_{ij}——负荷点 j 是否由变电站 i 供电的参数，如果是取 1，否则取 0。

在前面的假设和简化条件下，对综合费用可建立如下的约束优化问题：

$$\min C = \sum_{i=1}^{N}\sum_{j=1}^{J}\alpha c_0 d_{ij} + \sum_{i=1}^{N}\sum_{j=1}^{J}\beta W_j^2 d_{ij} + \sum_{k=1}^{K}P(d_{ik}) \tag{8-18}$$

$$\text{s.t.}\begin{cases} 变电站容量约束：\sum_{j=1}^{J}W_{ij} \leqslant S_i \cdot e(S_i) \cdot \cos\theta_i, \quad i=1,2,\cdots,N \\ 供电半径约束：d_{ij} < D, \quad \forall i \neq j \\ 地理条件约束：P(d_{ik}) = \begin{cases} \text{MAXCOST}, & d_{ik} \leqslant D_k \\ 0, & d_{ik} > D_k \end{cases}, \\ \quad i=1,2,\cdots,N, \quad k=1,2,\cdots,K \end{cases} \tag{8-19}$$

其中，MAXCOST 是惩罚系数，可以根据实际情况取比较大的正数。

这是一个多约束的非线性规划问题，其求解有很大的难度。这里，我们利用粒子群算法进行求解。

2. 粒子群优化算法

粒子群优化算法(Particle Swarm Optimization，PSO)是一种基于群智能的随机优化算法，最早在 1995 年由美国社会心理学家 James Kennedy 和电气工程师 Russell Eberhart 共同提出，其基本思想源于对鸟群觅食行为的研究，由于算法原理简单、容易实现、不借助导数等信息、能多轨道同时搜索、具有良好的并行性等优势，该算法目前被广泛应用于函数优化、人工神经网络训练、电力系统、模糊系统控制、系统辨识、状态估计等领域。

与其他进化算法类似，PSO 算法通过个体间的协作与竞争，实现对复杂空间的有效搜索。算法中表示问题潜在解的集合称为种群，种群的个体称为粒子，表示问题的一个可行解。用速度和位置来描述粒子，并用目标函数确定粒子的适应度(fitness value)。在每一代中粒子通过追踪两个极值——一个是粒子自身迄今找到的最优值，一个是种群迄今找到的最优值，这样粒子追随当前最优粒子，逐步迭代(进化)，实现强大的搜索能力。

PSO 的数学描述为：在一个 n 维目标搜索空间中，由 m 个粒子组成种群 $X = \{x_1, x_2,$

$\cdots, x_m\}$,记第 i 个粒子的位置为 $\boldsymbol{x}_i(k) = (x_{i1}(k), x_{i2}(k), \cdots, x_{im}(k))^T$,速度为 $\boldsymbol{v}_i(k) = (v_{i1}(k), v_{i2}(k), \cdots, v_{in}(k))^T$。

根据追踪最优粒子原理,每次迭代粒子通过更新个体极值 p_i 与全局极值 p_g 来更新自己。找到单个粒子当前最优解和整个种群当前最优解后,粒子按式(8-20)更新速度,按式(8-21)更新位置:

$$v_{id}^{k+1} = w \times v_{id}^k + c_1 r_1 \times (p_{id}^k - x_{id}^k) + c_2 r_2 \times (p_{gd}^k - x_{id}^k) \tag{8-20}$$

$$x_{id}^{k+1} = x_{id}^k + v_{id}^{k+1} \tag{8-21}$$

其中 k 为迭代次数;$d=1,2,\cdots,n$;$i=1,2,\cdots,m$;c_1、c_2 为加速常数(或学习率),分别表示粒子对个体认知和社会知识的信任程度,通常在$[0,2]$区间内取值;r_1 和 r_2 表示$[0,1]$范围的服从平均分布的独立随机数。

3. 模型求解

对于上述的单源变电站问题只需取 $N=1$,设置粒子位置为变电站的位置,综合费用 C 作为粒子的适用值,设种群中粒子数为 20,最大迭代次数为 40,给定初始位置后,按 PSO 算法编程计算综合费用的极小值及绩效点坐标(变电站站址坐标)。需要注意的是,上述模型实际上是一个约束优化问题,在计算粒子适应度时,应把约束条件通过惩罚函数转换为无约束优化问题进行计算。粒子群优化算法迭代过程曲线如图 8.6 所示。

最终得到优化后的结果如图 8.7 所示,变电站站址为$(14.52, 13.15)$,最小费用 C 为 10967 万元。

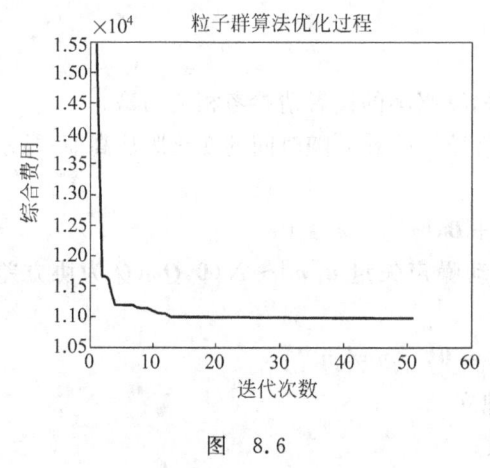

图 8.6

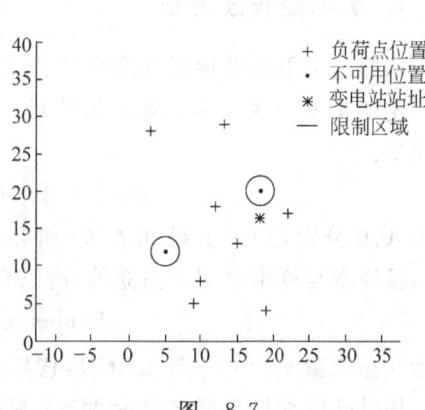

图 8.7

8.4 航迹融合问题

某雷达部队 1 号站发现某移动物体 A 的航迹,几乎同时,2 号站发现移动物体 B 的航迹,分别见图 8.8 及图 8.9。

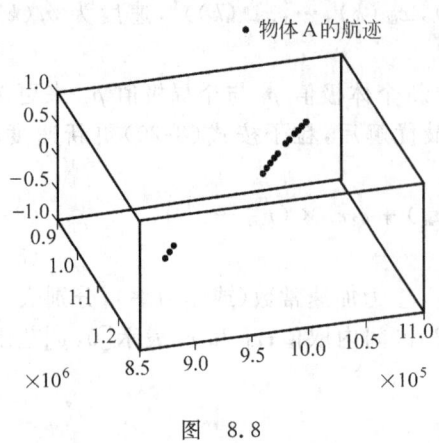

图 8.8

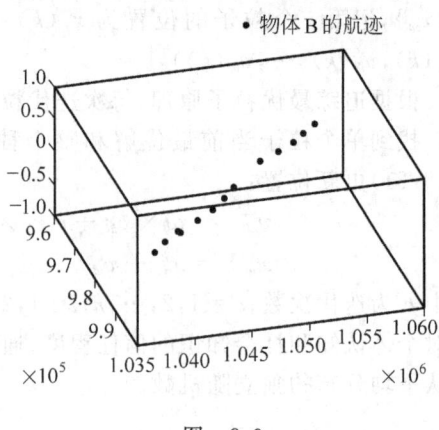

图 8.9

雷达部队需要判断的是,这两个雷达站发现的航迹是否来自同一个移动体?如果真是来自同一移动体,如何将两个雷达站观测的数据进行融合,从而提高对移动目标的定位精度?

从实际的航迹数据中发现,两条航迹的移动速度随时都在变化,有时航迹变化幅度较大,具有较强的非线性。我们采取广义卡尔曼滤波器对航迹进行机动检测,即对非线性问题线性化。在很短的时间内,我们可以把移动问题看成是线性的,这在实际上是可行的。这样,在不同的时间段内就可以建立起不同的运动方程,从而对移动问题进行近似处理。

1. 卡尔曼滤波方法

我们这里不加推导而直接给出卡尔曼方法,感兴趣的读者请参考相关书籍。

定理 8.1 (矢量卡尔曼滤波器)设 $p \times 1$ 信号矢量 $s[n]$ 随时间的变化服从高斯-马尔可夫模型:
$$s[n] = As[n-1] + Bu[n], \quad n \geqslant 0$$

其中 A、B 分别是 $p \times p$ 维和 $p \times r$ 维矩阵,驱动噪声矢量 $u[n] \sim N(0, Q)$(Q 为协方差矩阵),且样本与样本之间是独立的,所以有
$$E(u[m]u^T[n]) = 0, \quad m \neq n$$

初始状态矢量 $s[-1] \sim N(\mu_s, C_s)$,它与 $u[n]$ 独立。

用贝叶斯线性模型来表示 $M \times 1$ 观测矢量:
$$X[n] = H[n]s[n] + W[n], \quad n \geqslant 0$$

其中 $H[n]$ 是已知 $M \times p$ 观测矩阵,$W[n]$ 是 $M \times 1$ 观测噪声矢量,$W[n] \sim N(0, C[n])$,其样本与样本之间是独立的,即
$$E(W[m]W^T[n]) = 0, \quad m \neq n$$

设 $s[n]$ 基于 $\{x[0], x[1], \cdots, x[n]\}$ 的最小均方误差估计量为

$$\hat{s}[n \mid n] = E(s[n] \mid x[0], \ x[1], \cdots, x[n])$$

则信号 $s[n]$ 的卡尔曼滤波过程如下。

(1) 给出初始值：
$$\hat{s}[-1 \mid -1] = \mu_s, \quad M[-1 \mid -1] = C_s$$

(2) 预测：
$$\hat{s}[n \mid n-1] = A\hat{s}[n-1 \mid n-1] \tag{8-22}$$

(3) 最小预测均方误差 $p \times p$ 矩阵：
$$M[n \mid n-1] = AM[n-1 \mid n-1]A^T + BQB^T \tag{8-23}$$

(4) 卡尔曼增益 $p \times M$ 矩阵：
$$K[n] = M[n \mid n-1]H^T[n](C[n] + H[n]M[n \mid n-1]H^T[n])^{-1} \tag{8-24}$$

(5) 修正：
$$\hat{s}[n \mid n] = \hat{s}[n \mid n-1] + K[n](X[n] - H[n]\hat{s}[n \mid n-1]) \tag{8-25}$$

(6) 最小均方误差 $p \times p$ 矩阵：
$$M[n \mid n] = (I - K[n]H[n])M[n \mid n-1] \tag{8-26}$$

2. 模型的建立

(1) 航迹的机动检测模型

设 $\hat{R}[n]$ 和 $\hat{\beta}[n]$ 分别表示雷达对移动体在时刻 $t=n$ 的距离观测和方位观测。这里假定移动体是在 xOy 平面上运动，令 $t=n$ 时刻目标的位置坐标为 $(r_x[n], r_y[n])$。

当时间间隔 Δt 很小时，我们假定移动体以匀速作直线运动，有

$$\begin{cases} r_x[n] = r_x[n-1] + v_x[n-1]\Delta t \\ r_y[n] = r_y[n-1] + v_y[n-1]\Delta t \end{cases} \tag{8-27}$$

其中

$$\begin{cases} v_x[n] = v_x[n-1] + u_x[n] \\ v_y[n] = v_y[n-1] + u_y[n] \end{cases} \tag{8-28}$$

$v_x[n]$、$v_y[n]$ 为移动体在 n 时刻 x 与 y 方向上的速度分量，$u_x[n]$ 和 $u_y[n]$ 是移动体由于机动性而产生的 x 与 y 方向上速度的变化。这样，移动体的状态方程可用矩阵形式表示为

$$s[n] = A \cdot s[n-1] + u[n] \tag{8-29}$$

其中

$$s[n] = \begin{bmatrix} r_x[n] \\ r_y[n] \\ v_x[n] \\ v_y[n] \end{bmatrix}, \quad A = \begin{bmatrix} 1 & 0 & \Delta t & 0 \\ 0 & 1 & 0 & \Delta t \\ 0 & 0 & 1 & 0 \\ 0 & 0 & 0 & 1 \end{bmatrix}, \quad u[n] = \begin{bmatrix} 0 \\ 0 \\ u_x[n] \\ u_y[n] \end{bmatrix}$$

我们建立如下的观测方程：

$$\begin{cases} \hat{R}[n] = R[n] + W_R[n] = \sqrt{r_x^2[n] + r_y^2[n]} + W_R[n] \\ \hat{\beta}[n] = \beta[n] + W_\beta[n] = \arctan \dfrac{r_y[n]}{r_x[n]} + W_\beta[n] \end{cases} \tag{8-30}$$

其中 $W_R[n]$、$W_\beta[n]$ 表示雷达的观测噪声，$R[n]$、$\beta[n]$ 表示移动体在 $t=n$ 时刻真实的状态。

令 $\boldsymbol{X}[n]$ 表示移动体在 $t=n$ 时刻的状态估计，则有

$$\boldsymbol{X}[n] = \begin{bmatrix} \hat{R}[n] \\ \hat{\beta}[n] \end{bmatrix}$$

从而式(8-30)可写为

$$\boldsymbol{X}[n] = \boldsymbol{h}(s[n]) + \boldsymbol{W}[n] \tag{8-31}$$

其中 $\boldsymbol{h}(s[n])$ 是 $s[n]$ 的向量函数：

$$\boldsymbol{h}(s[n]) = \begin{bmatrix} \sqrt{r_x^2[n] + r_y^2[n]} \\ \arctan \dfrac{r_y[n]}{r_x[n]} \end{bmatrix}$$

为了估计信号矢量，我们用扩展卡尔曼滤波器式(8-22)～式(8-26)。由于式(8-29)的状态方程是线性的，从而 $\boldsymbol{A}[n]=\boldsymbol{A}$，对于 $\boldsymbol{H}[n]$ 的确定，令

$$\boldsymbol{H}[n] = \left. \frac{\partial \boldsymbol{h}}{\partial \boldsymbol{s}[n]} \right|_{s[n]=\hat{s}[n|n-1]}$$

可以得到雅可比矩阵

$$\frac{\partial \boldsymbol{h}}{\partial \boldsymbol{s}[n]} = \begin{bmatrix} \dfrac{r_x[n]}{R[n]} & \dfrac{r_y[n]}{R[n]} & 0 & 0 \\ \dfrac{-r_y[n]}{R^2[n]} & \dfrac{r_x[n]}{R^2[n]} & 0 & 0 \end{bmatrix}$$

这样，可用下式来表示式(8-31)：

$$\boldsymbol{X}[n] = \boldsymbol{H}[n] \cdot s[n] + \boldsymbol{W}[n]$$

假定速度修改在任何方向以同样的幅度出现，$u_x[n]$ 和 $u_y[n]$ 相互独立并具有相同的方差 σ_u^2，则有

$$\boldsymbol{Q} = \begin{bmatrix} 0 & 0 & 0 & 0 \\ 0 & 0 & 0 & 0 \\ 0 & 0 & \sigma_u^2 & 0 \\ 0 & 0 & 0 & \sigma_u^2 \end{bmatrix}$$

由于

$$u_x[n] = v_x[n] - v_x[n-1]$$

所以，σ_u^2 取决于速度分量的变化。假定

$$E(W_R[n]) = 0, \quad E(W_\beta[n]) = 0$$

则 $W_R[n]$ 的方差为

$$D(W_R[n]) = E(W_R^2[n]) = E[(\hat{R}[n] - R[n])^2]$$

假定估计误差是独立的,方差是时不变的,从而有

$$\boldsymbol{C}[n] = \begin{bmatrix} \sigma_R^2 & 0 \\ 0 & \sigma_\beta^2 \end{bmatrix}$$

此时跟踪移动体雷达数据可以形成使用卡尔曼滤波器的条件,这样,我们就可以建立航迹的机动检测模型。

(2) 航迹相关的数学模型

虽然航迹数据有较大的误差,且来自不同雷达的误差又不相同,但相同航迹的数据具有某种相同的特征。两条相关航迹数据的差异一定符合某种正态分布。在比较两条航迹的数据时,考虑到雷达因离移动体距离远而导致其测量误差较大的特点,我们采取将两条航迹的空间坐标数据相除的办法,寻找两条航迹数据的相似性。

令来自雷达 1 的航迹 i 在 k 个时刻的状态估计为

$$\boldsymbol{X}_i^1 = (\boldsymbol{X}_i^1(m_1), \boldsymbol{X}_i^1(m_2), \cdots, \boldsymbol{X}_i^1(m_k))$$

来自雷达 2 的航迹 j 在 k 个时刻的状态估计为

$$\boldsymbol{X}_j^2 = (\boldsymbol{X}_j^2(n_1), \boldsymbol{X}_j^2(n_2), \cdots, \boldsymbol{X}_j^2(n_k))$$

我们考虑航迹 i 与航迹 j 的状态差异,为此,将两个向量对应时刻的元素做商,形成向量的商。考虑到航迹 i 与航迹 j 在时刻上的差异,我们利用线性插值将 $\boldsymbol{X}_i^1$ 与 $\boldsymbol{X}_j^2$ 扩充成具有相同时刻的 $p(p \geqslant k)$ 个状态,例如,n_c 时刻在时刻 m_a 与 m_b 中间,即 $m_a < n_c < m_b$,则利用拉格朗日插值法,得

$$\boldsymbol{X}_i^1(n_c) = \frac{n_c - m_b}{m_a - m_b} \boldsymbol{X}_i^1(m_a) + \frac{n_c - m_a}{m_b - m_a} \boldsymbol{X}_i^1(m_b)$$

最终形成两航迹在公共的 p 个时刻的值:

$$\boldsymbol{X}_i^1 = (\boldsymbol{X}_i^1(l_1), \boldsymbol{X}_i^1(l_2), \cdots, \boldsymbol{X}_i^1(l_p)), \quad \boldsymbol{X}_j^2 = (\boldsymbol{X}_j^2(l_1), \boldsymbol{X}_j^2(l_2), \cdots, \boldsymbol{X}_j^2(l_p))$$

如果 $\boldsymbol{X}_i^1$ 与 $\boldsymbol{X}_j^2$ 都是描述同一航迹,则 $\boldsymbol{X}_i^1(l_q)$ 与 $\boldsymbol{X}_j^2(l_q)$ 都是对同一航迹在 $l_q(l_q = l_1, l_2, \cdots, l_p)$ 时刻的一种近似状态。因此 $\boldsymbol{X}_i^1(l_q)$ 与 $\boldsymbol{X}_j^2(l_q)$ 每个分量的商应该近似为 1。由于 $\boldsymbol{X}_i^1(l_q)$ 与 $\boldsymbol{X}_j^2(l_q)$ 都是测量值,因此都是随机的。$\boldsymbol{X}_i^1(l_q)$ 与 $\boldsymbol{X}_j^2(l_q)$ 每个分量的比值构成一个随机变量,记 $\dfrac{\boldsymbol{X}_i^1(l_q, r)}{\boldsymbol{X}_j^2(l_q, r)}$ 表示 $\boldsymbol{X}_i^1(l_q)$ 与 $\boldsymbol{X}_j^2(l_q)$ 第 r 个分量的比值,从统计规律上讲,有

$$\frac{\boldsymbol{X}_i^1(l_q, r)}{\boldsymbol{X}_j^2(l_q, r)} \sim N(1, \sigma^2), \quad l_q = l_1, l_2, \cdots, l_p; \quad r = 1, 2, \cdots, d$$

其中 d 表示航迹状态的分量数。下面利用数理统计的假设检验方法来判定 $\boldsymbol{X}_i^1$ 与 $\boldsymbol{X}_j^2$ 是否来自同一目标,从而判定此二航迹是否相关。

将两个不同航迹的观测作为样本,得到 $\dfrac{\boldsymbol{X}_i^1(l_q, r)}{\boldsymbol{X}_j^2(l_q, r)}$ 的一个样本,容量为 p。给出原假设

H_0 与备择假设 H_1:
$$H_0: \mu = 1; \quad H_1: \mu \neq 0$$
这里 μ 表示均值。

考虑检验统计量
$$T = \frac{\overline{\Delta X(r)} - \mu}{S/\sqrt{p-1}}$$

其中
$$\overline{\Delta X(r)} = \frac{1}{p}\sum_{q=1}^{p}\frac{X_i^1(l_q,r)}{X_i^2(l_q,r)}, \quad S^2 = \frac{1}{p-1}\sum_{q=1}^{p}\left(\frac{X_i^1(l_q,r)}{X_i^2(l_q,r)} - \overline{\Delta X(r)}\right)^2$$

显然,$T \sim t(p-1)$。给出显著水平 α,则拒绝域为
$$\left|\frac{\overline{\Delta X(r)} - 1}{S/\sqrt{p-1}}\right| > t_{\frac{\alpha}{2}}, \quad r = 1, 2, \cdots, d$$

接受域为
$$\left|\frac{\overline{\Delta X(r)} - 1}{S/\sqrt{p-1}}\right| \leqslant t_{\frac{\alpha}{2}}, \quad r = 1, 2, \cdots, d$$

其中 $t_{\frac{\alpha}{2}}$ 为 t 分布 $t(p-1)$ 的上 $\frac{\alpha}{2}$ 分位点。若统计量满足拒绝域,则两航迹不相关;若统计量满足接受域,则两航迹相关,亦即可判断两个航迹来自同一个移动体。

(3) 航迹融合模型

设 $\boldsymbol{X}_1[n]$ 与 $\boldsymbol{X}_2[n]$ 表示 $t=n$ 时刻来自于两个雷达站 1 和 2 对同一航迹的机动检测结果,$\boldsymbol{X}_1[n]$ 与 $\boldsymbol{X}_2[n]$ 相互独立,由于是同一目标,因此设
$$\boldsymbol{X}_i[n] \sim N(\boldsymbol{\theta}[n], \boldsymbol{C}_i), \quad i = 1, 2$$

其中 $\boldsymbol{\theta}[n]$ 表示移动体在 $t=n$ 时的真实航迹状态向量,$\boldsymbol{C}_i$ 表示移动体的真实航迹状态向量的协方差矩阵。令
$$\boldsymbol{X}_i[n] = \begin{pmatrix} X_i^{(1)}[n] \\ X_i^{(2)}[n] \\ \vdots \\ X_i^{(l)}[n] \end{pmatrix}, \quad \boldsymbol{\theta}[n] = \begin{pmatrix} \theta^{(1)}[n] \\ \theta^{(2)}[n] \\ \vdots \\ \theta^{(l)}[n] \end{pmatrix}$$

假设
$$DX_i^{(j)}[n] = \sigma_i, \quad j = 1, 2, \cdots, l$$

要实现航迹融合,在数学上即求 a_1, a_2,使
$$\hat{\boldsymbol{\theta}}[n] = a_1 \boldsymbol{X}_1[n] + a_2 \boldsymbol{X}_2[n]$$

来逼近真正的 $\boldsymbol{\theta}[n]$,因此有
$$E(\hat{\boldsymbol{\theta}}[n]) = \boldsymbol{\theta}[n]$$

记

$$\hat{\boldsymbol{\theta}}[n] = \begin{pmatrix} \hat{\theta}^{(1)}[n] \\ \hat{\theta}^{(2)}[n] \\ \vdots \\ \hat{\theta}^{(l)}[n] \end{pmatrix}$$

从图 8.10 中看出，我们所求的 $\hat{\boldsymbol{\theta}}[n]$ 在 $\boldsymbol{X}_1[n]$ 及 $\boldsymbol{X}_2[n]$ 所张成的平面 π 内，为了使 $\hat{\boldsymbol{\theta}}[n]$ 能更好地反映真实的航迹 $\boldsymbol{\theta}[n]$，应有

$$\hat{\boldsymbol{\theta}}[n] \in \pi = \{\boldsymbol{X}[n] \mid \boldsymbol{X}[n] = a_1 \boldsymbol{X}_1[n] + a_2 \boldsymbol{X}_2[n]\}$$

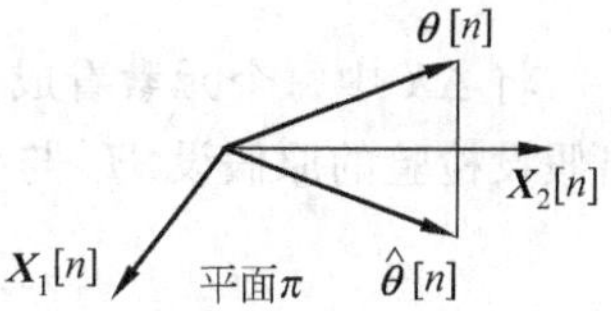

且使 $\hat{\boldsymbol{\theta}}[n]$ 与 $\boldsymbol{\theta}[n]$ 的距离的数学期望

$$E \| \hat{\boldsymbol{\theta}}(n) - \boldsymbol{\theta}[n] \|^2, \quad (\hat{\boldsymbol{\theta}}[n] \in \pi)$$

最小。

由 $\boldsymbol{X}_1[n]$ 与 $\boldsymbol{X}_2[n]$ 相互独立，要求

$$E \| \hat{\boldsymbol{\theta}}(n) - \boldsymbol{\theta}[n] \|^2 = \sum_{j=1}^{l} D\hat{\theta}^{(j)}[n]$$

达到最小，亦即使

$$D\hat{\theta}^{(j)}[n] = a_1^2 DX_1^{(j)}[n] + a_2^2 DX_2^{(j)}[n] = a_1^2 \sigma_1^2 + a_2^2 \sigma_2^2$$

达到最小。

注意到

$$\theta^{(j)}[n] = E\hat{\theta}^{(j)}[n] = a_1 EX_1^{(j)}[n] + a_2 EX_2^{(j)}[n] = a_1 \theta^{(j)}[n] + a_2 \theta^{(j)}[n]$$

即

$$a_1 + a_2 = 1$$

从而得到

$$a_1 = \frac{\sigma_2^2}{\sigma_1^2 + \sigma_2^2}$$

而

$$a_2 = 1 - a_1 = \frac{\sigma_1^2}{\sigma_1^2 + \sigma_2^2}$$

所求 $\hat{\boldsymbol{\theta}}[n]$ 为

$$\hat{\boldsymbol{\theta}} = \frac{\sigma_2^2}{\sigma_1^2 + \sigma_2^2} \boldsymbol{X}_1[n] + \frac{\sigma_1^2}{\sigma_1^2 + \sigma_2^2} \boldsymbol{X}_2[n]$$

图 8.10

3. 数值仿真计算

(1) A 航迹与 B 航迹的相关判断

横纵坐标的相关检验：

选取 A 航迹与 B 航迹机动检测后的时间点交叉的坐标。考虑到两个航迹在时刻上的差异,利用线性插值将两个航迹的横坐标扩充成具有相同时刻的 20 个状态,$X^1(n)$ 表示 A 航迹进行插值后的横坐标,$X^2(n)$ 表示 B 航迹进行插值后的横坐标,以此构造样本

$$\Delta X = X^1/X^2 = \left(\frac{X^1(1)}{X^2(1)}, \cdots, \frac{X_i^1(20)}{X_j^2(20)}\right)$$

将 ΔX 中每个元素看成是来自同一总体 $N(1,\sigma^2)$ 的一个样本,样本容量为 $p=20$。给出假设检验的原假设 H_0 与备择假设 H_1:

$$H_0: \mu = 1; \quad H_1: \mu \neq 1$$

这里 μ 表示均值,计算商向量 ΔX 的样本均值 $\overline{\Delta X}$,从而检验统计量

$$T = \left|\frac{\overline{\Delta X} - \mu}{S_Y/\sqrt{p-1}}\right| = 1.6437$$

选取检验水平 $\alpha=0.05$,查表得

$$t_{\frac{\alpha}{2}} = t_{0.025} = 2.093$$

从而得到

$$T < t_{\frac{\alpha}{2}}$$

故接受原假设 H_0,即所判断的两个航迹的横坐标相关。同理,判断纵坐标也是相关的,从而两航迹相关。

(2) A 航迹与 B 航迹的融合计算

由于 A 航迹与 B 航迹相关,故对两条航迹进行融合计算。在相关判断中,对两个航迹进行了插值处理,得到插值后两个航迹坐标的向量。我们将根据插值后的航迹坐标进行融合计算。利用上面提到的方法得出融合曲线如图 8.11 所示。

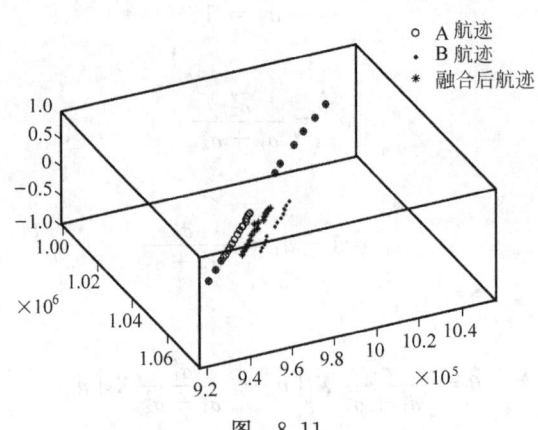

图 8.11

（3）横纵坐标的融合结果

从图形上看到融合后的航迹曲线体现出了 A、B 两条航迹的信息，如果某雷达的观测精度高，则融合后的航迹曲线更靠近这个雷达的观测航迹，这是符合常规的，因此这种融合模型是合理的。

8.5 旅行商问题

旅行商问题(Traveling Salesman Problem，TSP)描述如下：假定有 N 个城市的坐标，任意两个城市之间的距离已知，要求找出一条经过每个城市一次且仅一次的最短路径，并且回到出发点。

TSP 是组合优化中最典型的 NP 难题之一，其可能的路径数目是随着城市数目的增加而呈指数增长的，当城市数目较大时，求解非常困难。这使得传统的算法在 TSP 问题面前望而却步。很多研究者尝试利用智能算法求解 TSP 问题。在 8.1 节，曾介绍过利用离散的 Hopfield 网络解决污染数字的识别问题，本节，我们介绍连续的 Hopfield 网络以及在其基础上发展的混沌神经网络是如何求解旅行商问题的。

1. 连续 Hopfield 神经网络

Hopfield 通过在网络中引入能量函数，构造出动力学系统，并使网络的平衡态与能量函数的极小解相对应，从而将求解能量函数极小解的过程转化为网络向平衡态的演化过程。连续 Hopfield 神经网络的动力学方程如下：

$$\begin{cases} x_i(t) = f(y_i(t)) = \dfrac{1}{1+\exp(-y_i(t)/\varepsilon)} \\ \dfrac{\mathrm{d}y_i(t)}{\mathrm{d}t} = -\dfrac{\partial E_{\mathrm{Hop}}}{\partial x_i(t)} \end{cases} \quad (8\text{-}32)$$

其中，$x_i(t)$ 为第 i 个神经元在 t 时刻的输出；$y_i(t)$ 为第 i 个神经元在 t 时刻的输入；$f(\cdot)$ 为激励函数，此处采用 Sigmoid 函数形式；ε 是 Sigmoid 激励函数的陡度参数；E_{Hop} 为 Hopfield 引入类似 Lyapunov 函数的能量函数，利用该能量函数可证明 Hopfield 神经网络能够达到稳定。该能量函数的表达式为

$$E_{\mathrm{Hop}} = -\frac{1}{2}\sum_{i=1}^{N}\sum_{j=1}^{N} w_{ij} x_i(t) x_j(t) - \sum_{i=1}^{N} I_i x_i(t) \quad (8\text{-}33)$$

式中，w_{ij} 为第 i 个神经元和第 j 个神经元的连接权值，$w_{ij}=w_{ji}$ 且 $w_{ii}=0$；I_i 为第 i 个神经元的阈值。

根据式(8-32)、式(8-33)，可得

$$\frac{\partial E_{\mathrm{Hop}}}{\partial x_i(t)} = -\sum_{j=1}^{N} w_{ij} x_j(t) - I_i \quad (8\text{-}34)$$

式(8-32)和式(8-34)就构成了 Hopfield 神经网络的数学表达式。

由 Hopfield 网络的构建过程可知,在利用 Hopfield 网络求解优化问题时,要先将优化问题转化为能量函数 E,再将优化问题的能量函数 E 代入到 Hopfield 网络中迭代求解,即

$$\frac{\mathrm{d}y_i(t)}{\mathrm{d}t} = \sum_{j=1}^{N} w_{ij} x_j(t) + I_i = -\frac{\partial E}{\partial x_i(t)} \tag{8-35}$$

Hopfield 网络经循环迭代所达到的稳定态即为优化问题的解。

2. TSP 建模

N 城市 TSP 问题可以用神经元数为 $N \times N$ 的连续 Hopfield 网络来解决,这 $N \times N$ 个神经元对应于一个 $N \times N$ 解矩阵 $\boldsymbol{x} = (x_{ij}(t))$,每个解矩阵都对应这一条可行路径。其中矩阵中的元素 $x_{ij} = 1$ 表示第 i 个城市在第 j 次序上被访问。5 城市的某个解矩阵如图 8.12 所示,其访问路径是 $B \to A \to E \to C \to D \to B$。

```
              访问次序
              ─────────
              1 2 3 4 5
          A   0 1 0 0 0
          B   1 0 0 0 0
      城  C   0 0 0 1 0
      市  D   0 0 0 0 1
          E   0 0 1 0 0

             图 8.12
```

由图 8.12 可以看出,TSP 问题的解矩阵具有以下三个约束条件:

(1) 解矩阵的每行中至多有一个元素的值为 1,表示每个城市最多只访问一次;

(2) 解矩阵每列至多只能有一个元素为 1,表示每次只能访问一个城市;

(3) 解矩阵的每行每列均有且仅有一个元素为 1。

将上述约束条件公式化,有

$$J_1(\boldsymbol{x}) = \sum_i \sum_l \sum_{j \neq l} x_{il}(t) x_{ij}(t) = 0 \tag{8-36}$$

$$J_2(\boldsymbol{x}) = \sum_i \sum_l \sum_{j \neq i} x_{il}(t) x_{jl}(t) = 0 \tag{8-37}$$

$$J_3(\boldsymbol{x}) = \sum_i \sum_l x_{il}(t) - N = 0 \tag{8-38}$$

可将 TSP 解矩阵的访问路径长度转化为如下的目标函数:

$$J(\boldsymbol{x}) = \frac{1}{2} \sum_i \sum_{j \neq i} \sum_l d_{ij} x_{il}(t) [x_{j,l+1}(t) + x_{j,l-1}(t)] \tag{8-39}$$

式中,d_{ij} 表示城市 i 与城市 j 之间的距离;$d_{ij} x_{il}(t)(x_{j,l+1}(t) + x_{j,l-1}(t))$ 表示城市 j 在城市 i 之前或之后被访问时,d_{ij} 就应被计入总的路径长度。需要注意的是,当下标 $l = N+1$ 时则令 $l = 1$,而当 $l = 0$ 时则令 $l = N$,即有 $x_{i0}(t) = x_{iN}(t)$ 和 $x_{i(N+1)}(t) = x_{i1}(t)$,以保证旅行路线上的第 N 个城市与第 1 个城市相邻。

从一般意义上讲,式(8-36)~式(8-38)是针对 TSP 问题的约束条件设置的,称为惩罚项,即在不满足条件时,式(8-36)~式(8-38)就不为零,网络的能量函数就不能达到极小值。而式(8-39)对应着问题的目标,即优化要求,其最小值就是问题的解。基于上述分析,

约束项式(8-36)~式(8-38)及目标函数式(8-39)转化为以下的能量函数：

$$E = \frac{A}{2}\sum_i\sum_l\sum_{j\ne l}x_{il}(t)x_{ij}(t) + \frac{B}{2}\sum_i\sum_l\sum_{j\ne i}x_{il}(t)x_{jl}(t) + \frac{C}{2}\Big(\sum_i\sum_l x_{il}(t) - N\Big)^2$$
$$+ \frac{D}{2}\sum_i\sum_{j\ne i}\sum_l d_{ij}x_{il}(t)[x_{j,l+1}(t) + x_{j,l-1}(t)] \tag{8-40}$$

式(8-40)便是 Hopfield 网络给出的用连续 Hopfield 网络求解 TSP 问题的能量函数。该能量函数由于计算量较大等缺点,不利于网络的寻优,目前较为常用的是由 Chen 和 Aihara 提出的能量函数,如下所示：

$$E = \frac{W_1}{2}\Big\{\sum_{i=1}^N\Big[\sum_{j=1}^N x_{ij} - 1\Big]^2 + \sum_{j=1}^N\Big[\sum_{i=1}^N x_{ij} - 1\Big]^2\Big\}$$
$$+ \frac{W_2}{2}\sum_{i=1}^N\sum_{j=1}^N\sum_{k=1}^N (x_{k,j+1} + x_{k,j-1})x_{ij}d_{ik} \tag{8-41}$$

3. 求解过程

根据式(8-35)和式(8-40)可得到 Hopfield 网络求解 TSP 的动力学方程如下：

$$\frac{\mathrm{d}y_{il}(t)}{\mathrm{d}t} = -A\sum_{j\ne l}x_{il}(t) - B\sum_{j\ne i}x_{jl}(t) - C\Big[\sum_i\sum_l x_{il}(t) - N\Big]$$
$$- D\sum_l d_{ij}[x_{j,l+1}(t) + x_{j,l-1}(t)] \tag{8-42}$$

式中,

$$x_{il}(t) = f(y_{il}(t)) = \frac{1}{1 + \exp[-y_{il}(t)/\varepsilon]} \tag{8-43}$$

其中,ε 为输出函数的陡度参数。

Hopfield 神经网络按照式(8-42)和式(8-43)迭代运行到稳定态,即是 TSP 问题的解。然而,由于单纯采用梯度下降策略进行寻优,Hopfield 神经网络极易收敛到 TSP 问题的局部极小解,而非 TSP 问题的全局最优解;Hopfield 网络也会收敛到 TSP 问题的不可行解。

为了提高 Hopfield 神经网络的优化性能,许多学者将生物神经元动力学或其他技术引入到 Hopfield 神经网络当中,以克服梯度下降策略的缺陷。混沌是普遍存在的非线性现象,其行为复杂且类似随机,但存在精致的内在规律性。混沌具有遍历性,能够不重复地经历一定范围内的所有状态。混沌的这种遍历性可作为搜索过程中避免网络陷入局部极小的优化机制。受生物神经元混沌特性的启发,许多学者通过在 Hopfield 神经网络中引入混沌动力学,提出了混沌神经网络模型。该类型的网络借鉴了混沌动力学的全局遍历性特点,其搜索过程不受能量函数的限制,克服了梯度下降策略的单一性,从而可有效地避免优化过程陷入局部极小点。下面介绍 Chen-Aihara 混沌神经网络在求解 TSP 上的应用。

4. Chen-Aihara 混沌神经网络求解 TSP

Chen 和 Aihara 通过在 Hopfield 神经网络中引入一较大自反馈项,并使自反馈连接权值指数递减,提出了暂态混沌神经网络。该网络能够通过自反馈连接权值的指数递减表现出混沌动力学,并利用混沌的遍历搜索避免网络陷入局部极小点。Chen-Aihara 混沌神经网络的数学模型可描述为

$$x_i(t) = \frac{1}{1+\exp[-y_i(t)/\varepsilon]} \tag{8-44}$$

$$y_i(t+1) = ky_i(t) + \alpha\Big(\sum_{j=1,j\neq i}^{N} w_{ij}x_j(t) + I_i\Big) - z(t)(x_i(t) - I_0) \tag{8-45}$$

$$z(t+1) = (1-\beta)z(t) \tag{8-46}$$

其中,k 是神经网络的隔膜因子;α 是神经网络的耦合因子;I_0 为一正的常数;$z(t)$ 是自反馈连接权值。式(8-46)是网络的模拟退火方式,其中 β 是退火速度参数。

在自反馈连接权 $z(t)$ 指数递减的初期,网络状态将表现出混沌动态,利用混沌的遍历特性在大范围内进行优化"粗搜索",避免优化过程陷入局部极小点。随着自反馈连接权 $z(t)$ 的进一步减小,网络状态将通过一个倍周期倒分岔的过程退出混沌"粗搜索"。此后,网络将利用梯度下降策略进行优化"细搜索"以达到稳定状态,收敛到优化问题的最优解或次优解。参数 β 的大小影响着上述动力学演化的快慢,较大的 β 使动力学的演化加快,而较小的 β 则使动力学的演化减缓。

根据式(8-35)和式(8-41)可得到混沌神经网络求解 TSP 的动力学方程如下:

$$\begin{aligned} y_{il}(t+1) = &ky_{il}(t) + \alpha\Big\{-W_1\Big[\sum_{l\neq j}^{N} x_{il}(t) + \sum_{k\neq i}^{N} x_{kj}(t)\Big] \\ &-W_2\Big[\sum_{k\neq i}^{N} d_{ik}x_{k(j+1)}(t) + \sum_{k\neq i}^{N} d_{ik}x_{k(j-1)}(t)\Big] + W_1\Big\} \\ &-z(t)[x_{il}(t) - I_0] \end{aligned} \tag{8-47}$$

一个经典的 10 城市 TSP 问题的坐标为:$(0.4, 0.4439)$、$(0.2439, 0.1463)$、$(0.1707, 0.2293)$、$(0.2293, 0.716)$、$(0.5171, 0.9414)$、$(0.8732, 0.6536)$、$(0.6878, 0.5219)$、$(0.8488, 0.3609)$、$(0.6683, 0.2536)$、$(0.6195, 0.2634)$。利用 Chen-Aihara 混沌神经网络对 10 城市 TSP 问题进行了仿真。该 10 城市 TSP 问题的最短路径为 2.6776,其最短路径如图 8.13 所示。

Chen-Aihara 混沌神经网络的参数设置如下:

$$\alpha = 0.015, \quad \varepsilon = 0.004, \quad z(0) = 0.10,$$
$$k = 0.9, \quad I_0 = 0.65, \quad W_1 = W_2 = 1$$

设置网络的初始值 y_{ij} 为 $[-1,1]$ 上的随机数,并重复运行仿真程序 5000 次,仿真结果见表 8.8。由表 8.8 可以看出,模拟退火速度参数越小,网络越能有效地收敛到优化问题的全局最优解。另外,模拟退火速度参数的减小将导致平均迭代次数的增加。在模拟退火速度参数为 0.003 时,某个神经元状态演化图如图 8.14 所示。可从图 8.14 中发现,在迭代初期,神经元状态首先进入混沌遍历搜索阶段;随着迭代次数的增加(即自反馈连接权值的减小),神经元状态将通过倍周期倒分岔进入梯度下降阶段,并最终收敛到稳定态。

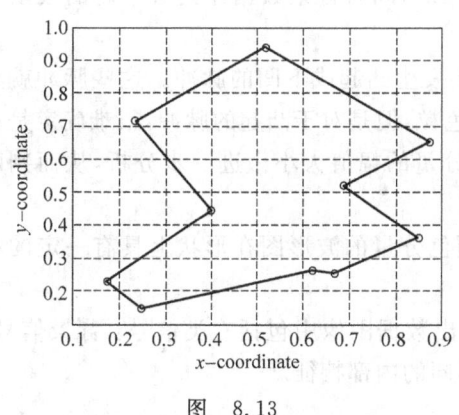
图 8.13

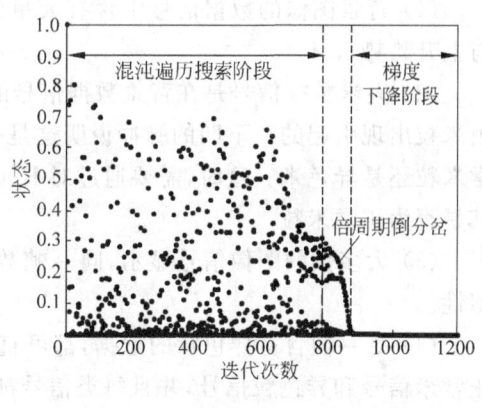
图 8.14

表 8.8

β	全局最优数量	平均迭代次数	β	全局最优数量	平均迭代次数
0.01	4970	122	0.003	5000	398

8.6 大米的色选问题

正常的大米与疵品在颜色上有差异。颜色分选机就是通过颜色的区分来清除大米中的受损粒、异色粒和其他杂质。

大米色选机将待分选的大米通过自动喂料器送入滑槽,通过振动料斗向滑槽供料,米粒在滑槽中排列,形成速率较为均匀的米流下滑到色选机光电检测部分。光电检测部分在日光灯的照射下对大米进行观察,由摄像头对每粒大米进行拍摄,并将拍到的大米灰度值和背景进行比较,根据色差产生相应的电压脉冲,控制喷射阀。当某粒米的色差值超过一定阈值时,说明这粒米不合格,喷射阀喷出的压缩空气把它吹出正常米出口,落入次品槽内,实现色选。

1. 色选算法的设计

在大米的色选过程中,需要设计合理的色选算法,提高色选机的准确率。

彩图 8.15 是由彩色线阵 CCD(一种光学设备)测量的大米数据,这些图像数据都是离散型数字信号,每一数据都具有三个分量,分别为红色(R)、绿色(G)和蓝色(B)分量。根据 RGB 颜色空间理论,每个分量的特征都决定了米粒的部分特征,因此若想把异色粒从待选大米中一一定位出来,就必须提取各个颜色分量的数据特征,这样才能达到对大米进行色选的目的。通过对每一帧图像数据波形的观察与分析,得出以下结论。

(1) 背景图像的数据信号中含有大量的高频噪声,同时背景数据还具有一定的波动性与上升趋势。

(2) 大米数据信号是在背景数据信号的基础上发生凸起或下凹的脉冲。这些脉冲就是由米粒出现引起的。下凹的脉冲说明这是一种异色粒,但是对于凸起的脉冲,很难确定是正常米粒还是异色米。这时,需要通过对 R、G、B 各分量的幅值大小做进一步分析,从而判断其是否为正常米粒。

(3) 大多数的图像信号显示,同一帧数据各颜色分量的波形图在形状上具有一定的相似性。

(4) 每一帧含有异色状的数据,都可直观地看出数据图像中包括三类信号:背景信号、正常米信号和异色粒信号,并且每类信号都具有不同的内部特征。

2. 小波滤波理论及其在色选算法中的应用

小波变换克服了加窗傅里叶变换在单分辨率上的缺陷,同时具有时-频二维分辨率的特点。其优于傅氏变换之处在于它具有时域和频域"变焦距"特性,十分有利于信号的精细分析。

设 $\psi(t) \in L^2(\mathbf{R})$ 是一个可测的、平方可积的函数,如果其傅里叶频谱

$$\Phi(\omega) = \int_{-\infty}^{\infty} \psi(t) e^{-i\omega t} dt$$

满足容许条件

$$C_\psi = \int_{\mathbf{R}^*} \frac{|\psi(\omega)|^2}{\omega} d\omega < \infty, \quad \mathbf{R}^* = \mathbf{R} - \{0\} \tag{8-48}$$

则称 $\psi(t)$ 为基本小波或小波母函数。对于任意的实参数对 (a,b),称

$$\psi_{(a,b)}(t) = \frac{1}{\sqrt{|a|}} \psi\left(\frac{t-b}{a}\right) \tag{8-49}$$

为由小波母函数 $\psi(t)$ 生成的依赖于参数 $(a,b)(a>0)$ 的连续小波函数,简称为小波或小波函数。

对于每个信号 $f(t)$,在 $L^2(\mathbf{R})$ 上的积分小波变换定义为

$$W_f(a,b) = |a|^{\frac{1}{2}} \int_{-\infty}^{\infty} f(t) \overline{\psi(at-b)} dt, \quad f \in L^2(\mathbf{R}) \tag{8-50}$$

相应的连续小波变换的逆变换公式为

$$f(t) = C_\psi^{-1} \int_{-\infty}^{\infty} \int_{-\infty}^{\infty} W_f(a,b) \psi_{(a,b)}(t) \frac{da}{a} db \tag{8-51}$$

式中,$\psi_{(a,b)}(t) = |a|^{-\frac{1}{2}} \psi\left(\frac{t-b}{a}\right)$。

取 $a = a_0^j (a_0 > 1), b = k b_0 a_0^j, b_0 \in \mathbf{R}$,且 j,k 均为整数,则相应的离散小波函数为

$$\psi_{j,k}(t) = 2^{\frac{j}{2}} \psi(2^j t - k) \tag{8-52}$$

离散正交小波变换为

$$W_f(j,k) = \int_{-\infty}^{\infty} f(t) \overline{\psi_{j,k}(2^j t - k)} dt \tag{8-53}$$

这样信号在任意精度上可近似表示为

$$f(t) = \sum_{j=-\infty}^{\infty} \sum_{k=-\infty}^{\infty} \langle f, \psi_{j,k} \rangle \psi_{j,k}(t) \tag{8-54}$$

这就是尺度参数和时移参数离散化的小波变换重建公式。

小波函数随参数对(a,b)中的参数 a 的这种变化规律,决定了小波变换能够对函数和信号进行任意指定点处的任意精细结构的分析,同时,这也决定了小波变换在对非平稳信号进行时频分析时具有时频同时局部化的能力。

3. 多分辨分析

多分辨分析(Multi-resolution Analysis,MRA)是 1986 年由 Mallat 和 Meyer 在多尺度逼近的基础上提出的,它是构造小波的统一框架,无论在理论分析还是在构造和应用小波方面都十分重要。空间 $L^2(\mathbf{R})$ 中的一个多分辨分析是指满足以下性质的一个闭子空间序列 $V_j \subset L^2(\mathbf{R}), j \in \mathbf{Z}$,它满足下列条件:

(1) 单调性 $\cdots \subset V_{-1} \subset V_0 \subset V_1 \subset \cdots$;

(2) 唯一性 $\bigcap_{j \in \mathbf{Z}} V_j = \{0\}$;

(3) 稠密性 $\overline{(\bigcup_{j \in \mathbf{Z}} V_j)} = L^2(\mathbf{R})$;

(4) 伸缩性 $f(t) \in V_j \Leftrightarrow f(2t) \in V_{j-1}, \forall j \in \mathbf{Z}$;

(5) 可构造性 $\{\varphi(t-k), k \in \mathbf{Z}\}$ 构成子空间 V_0 的标准正交基,即

$$\langle \varphi(t-k), \varphi(t-k') \rangle = \int_{\mathbf{R}} \varphi(t-k) \overline{\varphi(t-k')} dx = \delta_{k,k'} = \begin{cases} 1, & k = k' \\ 0, & k \neq k' \end{cases}$$

其中 $\varphi(t)$ 称为多分辨分析的尺度函数,V_j 为尺度 j 上的尺度空间。

由多分辨分析的定义知,所有的闭子空间 $V_j \subset L^2(\mathbf{R})$ 都是由同一函数 $\varphi(x)$ 伸缩后的平移系列张成的尺度空间。如果把尺度理解为照相机的镜头的话,当尺度由大到小变化时,就相当于将照相机镜头有远及近地观察目标。在大尺度空间里,对应远镜头下观察到的目标,只能看到目标大致的概貌;在小尺度空间里,对应近镜头下观察目标,可观察到目标的细节部分。

4. 小波滤波研究

小波滤波的机理就是基于信号与噪声的小波系数在尺度上的不同性质,采用相应规则,对含噪信号的小波系数进行取舍、抽取或切削的非线性处理,以达到滤波及去除噪声的目的。

到目前为止,小波滤波方法大致可分为三大类:第一类方法是基于小波变换模极大值原理;第二类方法是通过信号小波系数在各个尺度间的相关性来去噪;第三类方法是阈值方法,认为信号对应的小波系数包含有信号的重要信息,其幅值较大,但数目较少,而噪声对应的小波系数是一致分布的,个数较多,但幅值小。以阈值为标准,把幅值较小的系数置为零,而让幅值较大的系数保留或收缩,然后对处理后的系数进行小波逆变换,即可达到信号去噪的目的。

假设 $X(i)(1 \leqslant i \leqslant M)$ 是一维原始信号,$Y(i)$ 是含噪信号,则小波变换的阈值去噪算法(WaveShrink)可表述如下。

(1) 对 Y 进行 L 次离散小波变换,得到小波系数 w_i。

(2) 确定小波系数收缩阈值 λ,使用式(8-55)或式(8-56)对小波系数 w_i 进行收缩处理,得到新的小波系数 $\hat{w}_i$:

$$\hat{w}_i = \begin{cases} w_i, & |w_i| \geqslant \lambda \\ 0, & |w_i| < \lambda \end{cases} \tag{8-55}$$

或

$$\hat{w}_i = \begin{cases} \text{sign}(w_i)(|w_i| - \lambda), & |w_i| \geqslant \lambda \\ 0, & |w_i| < \lambda \end{cases} \tag{8-56}$$

其中式(8-55)称为硬阈值,式(8-56)称为软阈值。

(3) 对处理后的小波系数 $\hat{w}_i$ 进行 L 次小波逆变换,得到去噪后的信号。

5. 色选问题的解决

Haar 小波函数是在小波分析中最早用到的一个具有紧支撑的正交小波函数,同时也是最便于计算的一个小波,其小波函数为

$$\psi = \begin{cases} 1, & 0 \leqslant x < \dfrac{1}{2} \\ -1, & \dfrac{1}{2} \leqslant x \leqslant 1 \\ 0, & \text{其他} \end{cases}$$

为了减小高频随机噪声对分类效果的影响,引入 Haar 小波滤波对大米图像色差数据的 R、G、B 各个分量进行滤波处理,以得到相对平滑的信号。Haar 小波变换前、后效果如图 8.16 及图 8.17 所示。

6. K-均值聚类分析

所谓聚类分析就是将一批物体或变量,按照它们在性质上亲疏远近的程度进行分类。描述样品(或变量)之间的亲疏程度通常有两个途径:其一,是把每个样品看成 p 维空间的一个点,在点与点之间定义某种距离;其二,是用某种相似系数来描述样品之间的关系,例如采用大家所熟知的相关系数。

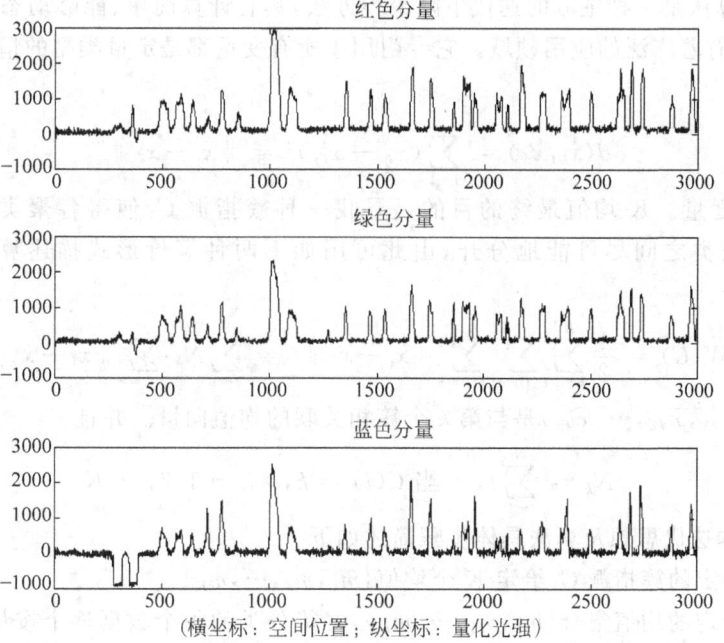

(横坐标：空间位置；纵坐标：量化光强)

图 8.16

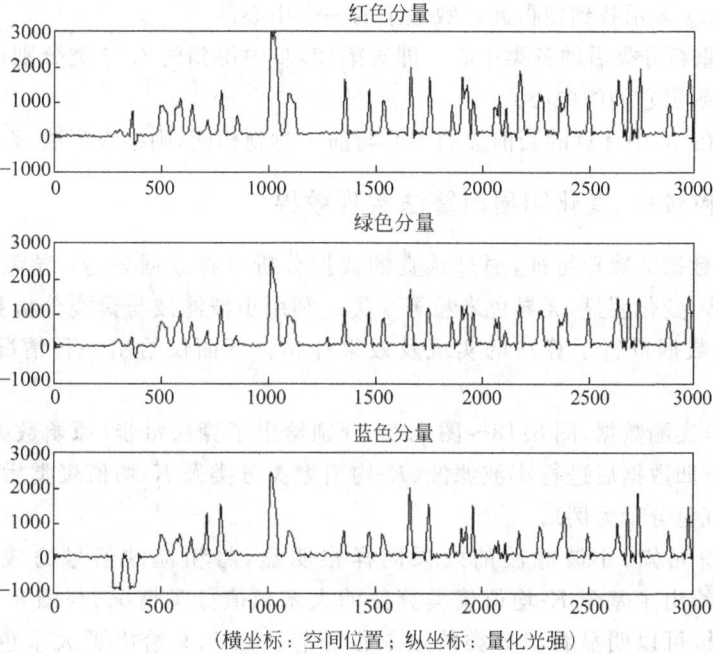

(横坐标：空间位置；纵坐标：量化光强)

图 8.17

K-均值算法是一种主流的迭代下降聚类方法，具有计算简单、能够动态聚类、自适应性强等特点，并有着广泛的应用领域。它专门用于所有变量都是定量类型的情况，采用平方欧式距离

$$d(\boldsymbol{x}_i, \boldsymbol{x}_{i'}) = \sum_{j=1}^{p}(x_{ij}-x_{i'j})^2 = \|\boldsymbol{x}_i - \boldsymbol{x}_{i'}\|^2$$

作为相似度度量。K-均值最终的目的是寻找一种簇指派 C，使得各聚类本身尽可能的紧凑，而各聚类之间尽可能地分开，由此可用如下两种等价形式描述算法相应的损失函数：

$$W(C) = \frac{1}{2}\sum_{k=1}^{K}\sum_{C(i)=k}\sum_{C(i')=k}\|\boldsymbol{x}_i - \boldsymbol{x}_{i'}\|^2 = \sum_{k=1}^{K}N_k\sum_{C(i)=k}\|\boldsymbol{x}_i - \bar{\boldsymbol{x}}_k\|^2$$

其中，$\bar{\boldsymbol{x}}_k = (\bar{x}_{k1}, \bar{x}_{k2}, \cdots, \bar{x}_{kp})$ 是与第 k 个簇相关联的均值向量。并且

$$N_k = \sum_{i=1}^{N}I, \quad 当 C(i) = k, \quad k = 1, 2, \cdots, K$$

该算法的基本迭代思想及算法具体步骤简述如下。

（1）对给定的簇指派 C，给定 K 个均值 $\{m_1, m_2, \cdots, m_K\}$。

（2）对给定的均值集合 $\{m_1, m_2, \cdots, m_K\}$，将待分类的每个数据逐个按最小距离原则指派到（当前）最近的簇均值，对

$$C(i) = \arg\min_{1 \leqslant k \leqslant K}\|x_i - m_k\|^2$$

极小化，其中 arg 表示找到使得此范数最小的一个中心。

（3）计算重新分类后的各类中心。即对第（2）步中得到的 K 个类分别通过计算其中点的均值来重新确定它们的中心。

（4）如果在（3）中计算的当前类的中心与前一时刻相同，则结束算法，否则转（2）。

7. 异色粒较多、变化明显时算法实现效果

根据原始数据的数理特征，通过认真的数据分析可将数据分为：异色粒较少、变化明显，异色粒较多、变化明显，无异色米粒等 3 类。利用小波滤波与聚类分析算法，对 CCD 测得的大量图像数据进行了算法的实现及效果评估。下面仅给出一种情况的实验结果与分析。

基于 CCD 实测数据，图 8.18～图 8.20 分别给出了算法每步（原始数据与背景数据作帧相减、滤去下凹数据后进行小波滤波、K-均值聚类分类及 K-均值聚类后红色分量图）的试验效果（以红色分量为例）。

由图 8.19 可知，小波滤波的效果同样很明显，将粗糙的信号滤成了较平滑的信号。图 8.20 给出了基于 K-均值聚类算法的大米幅值分类情况，与图 8.18 中的原始数据图形相对照，可以明显看出分类的效果很理想。表 8.9 给出了大米色选最终的聚类情况。

第 8 章 现代方法模型

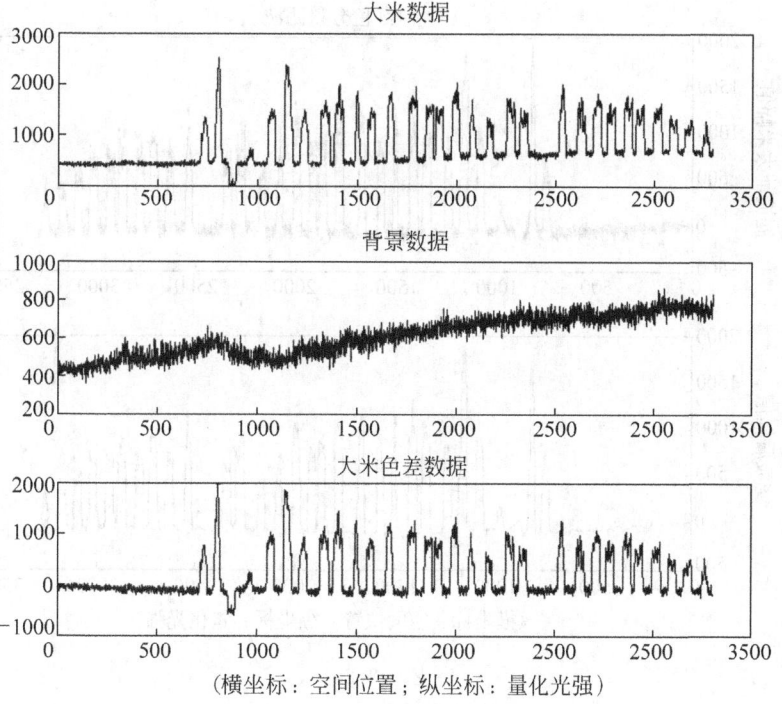

(横坐标：空间位置；纵坐标：量化光强)

图 8.18

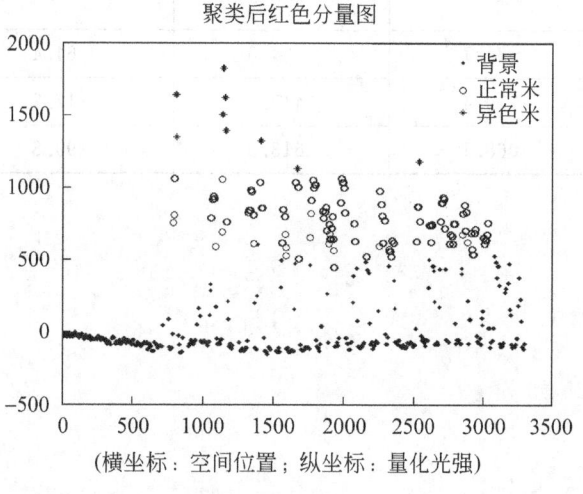

(横坐标：空间位置；纵坐标：量化光强)

图 8.19

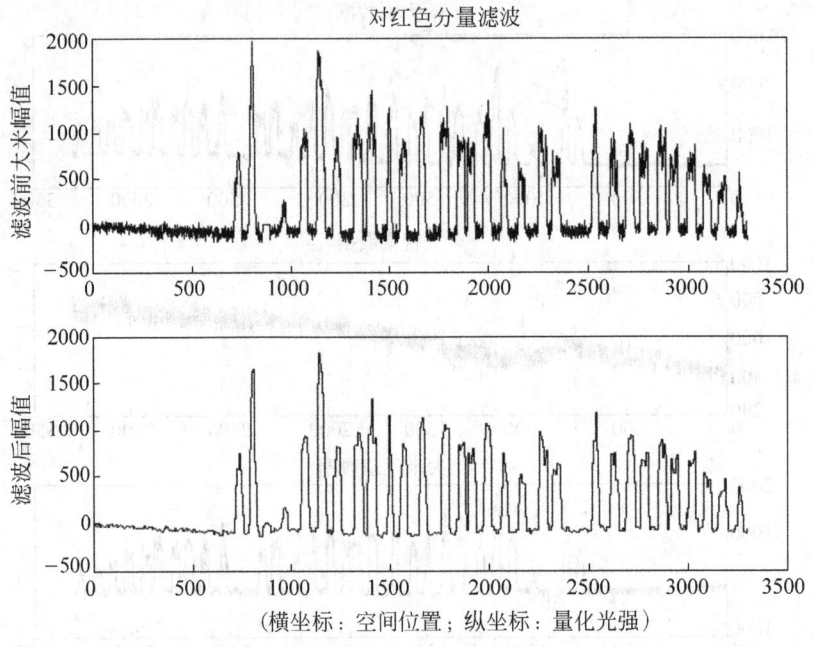

图 8.20

表 8.9

各类 \ 分类中心	R	G	B	数量
背景类	−24.1	−24.6	−64.4	2382
正常米类	719.4	419.7	117.2	674
异色米类	1068.1	613.3	299.8	60

第 9 章 Mathematica 简介

数学建模过程强烈依赖于计算机技术,这是本章我们希望引起读者注意的一个事实。这种依赖不仅体现在面对数学模型越来越加大型化或者难以得到其精确解的困难时进行数值求解的需要,更为重要的是,Mathematica 可以帮助人们进行推导甚至思考。显然,使人类更加智慧是我们对电脑更高的要求,通过本章的学习,这并不是奢求。

9.1 Mathematica 的集成环境及基本操作

当 Mathematica 运行时,会出现如图 9.1 所示的窗口。

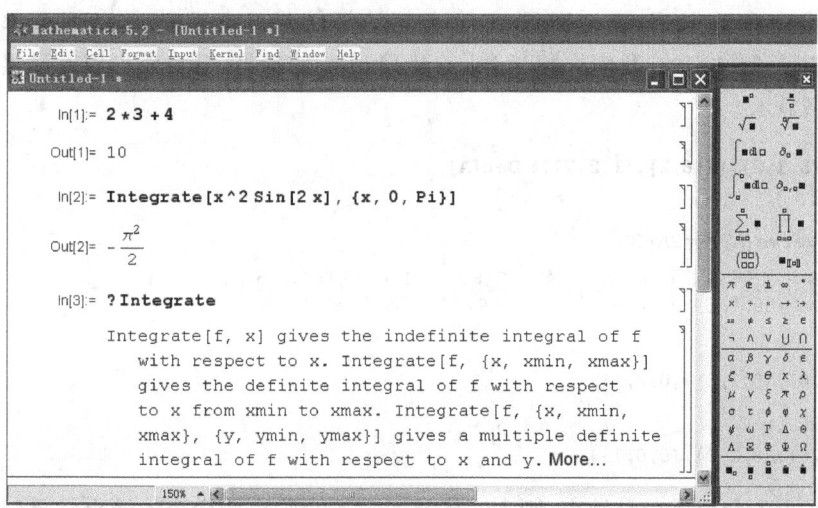

图 9.1

右边的小窗口,我们称为数学工具面板,它包含多种数学符号,更多的符号可从命令菜单 File→Palettes 中得到,利用它,可以输入形象化的数学算式。比如上面计算的积分,完全可以通过数学工具面板,在 Mathematica 中写成 $\int_0^\pi x^2 \sin[2x] \mathrm{d}x$ 的形式。但这种输入方法有两个问题:首先,Mathematica 的这种输入方式需要特定的数学工具面板配合才能完成操作;其次,由于 Mathematica 的函数及符号太多,导致这种输入方法效率太低。因此,我们对这种直观的命令输入方法将不做过多的介绍。有兴趣的读者可以查阅相关的帮助主题。从长期应用的角度讲,使用 Mathematica 计算数学问题最有效的方法是,直接通过键盘输入每个函数所代表的英文字符串。

左边的大窗口,Mathematica 称它为 Notebook,Mathematica 可以将在 Notebook 中输入的命令存入一个扩展名为 .nb 的文件中,首次进入时默认的文件名为 Untitled-1.nb,用户可以在其中输入数学算式并让 Mathematica 计算。Notebook 窗口中右面最小的"]",Mathematica 称它为 cell(细胞)。每个 cell 可以输入多个命令,每个命令间用分号分隔,并且一个 cell 也可能占用多行,若干个 cell 组成更大的 cell。如果想删除某个 cell,只要单击此 cell 右边的"]",然后按 Delete 键即可。

每次进入 Notebook,并且重新建立一个文件,Mathematica 总是将用户所输入的命令与它计算的相应结果进行编号。输入按顺序用 In[1]、In[2]、In[3]、…,相应的输出结果用 Out[1]、Out[2]、Out[3]、…(注:非计算信息不显示输出编号),用户可以在运算过程中,使用 Out[n] 来调用以前的结果,也可以使用%(上一次计算的结果)、%%(上两次计算的结果)、%%%(上三次计算的结果),依此类推。可以将 Mathematica 看成是一个超级的计算器,如果我们在 In[n] 下输入一个或多个命令,然后按 Shift+Enter 组合键,Mathematica 就会执行这些命令并以 Out[n] 的形式给出其计算结果。本章的所有例子都是直接从 Notebook 中复制过来的,我们去掉了 In[n] 及 Out[n] 的标号,但将输入用五号黑体显示,输出用五号字显示。

A: ={{5,1,2},{1,6,2},{1,2,7}}; Det[A]
177
B:=Inverse[A];W=2A+3B
$\{\{\frac{628}{59}, \frac{115}{59}, \frac{226}{59}\}, \{\frac{113}{59}, \frac{741}{59}, \frac{228}{59}\}, \{\frac{114}{59}, \frac{227}{59}, \frac{855}{59}\}\}$
A.B
{{1,0,0},{0,1,0},{0,0,1}}
%
{{1,0,0},{0,1,0},{0,0,1}}

如果输入的命令以分号结束,则 Mathematica 不会给出此命令的输出结果(绘图命令及非计算信息除外)。用户可以调用 Help 菜单随时获得系统详细的帮助,此外,也可直接在 Notebook 中输入类似下面的字符串来获得帮助:

?I*　　列出以字母 I 开头的所有命令清单

?Integ*　　列出以 Integ 开头的所有命令清单

?Integrate　　列出此命令的帮助

??Integrate　　列出此命令更详细的帮助

下面简要介绍一下 Mathematica 的部分菜单命令。

1. File 菜单

"New"建立一个新的 Notebook；"Open"打开已有的 Notebook，即打开以扩展名为 .nb 形式存在的文件；"Close"关闭当前 Notebook；"Save"保存当前 Notebook，其默认名为 Untitled-1.nb、Untitled-2.nb、…的形式；"Save As"将当前 Notebook 换名存盘；"Save As Special"将当前 Notebook 以某种特殊文件格式保存，包括 3.0 以前版本的文件格式、文本格式、Mathematica 软件包格式、多细胞格式、Tex 格式、超文本格式，等等；"Open Special"打开特殊格式的文件，它主要用于各平台间的转换，比如将 UNIX 系统下 Mathematica 程序读入 Windows 下的 Mathematica 中。

2. Edit 菜单

在 Edit 菜单中，我们只介绍一些常用的子菜单。"Clear"删除选定内容（直接删除，不放入剪贴板）；"Copy As"将选定的内容按指定的格式复制至剪贴板；"Save Selection As"将选定的内容按指定的格式保存到文件中；"Selecet All"选定 Notebook 中的全部内容；"Insert Object"插入一个 OLE 对象；"Motion"主要用于控制光标的移动；"Expression Input"使用此菜单（主要是使用快捷键方式），在 Notebook 中输入形象化的数学公式；"Preference"，通过这个选项，可以修改 Mathematica 的系统运行参数。

3. Cell 菜单

"Convert To"将细胞从一种形式转换为另一种形式，例如输入 Integrate[x,x]并将光标定位在此细胞内，然后选择"Convert To Traditional Form"，会将此行转换为 $\int x dx$ 的形式；"Display As"改变细胞的显示形式；"Cell Properties"用于设定细胞的各种属性；"Cell Grouping"合并或拆散所选定的细胞；"Divide Cell"将一个细胞拆成若干个细胞；"Merge Cells"将选定的多个细胞合并成一个细胞；"Animate Selected Graphics"，此命令可以将用户选定的一系列图形细胞以动画方式连续播放；"Make Standard Size"，此命令可以将图形恢复到默认的尺寸。

4. Format 菜单

在 Notebook 中，我们可以编排和打印与 Word 效果相似的文稿，Format 菜单就是用于此目的。"Style"用来设置选定内容的文本风格；"Screen Style Environment"指定 Notebook 的窗口风格；"Printing Style Environment"指定当前 Notebook 的打印风格；"Show Expression"选中一个或多个细胞，选择此菜单，会看到 Mathematica 在磁盘上保存此细胞的完整形式；"Option Inspector"与菜单 Edit→Preference 基本相同；"Style Sheet"用来设置整个 Notebook 的显示风格；"Edit Style Sheet"设置当前 Notebook 的显示风格；

"Font"选择字体;"Face"设置字体的样式,其中 Plain 为普通格式、Bold 为粗体字、Italic 为斜体、Underline 为下划线;"Size"以磅为单位设置字体的大小;"Text Color"设置前景颜色;"BackGround Color"设置背景颜色;"Chose Font"类似于 Word 中字体的对话框,可以选择字体、字号及字体样式等;"Text Alignment"按某种形式,对齐选定的内容;"Word Wrapping",若当前细胞内某行的长度超过当前 Notebook 窗口所能显示的长度时,通知 Mathematica 作怎样的调整,一般选择是 Wrap at Window Width,即按当前窗口宽度进行折行;"Cell Dingbat"在选定的细胞前面加上特殊的标志;"Horizontal Line"对选定的细胞添加不同风格的水平线;"Show Ruler"打开或关闭类似于 Word 中的标尺;"Show Toolbar"打开或关闭 Notebook 窗口中的常用工具栏;"Show Page Breaks"显示及隐藏分页线及页码;"Magnification"用于改变 Notebook 中各细胞在屏幕上的显示比例。

5. Input 菜单

"Get Graphics Coordinates"获得二维图形中点的坐标,此菜单只含有提示信息,其用法是:将光标指向图形,然后按住 Ctrl 键,就可看到图形中的坐标;"3D ViewPoint Selector"指定三维图形的视角(它实际上是生成一个字符串,用于 Plot3D 等命令),例如输入

```
Plot3D[x^2-y^2,{x,-1,1},{y,-1,1}]
```

画出马鞍面的图形后,我们想改变此图形的观察角度,将上行变为

```
Plot3D[x^2-y^2,{x,-1,1},{y,-1,1},]
```

并将光标停留在最后一个逗号的后面,调用此菜单,拖动鼠标旋转立方体,找到一个合适的角度后,单击 Paste 按钮,上一行将变成类似于

```
Plot3D[x^2-y^2,{x,-1,1},{y,-1,1},ViewPoints->{-1,5,-2}]
```

的形式,重新执行此行就改变了图形的观察角度;"Color Selector"用法同上,用于选择图形的颜色;"Record Sound"调用 Windows 中的录音机程序进行录音;"Get File Path"得到文件的详细路径;"Create Table/Matrix/Palette"创建表格、矩阵或模板,但它们的本质都是二维表;"Copy Input From Above"复制上一次输入的内容;"Copy Output From Above"复制上一次输出的内容;"Start New Cell Below"在当前细胞的后面,插入一个新细胞,其快捷键是 Alt+Enter,另外,在 Notebook 后面的空白处单击,然后输入内容,则系统将此内容分配给一个新细胞;"Complete Selection"菜单对于输入 Mathemtica 命令也是相当有用的,例如,对于 Plot3D 命令,用户只须记住它的前 3 个字母,那么,在 Notebook 中输入 Plo 后,调用此菜单或按快捷键 Ctrl+K,系统便会弹出一个对话框,里面包含所有以 Plo 开头的命令,选择 Plot3D 命令,系统就会补齐此命令余下的字母;"Make Template"菜单对于输入 Mathemtica 命令,也是相当有用的,比如,用户输入了 Plot3D 后,忘记了此命令的格式,可以调用此菜单或者按快捷键 Shift+Ctrl+K,系统将会在 Plot3D 后,添加如下字符串:

```
Plot3D[f, {x, xmin, xmax}, {y, ymin, ymax}]
```

可以将它修改成需要的具体形式。

6. Kernel 菜单

"Evaluation"选项含有："Evaluate Cells"计算选定的细胞(快捷键 Shift＋Enter)，"Evaluate In Place"计算选定的内容，并在同一位置用其计算结果替换此内容，"Evaluate Notebook"计算当前整个 Notebook；"Abort Evaluation"中止当前的计算，快捷键为 Alt＋.；"Start Kernel"将 Kernel 装入内存，事实上，Notebook 只是负责对输入及输出进行格式化的工作，真正进行数学运算的程序称为系统内核(Kernel)。注意，Mathematica 进行第一次计算时，就自动装入 Kernel，除非系统出现问题，否则不用执行此菜单；"Quit Kernel"：关闭已经打开的系统内核；"Delete All Output"删除 Notebook 中的所有输出结果。

7. Find 菜单

"Find"查找或者替换 Notebook 中的内容；"Enter Selection"菜单可将选定的内容直接送入 Find 菜单的 Search For 文本框中，省去了用户直接输入字符串的过程；"Add/Remove Cell Tags"，在 Notebook 中，可以为每个细胞取一个名字，它称为细胞标签，此菜单可给某个细胞加上标签或去掉标签；"Cell Tags"菜单可快速选定 Notebook 中具有标签的细胞；"Show Cell Tags"显示或者隐藏细胞标签。

8. Window 菜单

"Stack Windows"在屏幕上层叠式排列已经打开的各个 Notebook 窗口；"Tile Window Wide"水平横向平铺各个窗口；"Tile Window Tall"纵向排列各个窗口；"Message"打开一标题为 Message 的窗口，它是 Mathematica 的信息提示窗口。

9. Help 菜单

"Help Browser"是 Mathemetica 提供的一个强大的文本帮助系统，其下面的菜单 Find Selected Function、Master Index、Built-in Functions、Mathematica Book、Getting Started/Demos、Add-ones 都是此菜单的一个子项；"Why the Beep?"是 Mathematica 试图对用户最近一次运算的错误信息做进一步解释。

9.2 Mathematica 表达式及其运算规则

在本节中，我们将主要介绍 Mathematica 进行数学运算的基本工作原理及特殊符号的输入方式。

1. 表达式与表结构

Mathematica 能够处理多种类型的数据形式，如数学公式、集合、图形等，Mathematica 将它们都称为表达式。使用函数及运算符（＋，－，＊，/，^等）可组成各种表达式。

FullForm[a＊b+c]
Plus[Times[a,b],c]
FullForm[{1,2,3,4}]
List[1,2,3,4]
Head[Sin[x]]
Sin

FullForm[ ]可显示出表达式在系统内部存储的标准格式，而 Head[ ]可得到某个表达式的头部，这对我们确定表达式的类型很有帮助。

上面的{1,2,3,4}称为表（List），表是 Mathematica 中非常有用的结构。首先，表可以理解成数学意义下的集合，例如，{1,{2,3},4,{5,6,7},8,9}是含有 6 个元素的子集合，其中{2,3}及{5,6,7}是此集合的子集合。作为集合，有下面的各种集合运算。

Append[list,element]——在集合 list 的末尾加入元素 element；
Apply[Plus,list]——将集合 list 中的所有元素加在一起；
Apply[Times,list]——将集合 list 中的所有元素乘在一起；
Complement[list1,list2]——求在 list1 中而不在 list2 中元素的集合；
Delete[list,{i,j}]——删除集合第 i,j 处的元素；
Delete[list,i]——删除集合 list 的第 i 个元素；
Flatten[list]——展开集合 list 中的各个子集，形成一个一维表；
FlattenAt[list,n]——展开集合 list 中的第 n 级子集；
Insert[list,element,{i,j}]——插入第 i 个子集合的第 j 个元素处；
Insert[list,element,i]——在 list 第 i 个元素的前面插入 element；
Intersection[list1,list2,…]——这是数学意义下的求交集命令；
Join[list1,list2,…]——将集合首尾相连，形成一个新的集合；
Length[list]——集合 list 中元素的个数；
list[[i,j]]——集合 list 中第 i 个子集合的第 j 个元素；
list[[i]]——集合 list 中第 i 个元素；
Partition[list,n]——将集合 list 分成 n 个元素一组；
Prepend[list,element]——在集合 list 的开头加入元素 element；
ReplacePart[list,element,{i,j}]——替换 list 中的第 i,j 处的元素；
ReplacePart[list,element,i]——替换集合 list 中的第 i 个元素；
Reverse[list]——翻转集合 list 中的元素；

Sort[list]——将集合 list 中的元素按升序排序；
Table[f,{i,imin,imax},{j,jmin,jmax}]——建立二维表或矩阵；
Table[f,{i,imin,imax}]——建立一个一维表或向量；
Take[list,{m,n}]——给出 list 中从 m 到 n 之间的所有元素；
Take[list,n]——给出 list 中前 n 个元素，Take[list,-n] 给出 list 中后 n 个元素；
Union[list]——合并集合 list 中的重复元素；
Union[list1,list2,...]——这是数学意义下的求集合的并集命令。
下面是有关集合方面的一些运算。

```
s=Table[i^2+1,{i,0,7}]
```
{1,2,5,10,17,26,37,50}
```
Print["length s=",Length[s]," s[[4]]=",s[[4]]]
```
length s=8 s[[4]]=10
```
s1=Partition[Sqrt[s],2]
```
{{1,$\sqrt{2}$},{$\sqrt{5}$,$\sqrt{10}$},{$\sqrt{17}$,$\sqrt{26}$},{$\sqrt{37}$,5$\sqrt{2}$}}
```
s1[[3,2]]
```
$\sqrt{26}$
```
s2= Flatten[s1]
```
{1,$\sqrt{2}$,$\sqrt{5}$,$\sqrt{10}$,$\sqrt{17}$,$\sqrt{26}$,$\sqrt{37}$,5$\sqrt{2}$}
```
s3= Insert[s2,17,4]
```
{1,$\sqrt{2}$,$\sqrt{5}$,17,$\sqrt{10}$,$\sqrt{17}$,$\sqrt{26}$,$\sqrt{37}$,5$\sqrt{2}$}
```
Intersection[s,s3]
```
{1,17}

其次，对于一维表，可以理解成数学意义下的向量，对于二维表，可以理解成矩阵，因此，有如下的矩阵函数，其中 a、b 为向量，p、q 为常量，M 为方阵，A、B 为同阶普通矩阵，具体例子参见 9.3 节。

Dot[a,b] 或 a.b——向量 a 与 b 的数量积；
Cross[a,b]——向量 a 与 b 的矢量积；
p＊A＋q＊B——矩阵与数的乘法运算；
A＊B——A 与 B 的对应元素相乘；
M^2——将矩阵 M 中的每个元素平方；
P.Q——矩阵乘法运算，其中 P 为 m×k 阶矩阵，Q 为 k×n 阶矩阵；
Det[M]——求方阵 M 的行列式；
MatrixForm[A]——以矩阵的形式显示 A；
MatrixPower[M,n]——矩阵 M 的 n 次幂；
Transpose[A]——矩阵 A 的转置矩阵；

Eigenvalues[M]——求矩阵 M 的特征值；

Eigenvectors[M]——求矩阵 M 的特征向量；

Eigensystem[M]——求矩阵 M 的特征值与特征向量；

IdentityMatrix[n]——建立一个 n×n 的单位阵；

DiagonalMatrix[list]——建立一个对角阵,其对角线元素为表 list；

Inverse[M]——求方阵 M 的逆矩阵；

LinearSolve[A,b]——求线性方程组 AX=b 的解；

NullSpace[A]——求满足方程 AX=0 的基本向量组,即零解空间；

RowReduce[A]——将矩阵 A 进行行变换；

QRDecomposition[M]——矩阵 M 的 QR 分解；

SchurDecomposition[M]——矩阵 M 的 Schur 分解；

JordanDecomposition[M]——矩阵 M 的 Jordan 分解；

LUDecomposition[M]——矩阵 M 的 LU 分解。

2. Mathematica 中数的类型与精度

在 Mathematica 中,进行数学运算的"数"有四种类型,它们分别是 Integer(整数)、Rational(有理数)、Real(实数)、Complex(复数)。不带有小数点的数,系统都认为是整数,而带有小数点的数,系统则认为是实数。对两个整数的比,如 12/13,系统认为是有理数,而 a+b∗I 形式的数,系统认为是复数。Mathematica 可表示任意大的数和任意小的数,其他计算机语言是做不到这一点的,比如 C 语言。例如：

500!//N

$1.220136825991110 \times 10^{1134}$

A:=Table[1/(i+j),{i,1,8},{j,1,8}];Det[A]

$$\frac{1}{47021426225082028332513047347200000000}$$

(2+I)(1+2I)^2/(2-11I)

$-\frac{3}{5}-\frac{4i}{5}$

其中//N 表示取表达式的数值解,默认精度为 16 位,它等价于 N[expr],一般形式为 N[expr,n],即取表达式 n 位精度的数值解。如：

N[Det[A],30]

$2.12669006510607072000158763622 \times 10^{-37}$

N[π,50]

3.1415926535897932384626433832795028841971693993751

使用 Rationalize[expr,error]命令可将表达式转换为有理数,其中 error 表示转换后误差的控制范围。例如：

```
Rationalize[3.1415926,10^-5]
```
$$\frac{355}{113}$$

```
Rationalize[3.1415926,10^-10]
```
$$\frac{173551}{55243}$$

Mathematica 中的变量以字母开头，变量中不能含有空格及下划线，因此，上面的 2I 表示 $2*I$（I 为虚数），乘号可用空格代替。在很多情况下，乘号可以省略，如 (1+I)(1+2I) 中的两个乘号。如果某个表达式的结果为复数，Mathematica 就会给出复数的结果。例如，对下面的 3 次方程，其结果为 1 个实根和两个复根。

```
Solve[x^3-2x^2+3x-6==0,x]
```
$\{\{x\to 2\},\{x\to -i\sqrt{3}\},\{x\to i\sqrt{3}\}\}$

上面的行列式 |A| 的计算结果，系统给出的是一个分数值，在 Mathematica 中，不同类型的数进行运算，其结果是高一级的数，如有理数与实数运算的结果是实数，复数与实数的运算结果是复数，依此类推。由于整数与有理数的运算级别最低，因此，在进行数学计算时，如果可能，就尽量用精确数，即整数或有理数。另外，"=="称为逻辑等号，定义一个等式要用逻辑等号。

```
A:={{5,1,2},{1,2,6},{1,2,7}};Inverse[A]
```
$\{\{\frac{2}{9},-\frac{1}{3},\frac{2}{9}\},\{-\frac{1}{9},\frac{11}{9},-\frac{28}{9}\},\{0,-1,1\}\}$

```
B:={{5,0,1,2},{1,2,6},{1,2,7}};Inverse[B]
```
{{0.222222,-0.333333,0.222222},
 {-0.111111,3.66667,-3.11111},{0.,-1.,1.}}

其中 Inverse[] 是求逆矩阵命令。在 Mathematica 中，一行中可以输入多个命令，各命令间用分号分隔。另外，分号还有一个作用是通知 Mathematica，只在内存中计算以分号结尾的命令，但不输出此命令的计算结果。如果表达式太长，一行写不下，可以分两行写，系统会自动判断一个表达式是否输入完毕。对于需要多行输入的表达式，建议每行用分号运算符结尾。下面我们简要说明一下 Mathematica 的赋值符号及相关命令。在 Mathematica 中，对变量赋值，有两种方法。A:=expr 的意思是将表达式 expr 的值赋给 A，但 Mathematica 并不立即执行此项操作，一直到用到 A 的值时，Mathematica 才真正的将 expr 的值赋给 A，即所谓的延迟赋值。在大部分情况下，我们都采用延迟赋值的形式为表达式赋值。另一种赋值方法是我们所熟悉的赋值形式，即 A=expr 或 A=B=expr 的形式，一般称为立即赋值。只要执行该命令，Mathematica 就将 expr 的值赋给 A。另外，对于变量，Mathematica 并不像 C 语言那样，需要申请后再使用，也不用事先确定变量的类型，而是这些问题都由

Mathematica 来自动处理。对于不需要的变量,可以使用 Clear 命令将变量从内存中清除出去,以节省内存空间,例如:

Clear[A]——清除变量 A,其简写形式是 A=.;
Clear[A,B,W]——清除变量 A、B、W;
Clear["A*","B*"]——清除以 A、B 开头的所有变量。

可以使用 Precision[expr]或 Accuracy[expr]返回表达式的精度,下面的变量 a 是计算 $\int_1^2 e^{-x^2} dx$ 的数值积分,b 是计算其符号积分,c 和 d 只是输入的形式不同,但精度却不一样。

```
a:=NIntegrate[Exp[-x^2],{x,1,2}];Precision[a]
16
b:=Integrate[Exp[-x^2],{x,1,2}];Accuracy[a]
∞
c=1.23;d=123/100;print["c=",Accuracy[c]," d=",Accuracy[d]]
c=16  d=∞
```

其中,∞ 在系统中是一个内部常数,其完整的命令是 Infinity,这样的常用常数有:Pi(π)、E(实数 e)、ComplexInfinity(复数的无穷大)、I(复数 i)、Degree($1° = \pi/180$)、C(微分方程通解中的任意常数),另外还有 D(导数运算符)、N(取精度运算符)、O(泰勒展开的高阶无穷小量)。上面 Print[]命令的功能是打印表达式或者字符串,其格式为

```
Print[expr1,expr2,…]
```

其中 expr1,expr2,… 可以为任意合法的 Mathematica 表达式,如果为字符串,则需要用双引号将字符串括起来。

在实际计算过程中,可能得到的结果中含有很小的数,为了计算上的方便,我们如果想去掉这样的数,可以使用命令

Chop[expr,dx]——若 expr 中的某个数小于 dx,则用 0 来代替该数;
Chop[expr]——若 expr 中的数小于 10^{-10},则用 0 来代替该数。
下面是一个多项式曲线拟合问题的实际例子:

```
data={{-3,9},{-2,4},{-1,1},{0,0},{1,1},{2,4},{3,9}};
f[x_]=Fit[data,{1,x,x^2,x^3},x]
1.33227×10⁻¹⁵ - 6.66134×10⁻¹⁶x + 1.x² + 1.38778×10⁻¹⁶x³
Chop[f[x]]
1.x²
```

可以用下面的几个函数来判断表达式运算结果的类型,其中 True 和 False 是系统内部的布尔常量。

NumberQ[expr]——判断表达式是否为一个数,返回 True 或 False;

IntegerQ[expr]——判断表达式是否为整数,返回 True 或 False;
EvenQ[expr]——判断表达式是否为偶数,返回 True 或 False;
OddQ[expr]——判断表达式是否为奇数,返回 True 或 False;
PrimeQ[expr]——判断表达式是否为素数,返回 True 或 False;
Head[expr]——判断表达式的类型。

```
Print[Head[0.5]," ",Head[1/2]," ",Head[{1,2,3}]]
Real Rational List
```

3. 常用数学函数

Mathematica 的数学运算,主要是依靠其内部的大量数学函数完成的,下面我们依次列出常用的数学函数,其中 x、y、a、b 代表实数,z 代表复数,m、n、k 为整数。所有的函数或者是它的英文全名,或者是其他计算机语言约定俗成的名称,函数的参数表用方括号[ ]括起来,而不是用圆括号。另外,Mathematica 对大、小写敏感。

(1) 数值函数

Round[x]——最接近 x 的整数;
Floor[x]——不大于 x 的最大整数;
Celing[x]——不小于 x 的最小整数;
Sign[x]——符号函数;
Abs[z]——若 z 为实数,则求绝对值,为复数,则取模;
Max[x1,x2,…]或 Max[{x1,x2,…},…]——求最大值;
Min[x1,x2,…]或 Min[{x1,x2,…},…]——求最小值;
x+I*y,Re[z],Im[z],Conjugate[z],Arg[z]——关于复数的基本运算。

(2) 随机函数

Random[ ]——返回区间[0,1]内的一个随机数;
Random[Real,{xmin,xmax}]——返回一个区间[xmin,xmax]内的随机数;
Random[Integer]——以 1/2 的概率返回 0 或 1;
Random[Integer,{imin,imax}]——返回位于[imin,imax]间的一个整数;
Random[Complex]——返回模为 1 的随机复数;
Random[Complex,{zmin,zmax}]——返回复平面上[zmin,zmax]间的随机复数;
SeedRandom[ ]——使用系统时间作为随机种子;
SeedRandom[n]——使用整数 n 作为随机种子。

(3) 整数函数及组合函数

Mod[m,n],Quotient[m,n]——m/n 的余数及商;
GCD[n1,n2,…],LCM[n1,n2,…]——最大公约数及最小公倍数;

FactorInteger[n]——返回整数 n 的所有质数因子表；
PrimePi[x],Prime[k]——返回小于 x 的质数个数,返回第 k 个质数；
n!,n!! ——整数 n 的阶乘及双阶乘；
Binomial[n,m],Mutinomial[n,m,…]——计算排列组合数

$$\frac{n!}{m!\cdot(n-m)!},\quad \frac{(n+m+\cdots)}{n!\cdot m!\cdot\cdots}$$

Signature[{i1,i2,…}]——排列的正负符号。

(4) 初等超越函数

这些函数的名称一目了然,以复数作为自变量,它们是
Sqrt[z]、z1^z2、Exp[z]、Log[z]、Log[b,z]、Sin[z]、Cos[z]、Tan[z]、Cot[z]、Csc[z]、Sec[z]、ArcSin[z]、ArcCos[z]、ArcCsc[z]、ArcSec[z]、ArcTan[z]、ArcCot[z]、Sinh[z]、Cosh[z]、Tanh[z]、Coth[z]、Csch[z]、Sech[z]、ArcSinh[z]、ArcCosh[z]、ArcTanh[z]、ArcCoth[z]、ArcCsch[z]、ArcSech[z]。

(5) 正交多项式

LegendreP[n,x],LegendreP[n,m,x]——勒让德多项式；
ChebyshevT[n,x],ChebyshevU[n,x]——切比雪夫多项式；
HermiteH[n,x]——Hermite 多项式；
LaguerreL[n,x],LaguerreL[n,a,x]——拉盖尔多项式；
JacobiP[n,a,b,x]——雅可比多项式。

(6) 特殊函数

Beta[a,b],Beta[z,a,b]——Bata 函数及不完全 Beta 函数；
Gamma[z],Gamma[a,z]——Gamma 函数及不完全 Gamma 函数；
Erf[z],Erf[z0,z1]——误差函数及广义误差函数；
BesselJ[n,z],BesselY[n,z]——贝塞尔函数；
BesselI[n,z],BesselK[n,z]——修正的贝塞尔函数；
ExpIntegralE[n,z],LogIntegral[z]——指数积分与对数积分。

4. 自定义函数

在 Mathematica 中定义一个新函数后,其用法与内部函数是一样的,其定义形式为

fun[var1_,var2_,…]:=expr 或 fun[var1_,var2_,…]=expr

其中函数变量后面的下划线必不可少,以上面的 var1_为例,其意思是让 var1 匹配所有表达式,但我们可以在下划线的后面限定变量的类型,如 f[n_Integer]的意思是变量 n 是一个整数。例如：

f[x_]=Simplify[D[Exp[2x]Sin[x],{x,3}]]

e^{2x}(11Cos[x]+2Sin[x])
g[x_,y_]:=x^2+f[y];g[1,0]
12

Mathematica 中的函数调用是递归的,就是说,函数可以调用自身,下面是计算阶乘的函数子程序。

Clear[a,k];a[k_Integer]:=k * a[k-1];a[0]=1;
Print["30!=",a[30],"   a[10.0]=",a[10.0]];
30!=265252859812191058636308480000000 a[10.0]=a[10.]

由于限制 k 为整数,所以对 a[10.0],Mathematica 是不会计算的。系统中的许多内部函数都是利用递归调用实现的,$RecursionLimit 是系统进行递归调用的最大次数,默认值为 256,用户可以将它修改为一个合适的值,这只需对 $RecursionLimit 重新赋值即可。

对于复杂的函数定义,可以用模块 Module[]定义,其形式为

fun[var1_,var2_,...]:=Module[{x,y,...},statement1; ...; statementN]

其中变量 x、y 称为局部变量,它只在此函数定义的内部起作用(实际上,Module[]就是其他计算机语言中的函数子程序,更进一步的解释见 9.6 节)。另外,对于复杂的函数定义,一般要应用条件判断及循环结构,9.6 节将详细介绍这方面的内容。例如,上面计算阶乘的例子可用模块形式书写为

f[n_]:=Module[{a,k},a[0]=1;a[k_]:=k * a[k- 1];a[n]];f[50]
30414093201713378043612608166064768844377641568960512000000000000

9.3 符号数学运算

Mathematica 的最大优点就是能够进行各种复杂的数学符号计算,下面我们分类介绍它的符号计算功能。

1. 代数多项式运算

多项式是代数学中最基本的表达式,下面分类给出关于它的各种数学运算。
(1) 基本运算
Expand[poly]——将多项式 poly 展开为乘积与乘幂;
Expand[poly,expr]——只展开 poly 中与 expr 相匹配的项;
Factor[poly]——对多项式 poly 进行因式分解;
FactorTerms[poly]——提取多项式 poly 中的数字公因子;
Collect[poly,x]——以 x 为变量,按相同的幂次排列多项式 poly;

Collect[poly,{x,y,…}]——同上,但以 x、y 为变量;

PowerExand[expr]——将 expr 中的 $(xy)^p$ 变为 $x^p y^p$,$(x^p)^q$ 变为 x^{pq}。

见下面的例子。

`Expand[(1+(1+x^2)^2)^2,1+x^2]`

$(2+2x^2+x^4)^2$

`Expand[(1+(1+x^2)^2)^2]`

$4+8x^2+8x^4+4x^6+x^8$

`Factor[%]`

$(2+2x^2+x^4)^2$

(2) 多项式的结构

Length[poly]——列出多项式所含的项数;

Exponent[expr,form]——给出 expr 中关于 form 的最高幂次;

Coefficient[expr,form]——给出 expr 中关于 form 的系数;

Coefficient[poly,form]——以 form 为变量,将 poly 前面的系数按幂次由小到大顺序用集合形式列出。

下面是计算实例。

`t=Expand[(2a+3x)^3(4x+5y)^2];t`

$128a^3 x^2 + 576a^2 x^3 + 864ax^4 + 432x^5 + 320a^3 xy + 1440a^2 x^2 y + 2160ax^3 y + 1080x^4 y + 200a^3 y^2 + 900a^2 xy^2 + 1350ax^2 y^2 + 675x^3 y^2$

`Collect[t,x]`

$432x^5 + 200a^3 y^2 + x^4(864a+1080y) + x^3(576a^2+2160ay+675y^2) + x^2(128a^3+1440a^2 y+1350ay^2) + x(320a^3 y+900a^2 y^2)$

`Exponent[t,x]`

5

`Coefficient[t,x^3]`

$576a^2 + 2160ay + 675y^2$

`CoefficientList[t,y]`

$\{128a^3 x^2 + 576a^2 x^3 + 864ax^4 + 432x^5,$
$320a^3 + 1440a^2 x^2 + 2160ax^3 + 1080x^4, 200a^3 + 900a^2 x + 1350ax^2 + 675x^3\}$

`FactorTerms[t,y]`

$(8a^3 + 36a^2 x^3 + 54ax^6 + 27x^9)(16x^2 + 40xy + 25y^2)$

(3) 多项式的四则运算

PolynomialQuotient[poly1,poly2,x]——求 poly1 除以 poly2 的商,其中 poly1 与 poly2 均以 x 为变量,其结果舍去余式;

PolynomialRemainder[poly1,poly2,x]——求 poly1/poly2 的余式;

PolynomialGCD[poly1,poly2]——求 poly1 与 poly2 的最大公因式;

PolynomialLCM[poly1,poly2]——求 poly1 与 poly2 的最小公倍式；
FactorTerms[poly,x]——以 x 为变量，提取公因子；
FactorList[poly]——以集合形式给出 poly 的公因子；
InterpolatingPolynomial[{{x1,y1},{x2,y2},...},x]——求通过数据点(x1,y1),(x2,y2),…且以 x 为变量的拉格朗日插值多项式。

下面是关于多项式四则运算的例子。

p1:= 4- 3x^2+ x^3;p2:= 4+ 8x+ 5x^2+ x^3;
{Factor[p1],Factor[p2]}
{(-2+x)^2(1+x),(1+x)(2+x)^2}
{PolynomiaGCD[p1,p2],PolynomialLCM[p1,p2]}
{(1+x,(4- 4x+ x^2)(4+ 8x+ 5x^2+ x^3)}
PolynomialQuotient[(x^2+1)p1,p2,x]
33- 8x+ x^2
PolynomialRemainder[p1,p2,x]
- 8x- 8x^2
d={{-2,4},{-1,1},{0,0},{1,1},{2,4}};
InterpolatingPolynomial[d,x]
4+ (-2+x)(2+x)
Simplify[%]
x^2

（4）有理多项式运算

Numerator[expr]——给出表达式 expr 的分子部分；
ExpandNumerator[expr]——只将表达式 expr 中的分子部分展开；
Denominator[expr]——给出表达式 expr 的分母部分；
ExpandDenominator[expr]——只将表达式 expr 中的分母部分展开；
Expand[expr]——只展开表达式 expr 的分子，并将分母分成单项；
ExpandAll[expr]——同时展开表达式 expr 的分子与分母；
Together[expr]——将多个有理分式进行通分运算；
Apart[expr]——将有理分式 expr 分解为一系列最简分式的和；
Cancel[expr]——约去有理分式 expr 分子与分母的公因子；
Factor[expr]——对 expr 进行因式分解。

下面是有关有理多项式运算的例子。

t= (x-1)^2(2+x)/((1+x)(x-3)^2);Expand[t]

$$\frac{2}{(-3+x)^2(1+x)} - \frac{3x}{(-3+x)^2(1+x)} + \frac{x^3}{(-3+x)^2(1+x)}$$

ExpandAll[t]

$$\frac{2}{9+3x-5x^2+x^3} - \frac{3x}{9+3x-5x^2+x^3} + \frac{x^3}{9+3x-5x^2+x^3}$$

Together[%]

$$\frac{2-3x+x^3}{9+3x-5x^2+x^3}$$

Apart[%]

$$1 + \frac{5}{(-3+x)^2} + \frac{19}{4(-3+x)} + \frac{1}{4(1+x)}$$

Factor[%]

$$\frac{(-1+x)^2 + (2+x)}{(-3+x)^2 + (1+x)}$$

ExpandNumerator[%]

$$\frac{2-3x+x^3}{(-3+x)^2 + (1+x)}$$

(5) 表达式的化简

Simplify[expr]——化简 expr，使其结果的表达式最短；

FullSimplify[expr]——同上，但将结果表达式中的所有函数展开；

Simplify[expr,assum]——根据假设 assum 化简 expr，使其结果的表达式最短；

FullSimplify[expr,assum]——根据假设 assum 化简 expr，但将结果中的所有函数展开。

对于化简表达式，上面的两个命令差不多，但大部分情况下，我们更愿意用 FullSimplify[]。另外，assum 是一个逻辑表达式，例如 x>0，y<1，或者是对表达式中元素的范围界定，例如 Element[x,Reals]等。下面是代数表达式化简的例子。

```
Simplify[Cos[x]^2-Sin[x]^2]
```
Cos[2x]
```
Integrate[x^2 Sin[n*x],{x,0,Pi}]
```
$$-\frac{2}{n^2} - \frac{(-2+n^2\pi^2)\cos[n\pi]}{n^2} + \frac{2\pi\sin[n\pi]}{n^2}$$
```
FullSimplify[%,n∈ Integers]
```
$$\frac{-2+(-1)^n(2-n^2\pi^2)}{n^2}$$
```
Clear[x,y];FullSimplity[Abs[x-y]/√((1-x)^2) (x-1),(0<x<1)&&(y>x)]
```
x-y

2. 三角函数运算

虽然 Simplify 及 FullSimplify 命令也能对三角函数表达式进行化简，但功能有限。在大部分情况下，我们对三角函数使用以下命令。

TrigExpand[expr]——展开倍角及和差形式的三角函数；

TrigFactor[expr]——用倍角及和差形式表示三角函数；

TrigFactorList[expr]——给出每个因式及其指数的列表；
TrigReduce[expr]——用倍角化简 expr，使其结果的表达式最短；
TrigToExp[expr]——使用欧拉公式将三角表达式化成复指数形式；
ExpToTrig[expr]——将复指数形式的表达式化成三角函数形式表达式。
下面是三角函数运算的例子。

`t=Sin[3y]Cos[2x+y]-Cos[3x];t1=TrigExpand[t]`

$-\text{Cos}[x]^3-\text{Cos}[x]\text{Cos}[y]^2\text{Sin}[x]+\text{Cos}[x]\text{Cos}[y]^4\text{Sin}[x]+$
$3\text{Cos}[x]\text{Sin}[x]^2+\text{Cos}[x]^2\text{Cos}[y]\text{Sin}[y]+$
$2\text{Cos}[x]^2\text{Cos}[y]^3\text{Sin}[y]-\text{Cos}[y]\text{Sin}[x]^2\text{Sin}[y]-$
$2\text{Cos}[y]^3\text{Sin}[x]^2\text{Sin}[y]+\text{Cos}[x]\text{Sin}[x]\text{Sin}[y]^2-$
$6\text{Cos}[x]\text{Cos}[y]^2\text{Sin}[x]\text{Sin}[y]^2-2\text{Cos}[x]^2\text{Cos}[y]\text{Sin}[y]^3+$
$2\text{Cos}[y]\text{Sin}[x]^2\text{Sin}[y]^3+\text{Cos}[x]\text{Sin}[x]\text{Sin}[y]^4$

`t2=TrigFactor[t1]`

$\frac{1}{2}(-2\text{Cos}[3x]-\text{Sin}[2x-2y]+\text{Sin}[2x+4y])$

`{t3=TrigReduce[t1],t4=TrigReduce[t1-t2]}`

$\{\frac{1}{2}(-2\text{Cos}[3x]-\text{Sin}[2x-2y]+\text{Sin}[2x+4y]),0\}$

`t5=TrigToExp[t]`

$-\frac{1}{2}e^{-3ix}-\frac{1}{2}e^{3ix}+\frac{1}{4}ie^{-2ix-2iy}-$
$\frac{1}{4}ie^{-2ix+2iy}+\frac{1}{4}ie^{-2ix-4iy}-\frac{1}{4}ie^{2ix+4iy}$

`Simplify[%]`

$\frac{1}{4}e^{-3ix}(-2-2e^{6ix}+ie^{i(x-4y)}+ie^{5ix-2iy}-ie^{5ix+4iy}-ie^{i(x+2y)})$

`FullSimplify[%]`

$-\text{Cos}[3x]+\text{Cos}[2x+y]\text{Sin}[3y]$

由此可见，Simplify[] 与 FullSimplify[] 是针对所有代数运算进行化简的函数，而 TrigReduce[] 只对三角函数的化简有效。

3. 复数运算

Mathematica 中的复数运算与其他数学运算没有什么区别，下面是有关复数运算的数学函数，其中 I 为系统内部变量，表示复数虚部。

x+I*y, Re[z]、Im[z]、Abs[z]、Conjugate[z]、Arg[z]——以上分别为复数、实部、虚部、模、共轭复数、辐角主值；
ComplexExpand[expr]——展开 expr，并假设 expr 中所有变量都是实数；
ComplexExpand[expr,{z1,z2,...}]——展开 expr，假设 z1、z2 为复数。

Mathematica 的大部分内部函数都是基于复数的,比如三角函数、指数与对数函数、贝塞尔函数等。复数运算的例子如下。

```
{z=(3+6I)/(7-I)^2,Abs[z],Re[z],Im[z],Conjugate[z],Arg[z]}
```

$$\left\{\frac{3}{125}+\frac{33i}{250},\frac{3}{10\sqrt{5}},\frac{3}{125},\frac{33}{250},\frac{3}{125}-\frac{33i}{250},\text{ArcTan}\left[\frac{11}{2}\right]\right\}$$

```
ComplexExpand[Tan[2x+I*3y]]
```

$$\frac{\text{Sin}[4x]}{\text{Cos}[4x]+\text{Cosh}[6y]}+\frac{i\,\text{Sinh}[6y]}{\text{Cos}[4x]+\text{Cosh}[6y]}$$

```
z=.;ComplexExpand[Sin[z]Exp[x],z]
```

$e^x\text{Cosh}[\text{Im}[z]]\text{Sin}[\text{Re}[z]]+ie^x\text{Cos}[\text{Re}[z]]\text{Sinh}[\text{Im}[z]]$

4. 方程求解

Solve[lhs==rhs,x]——求出方程中 x 的解;

Solve[{lhs1==rhs1,lhs2==rhs2,…},{x,y,…}]——求联立方程组 x,y,…的解;

Reduce[{lhs1==rhs1,lhs2==rhs2,…},{x,y,…}]——同上,但给出方程组所有可能的解,包括平凡解;

Eliminate[{lhs1==rhs1,lhs2==rhs2,…},{x,y,…}]——消去方程组中的变量 x,y,…;

expr/.solution——将解 solution 应用于表达式 expr。

Solve[]是求解方程或方程组的非平凡解的一个最简单的公式,下面是几个这方面的例子。

```
x=.;Solve[x^4-8x^3+24x^2-32x+15==0,x]
{{x→1},{x→2-i},{x→2+i},{x→3}}
Solve[{2x+3y==8,3x+2y==7},{x,y}]
{{x→1,y→2}}
```

但是,Solve[]只能求出方程或方程组的理论解,下面的两个例子中,第一个例子是能够求出理论解的,但若 Mathematica 都显示出来,可能要占据整个屏幕,此时我们只有利用//N 或 N[]命令从理论解中计算它的数值解;对于第二个例子,根本没有理论解,因此 Solve[]命令也求不出理论解,只能用下节的 FindRoot[]命令求它的数值解。

```
x=.;Solve[x^4+2x^3+x+1==0,x]//N
{{x→0.379567-0.76948i},{x→0.379567+0.76948i},
{x→-2.11769},{x→-0.641445}}
Abs[x]//.%
{0.858004,0.858004,2.11769,0.641445}
Solve[{x^2+y^2==4,Exp[x]+y==6},{x,y}]
Solve::tdep:
```

The equations appear to involve the variables to be solved for in an essentially non-algebraic way.
Solve[{$x^2+y^2==4, e^x+y==6$},{x,y}]

Reduce[]与Solve[]的区别是：Reduce[]还能给出平凡解，而Solve[]则只能给出非平凡解。举例如下。

Solve[a*x+b==c,x]
{{x→$-\frac{b-c}{a}$}}
Reduce[a*x+b==c,x]
a==0&&b==c||x==$\frac{-b+c}{a}$&&a≠0

Eliminate[]的作用是：从方程组中消去若干个变量以简化方程组。举例如下。

Eliminate[{a*x^3+y==0, 2x+(1-a)y==1},y]
$-ax^3+a^2x^3==1-2x$
Solve[%,x]/.a→2//N
{{x→0.423854},{x→-0.211927+1.06524 i},
{x→-0.211927-1.06524 i}}

5. 线性代数运算

Mathematica 能够进行各种线性代数运算，其具体命令见 9.2 节，这里我们只给出一些实际的例子。Mathematica 中的向量，没有行向量与列向量之分，在处理有关向量运算时，一定要注意此点，见下面的例子。

Clear[a,b,A,B];a={1,2,3};b={3,4,5};
{Dot[a,b],Cross[a,b]}
{26,{-2,4,-2}}
A=2*DiagonalMatrix[{1,2,3}]-{{0,2,1},{1,0,1},{1,1,0}}
{{2,-2,-1},{-1,4,-1},{-1,-1,6}}
{Det[A],a.A,A.a,a,A,b}
{34,{-3,4,15},{-3,4,15},82}

Mathematica 能够进行与矩阵有关的各种运算，求方阵的行列式、矩阵的四则运算、求逆矩阵、解线性方程组、求矩阵的特征值与特征向量等（下面的例子续接上面的计算）。

B=3A-2*MatrixPower[A,3];MatrixForm[B]
$\begin{pmatrix} -56 & 98 & 61 \\ 37 & -178 & 133 \\ 85 & 109 & -468 \end{pmatrix}$
{Inverse[B].b, LinearSolve[B,b]}

$$\left\{\left\{\frac{535933}{120609},\frac{218480}{120609},\frac{146935}{120609}\right\},\left\{\frac{535933}{120609},\frac{218480}{120609},\frac{146935}{120609}\right\}\right\}$$

Eigenvalues[A]//N

{6.43931+0.i,4.66112-4.44089×10^{-16}i,
0.899568+4.44089×10^{-16}i}

Chop[%]

{6.43931,4.66112,0.899568}

Eigensystem[A]//N

{{6.43931+0.i,
 4.66112-4.44089×10^{-16}i,0.899568+4.44089×10^{-16}i},
{{-0.0497586+0.i,-0.389553+0.i,1.},
 {-5.56292+8.17818×10^{-15}i,6.9018-7.73409×10^{-15}i,1.},
 {3.61268-4.96914×10^{-16}i,1.48775+5.28252×10^{-17}i,1.}}}

Chop[%]

{{6.43931,4.66112,0.899568},{{-0.0497586,-0.389553,1.},
 {-5.56292,6.9018,1.},{3.61268,1.48775,1.}}}

6. 微积分运算

（1）极限运算

Limit[expr,x->x0]——求当 x→x_0 时，表达式 expr 的极限；

Limit[expr,x->x0,Direction->-1]——同上，但求左极限；

Limit[expr,x->x0,Direction->1]——同上，但求右极限。

在 Mathematica 安装目录的\AndOnes\StandardPackages\Calculus 子目录下，有一个软件包 Limit.m，它对极限命令 Limit[ ]进行了各种扩展，使适用计算的函数更广。在计算极限前，最好先装入此软件包。

<<Calculus'limit'
Limit[ArcSin[(1-x)/(1+x)],x→+Infinity]

$-\frac{\pi}{2}$

Limit[(Exp[Sin[x]]-1)/x,x→0]

1

Limit[(Pi-x)Tan[x],x→ Pi/2,Direction→1]

∞

在 Mathematica 安装目录的 \ AndOnes \ StandardPackages \ 下，附加了许多在 Mathematica 启动时没有装入到系统内部的数学软件包，它们在磁盘上的扩展名为".m"。对每个软件包，都可以通过任何一个文本编辑软件如 Notebook、NotePad、Word 等打开它，研究它的用法，并通过"<<软件包目录名'该目录下的文件名"装入此软件包。这里给出软

件包的清单：Algebra(代数软件包)、LinearAlgebra(线性代数软件包)、Statistics(统计软件包)、Culculus(微积分软件包)、DiscreteMath(离散数学软件包)、NumberTheory(数论软件包)、Geometry(几何软件包)、Graphics(图形处理软件包)、NumericalMath(数值分析软件包)。另外，在每个软件包目录下，都有一个文件"Master.m"，如果将此软件包装入，就装入了该目录下的所有软件包。比如装入所有微积分运算方面的软件包，可使用

```
<<calculus 'master'
```

(2) 导数运算

f'[x]——函数 f(x) 的导数；

f"[x]——函数 f(x) 的二阶导数，更一般情况是下面的函数；

D[f,x]——求导数 $\dfrac{\mathrm{d}f}{\mathrm{d}x}$ 或者偏导数 $\dfrac{\partial f}{\partial x}$；

D[f,{x,n}]——求高阶导数 $\dfrac{\mathrm{d}^n f}{\mathrm{d}x^n}$ 或者高阶偏导数 $\dfrac{\partial^n f}{\partial x^n}$；

D[f,x,y,…]——求高阶混合偏导数 $\dfrac{\partial^n f}{\partial x \partial y \cdots}$；

D[f,x,Nonconstants->{y,z,…}]——求 f 对 x 的偏导数，其中假设变量 y,z,… 为 x 的函数；

Dt[f]——求函数 f 的全微分 df；

Dt[f,x]——只求函数 f 对变量 x 的微分；

Dt[f,x,Constant->{c1,c2,…}]——同上，但假设 c1,c2 为常数。

下面是有关导数方面的一些数学运算。

```
f[x_]:=(x^2+1)^2 ArcTan[x];FullSimplify[{f'[x],f"[x]}]
```
{(1+x²)(1+4xArcTan[x]),6x+4(1+3x²)ArcTan[x]}

```
FullSimplify[{D[f[x],x],D[f[x],{x,2}]}]
```
{(1+x²)(1+4xArcTan[x]),6x+4(1+3x²)ArcTan[x]}

```
u[x_,y_]:=x^3 * y+x^2 * y^2-3x * y^3;[u[x,y],{x,2},{y,1}]
```
6x+4y

```
D[g[x,x * y,z/x],x,NonConstants->{y,z}]
```
$\left(-\dfrac{z}{x^2}+\dfrac{D[z,x,\text{NonConstants}\to\{y,z\}]}{x}\right)g^{(0,0,1)}\left[x,xy,\dfrac{z}{x}\right]+$

$(y+xD[y,x,\text{NonConstants}\to\{y,z\}])g^{(0,1,0)}\left[x,xy,\dfrac{z}{x}\right]+$

$g^{(1,0,0)}\left[x,xy,\dfrac{z}{x}\right]$

```
Dt[5y^2+Sin[y]==x^2,x]
```
10y Dt[y,x]+Cos[y]Dt[y,x]==2x

```
Solve[%,Dt[y,x]]
```

$$\left\{\left\{\text{Dt}(y,x) \to \frac{2x}{10y+\text{Cos}[y]}\right\}\right\}$$

Dt[u[x,y],x]

$3x^2y + 2xy^2 - 3y^3 + x^3\text{Dt}[y,x] + 2x^2y\text{Dt}[y,x] - 9xy^2\text{Dt}[y,x]$

Dt[u[x,y],y]

$x^3 + 2x^2y - 9xy^2 + 3x^2y\text{Dt}[x,y] + 2xy^2\text{Dt}[x,y] - 3y^3\text{Dt}[x,y]$

(3) 积分运算

Integrate[f,x]——求不定积分 $\int f\,\mathrm{d}x$；

Integrate[f,{x,a,b}]——求定积分 $\int_a^b f\,\mathrm{d}x$；

Integrate[f,{x,a,b},Assumptions->expr]——允许某些限定条件；

Integrate[f,{x,a,b},{y,y1[x],y2[x]}]——求 $\int_a^b \mathrm{d}x \int_{y1(x)}^{y2(x)} f\,\mathrm{d}x$。

下面是积分方面的运算。

Clear[x,y,a,b];FullSimplify[Integrate[Exp[a*x]cos[b*x],x]]

$$\frac{e^{ax}(a\,\text{Cos}[bx] + b\,\text{Sin}[bx])}{a^2 + b^2}$$

Integrate[x^4 Sin[x]^7,{x,0,Pi/2}]

$$\frac{18567642368}{1418090625} - \frac{89316604\pi}{13505625} + \frac{2161\pi^3}{7350}$$

Integrate[x*y,[y,-1,2],{x,y^2,y+2}]

$$\frac{45}{8}$$

注：这是二重积分 $\int_{-1}^{2}\mathrm{d}y\int_{y^2}^{y+2} xy\,\mathrm{d}x$。

Integrate[x^n,{x,0,1}]

$\text{If}\left[\text{Re}[n] > -1, \dfrac{1}{1+n}, \int_0^1 x^n\,\mathrm{d}x\right]$

Integrate[x^n,{x,0,1},Assumptions→(n>1)]

$\dfrac{1}{1+n}$

Integrate[Sin[a*x]/x,{x,0,∞}]

$\text{If}\left[\text{Im}[a] == 0, \dfrac{1}{2}\pi\text{Sign}[a], \int_0^\infty \dfrac{\text{Sin}[ax]}{x}\,\mathrm{d}x\right]$

Integrate[Sin[a*x]/x,{x,0,∞},Assumptions→(Im[a]==0)]

$\dfrac{1}{2}\pi\text{Sing}[a]$

（4）级数运算

Sum[f,{i,imin,imax}]——计算符号和 $\sum_{i=imin}^{imax} f$；

Sum[f,{i,imin,imax,di}]——同上，但步长为 di；

Sum[f,{i,imin,imax,di},{j,jmin,jmax,di},...]——计算多重符号和，若省略 di，则默认按 1 递增；

Product[f,{i,imin,imax}]——计算符号积 $\prod_{i=imin}^{imax} f$；

Product[f,{i,imin,imax,di}]——同上，但步长为 di；

Product[f,{i,imin,imax,di},{j,jmin,jmax,di},...]——计算多重符号积，若省略 di，则默认按 1 递增；

Series[f,{x,x0,n}]——求函数 f 在 x=x0 处的 n 阶泰勒展开式；

Series[f,{x,x0,n},{y,y0,m},...]——求函数 f 在(x0,y0,…)点的泰勒展开式，其中 x 展开至多为 n 阶，y 至多为 m 阶，……；

Normal[expr]——去掉泰勒展开式 expr 中的高阶无穷小项。

下面是计算实例。

```
Clear[i,j,n,x,f];Sum[1/j^2,{j,1,Infinity,2}]
```
$\dfrac{\pi^2}{8}$

```
Sum[(-1)^(n-1)/n,{n,1,Infinity}]
```
Log[2]

```
Sum[(-1)^n/(2n+1),{n,0,Infinity}]
```
$\dfrac{\pi}{4}$

```
Product[x+i,{i,0,1,0.2}]
```
x(0.2+x)(0.4+x)(0.6+x)(0.8+x)(1.+x)

```
Series[Sqrt[1+x^2],(x,0,5)]
```
$1+\dfrac{x^2}{2}-\dfrac{x^4}{8}+O[x]^6$

```
f[x_]=Normal[%]
```
$1+\dfrac{x^2}{2}-\dfrac{x^4}{8}$

（5）微分方程的理论解

DSolve[eqn,y[x],x]——求解微分方程 eqn，其中 y 为 x 的函数；

DSolve[{eqn,initial conditions},y[x],x]——求解含有初始条件的微分方程；

DSolve[{eqn1,eqn2,...},{y1[t],y2[t],...},t]——求解微分方程组，其中 y1[t]，y2[t]，…为函数，t 为自变量。

在输入要求解的微分方程时，如果 y 为函数，x 为自变量，则我们一般用 y[x]表示函数本身，y'[x]表示函数的一阶导数，y''[x]表示二阶导数，y'''[x]表示三阶，依此类推。当然，也可用 D[y[x],{x,n}] 的形式来输入函数的导数。在 Mathematica 所给出的微分方程的解中,用 C[1],C[2],C[3],… 表示任意常数。

```
Clear[x,y,t];DSolve[y'[x]==6x^3 y[x]^2,y[x],x]
    {{y[x] -> -2/(3x^4 - C[1])}}
DSolve[x * y'[x]==y[x]^2/x + y[x],y[x],x]
    {{y[x] -> x/(C[1] - Log[x])}}
DSolve[{x^3 y'[x]==x^2 y[x] - 2y[x]^2, y[1]==6},y[x],x]
    {{y[x] -> 6x^2/(-12 + 13x)}}
solution=DSolve[x^2 y''[x] + 5x * y'[x] - 2y[x]==0,y[x],x]
    {{y[x] -> x^(i√2 - i√3) C[1] + x^(i√2 + i√3) C[2]}}
sol=FullSimplify[solution]
    {{y[x] -> x^(-2-√6) (x^(2√6) C[1] + C[2])}}
f[x_]=sol[[1,1,2]]//.{C[1] -> 1, C[2] -> 2}
    x^(-2-√6) (2 + x^(2√6))
sol=DSolve[{y''[x] - y'[x]==4x * e^x, y[0]==0, y'[0]==0}, y[x], x]
    {{y[x] -> -4e^x/(-1+Log[xe]) + 4/Log[xe] + 4xe^x/((-1+Log[xe])Log[xe])}}
sol//.Log[xe] -> 1 + Log[x]
    {{y[x] -> -4e^x/Log[x] + 4/(1+Log[x]) + 4xe^x/(Log[x](1+Log[x]))}}
DSolve[{x''[t] - 2y[t]==t+2, 3y'[t]==2t^2}, {x[t],y[t]}, t]
    {{x[t] -> 1/30 (30t^2 + 5t^3 + t^5 + 30C[1] + 30t^2 C[2] + 30tC[3]), y[t] -> t^3/3 + C[2]}}
```

9.4 数值分析

本节介绍数学运算中的数值求解方法,包括求极值、求根、曲线拟合、数值积分、和与积的数值计算、线性规划等。

1. 数值求和与数值求积

$NSum[f,\{i,imin,imax\}]$——求数值和 $\sum_{i=imin}^{imax} f$;

$NSum[f,\{i,imin,imax,di\}]$——同上,但求步长为 di;

$NSum[f,\{i,imin,imax\},\{j,jmin,jmax\},\ldots]$——求多重数值和;

$NSum[f,\{i,imin,imax,di\},\{j,jmin,jmax,di\},\ldots]$——同上,但步长为 di;

$NProduct[f,\{i,imin,imax\}]$——求数值积 $\prod_{i=imin}^{imax} f$;

NProduct[f,{i,imin,imax,di}]——此命令及以下两个命令参见 Nsum[]的说明；

NProduct[f,{i,imin,imax},{j,jmin,jmax},...];

NProduct[f,{i,imin,imax,di},{j,jmin,jmax,di},...]。

由于 NSum[]、Nproduct[]命令与我们前面介绍的 Sum[]、Product[]用法相同,因此这里不再给出实际例子。

2. 极值

FindMinimum[f,{x,x0}]——对一元函数 f(x)从初值 x＝x0 开始寻找函数 f 的极小值；

FindMinimum[f,{x,x0},{y,y0},...]——对多元函数 f(x,y,…),从初值(x0,y0,…)开始寻找寻找函数 f 的极小值；

FindMaximum[f,{x,x0}]——对一元函数 f(x),从初值 x＝x0 开始寻找函数 f 的极大值；

FindMaximum[f,{x,x0},{y,y0},...]——从初值(x0,y0,…)开始寻找多元函数 f 的极大值。

对于 FindMinimum[],选取不同的初值可能会得到不同的极值,例如,下面的程序画出函数 $f(x)=x^4-2x^2$（$-2 \leqslant x \leqslant 2$）内的图形（图 9.2）,同时求出了此函数在区间[−2,2]内的 2 个极值点。

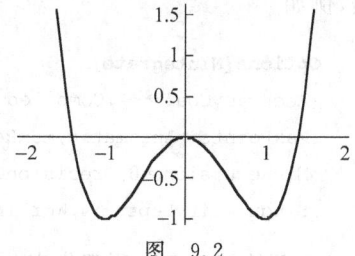

图 9.2

```
Clear[f,x,y];f[x_]:=x^4-2x^2;
{FindMinimum[f[x],{x,0.5}],FindMinimum[f[x],{x,-0.5}]}
{{-1.,{x→1.}},{-1.,{x→-1.}}}
Plot[f[x],{x,-2,2}]
```

3. 方程的根

FindRoot[lhs==rhs,{x,x0}]——从初值 x＝x0 开始寻找方程的根；

FindRoot[lhs==rhs,{x,{x0,x1}}]——同上,但初值为(x0,x1)内；

FindRoot[lhs==rhs,{x,xstart,xmin,xmax}]——以初值 xstart 求解方程,若 x 在区间(xmin,xmax)外就停止计算；

FindRoot[{eqn1,eqn2,...},{x,x0},{y,y0},...]——求联立方程的根。

FindRoot[]对初值的选取很重要,不同的初值可能得到不同的根。

```
Clear[x,f];f[x_]:=x^2+(1-Exp[x])^2-4;
{FindRoot[f[x],{x,-1.7}],FindRoot[f[x],{x,1}]}
{{x→-1.81626},{x→1.00417}}
FindRoot[{x^2+y^2==4,Exp[x]+Exp[y]+Sin[x]+Sin[y]==1},
{x,-2},{y,0}]
{x→-1.96757,y→0.358696}
```

4. 数值积分

NIntegrate[f,{x,a,b}]——函数 f 的数值积分；

NIntegrate[f,{x,a,b},{y,y1[x],y2[x]}]——函数 f 的二重数值积分。

由于大部分函数使用 Integrate[] 命令不能够求出其理论积分，因此，我们只能求它的数值积分。例如函数 sin(sinx) 的不定积分，计算如下。

Integrate[Sin[Sin[x]],{x,0,1}]

$\int_0^1 \text{Sin}[\text{Sin}[x]]dx$

NIntegrate[Sin[Sin[x]],{x,0,1}]

0.430606

在 Mathematica 中，可以利用 Options[command_name] 查看每个内部命令的默认选项，例如

Options[NIntegrate]

{AccuracyGoal→∞,Compiled→True,GaussPoints→Automatic,
 MaxPoints→Automatic,MaxRecursion→6,Method→Automatic,
 MinRecursion→0,PrecisionGoal→Automatic,
 SingularityDepth→4,WorkingPrecision→16}

上面的每一个选项都代表此命令的某种当前计算状态，比如 WorkingPrecision 选项表示当前积分计算的精度是 16 位，修改为

NIntegrate[Sin[Sin[x]],{x,0,1},WorkingPrecision→20]

0.4306061031

5. 数据的插值逼近

Interpolation[{{x1,y1},{x2,y2},…}]——给出通过数据点 (x1,y1),(x2,y2),… 的一个单变量近似函数；

Interpolation[{{x1,y1,z1},{x2,y2,z2},…}]——给出通过数据点 (x1,y1,z1),(x2,y2,z2),… 的一个双变量近似函数；

Interpolation[{{x1,y1,…},{x2,y2,…},…}]——多个变量近似函数。

在 Mathematica 中，近似函数是由 InterpolatingFunction[] 生成的，其具体用法参见下面的例子。

Clear[d,data,x,y,f,sinxy];
data=Table[{x,Exp[x]},{x,0,1,0.1}]

{{0,1},{0.1,1.10517},{0.2,1.2214},{0.3,1.34986},

```
{0.4,1.49182},{0.5,1.64872},{0.6,1.82212},
 {0.7,2.01375},{0.8,2.22554},{0.9,2.4596},{1.,2.71828}}
f= Interpolation[data]
InterpolatingFunction[{{0.,1.}},<>]
{f[0.15],f[0.35],f[0.75]}
{1,16183,1.41906,2.117}
d=Table[{x,y,Sin[x * y]},{x,0,Pi,0.5},{y,0,Pi,0.5}];
data=Flatten[d,1];sinxy=Interpolation[data]
InterpolatingFunction[{{0.,3.},{0.,3.}},<>]
{sin[0.4,0.6],sinxy[0.4,0.6]}
{0.237703,0.237718}
```

6. 曲线拟合

Fit[data,funs,vars]——用变量 vars、函数集合 funs 线性拟合一组数据。

线性拟合的意思是：给定一列数据及拟合函数集$\{f_1,f_2,\cdots,f_n\}$，Fit[]命令给出该函数集的拟合函数 $k_1f_1+k_2f_2+\cdots+k_nf_n$，参见下面的例子。

```
d={{1,2},{3,7},{5,9},{7,15},{9,35},{11,80},{13,150}};
x= .;f[x_]=Fit[d,{1,x,Log[x]},x]
-13.0035+23.7089x-65.4063 Log[x]
d={{1,2,3},{4,5,6},{5,6,7},{6,7,8},{7,8,9}};y= .;
Fit[d,{1,x,y,x * y,x^2,y^2},{x,y}]
```
$0.9-0.2x-0.1x^2+0.7y-0.3xy+0.4y^2$

利用软件包 nonlinearfit.m，可以进行非线性拟合，装入此软件后，系统会提供以下函数：

NonlinearFit[data,model,vars,params]——利用数据 data 拟合函数模型 model，其中 vars 是函数变量集合，params 是要拟合的参数集合。我们用下面的例子演示非线性函数拟合的过程。

```
<<statistics 'NonlinearFit'

clear[x,d,a,b];d=Table[{x,3x+Exp[2x]},{x,0,1,0.1}]//N
{{0.,1.},{0.1,1.5214},{0.2,2.09182},{0.3,2.72212},
 {0.4,3.42554},{0.5,4.21828},{0.6,5.12012},
 {0.7,6.1552},{0.8,7.35303},{0.9,8.74965},{1.,10.3891}}
NonlinearFit[d,b * x+Exp[a * x],x,{a,b}]
```
$e^{2.x}+3.x$

7. 线性规划与非线性规划

对于线性规划，Mathematica 提供了三个函数，分别是：

ConstrainedMax[f,{inequalities},{x,y,...}]——求目标函数 f 在不等式约束条件下的极大值；

ConstrainedMin[f,{inequalities},{x,y,...}]——求目标函数 f 在不等式约束条件下的极小值。

LinearProgramming[c,m,b]——求目标函数 $c^T x$ 在约束 $mx \geqslant b$ 和 $x \geqslant 0$ 下取得的最小值向量 x，即求线性规划问题：

$$\min \quad c^T x$$
$$\text{s. t.} \quad mx \geqslant b$$
$$x \geqslant 0$$

的最小值。例如：

```
ConstrainedMax[3x1+x2+3x3,
{2x1+x2+x3≤2,x1+2x2+3x3≤5,2x1+2x2+ x3≤6},{x1,x2,x3}]
```

$\left\{\dfrac{27}{5}, \left\{x1 \to \dfrac{1}{5}, x2 \to 0, x3 \to \dfrac{8}{5}\right\}\right\}$

下例说明 LinearProgramming[] 的使用方法。

$$\min \quad x_1 + 6x_2 - 7x_3 + x_4 + 5x_5$$
$$\text{s. t.} \quad 5x_1 - 4x_2 + 13x_3 - 2x_4 + x_5 = 20$$
$$x_1 - x_2 + 5x_3 - x_4 + x_5 = 8$$

Mathematica 代码为

```
Clear[c,b,A];c={1,6,- 7,1,5};b={20,-20,8,-8};
A={{5,-4,13,- 2,1},{-5,4,-13,2,-1},{1,-1,5,-1,1},
   {-1,1,-5,1,- 1}};
LinearProgramming[c,A,b]
```

$\left\{0, \dfrac{4}{7}, \dfrac{12}{7}, 0, 0\right\}$

对于非线性规划，可使用以下函数：

NMaximize[函数，变量]与 NMinimize[函数，变量]——求出函数的无约束局部极值，NMaximize[{函数，条件}，变量]与 NMinimize[{函数，条件}，变量]——求出函数在某些约束下的局部极值。注意，这两个函数只在 V4.2 后的版本中才能够使用。

```
NMinimize[{x^2+y^2,(1<x)||(1<x^2+y^2<2)},{x,y}]
```
{1.,{x→0.15304,y→-0.98822}}

```
NMinimize[{(x-1)^2+(y-2)^2,x>1&&x<6,x ∈ Integers},{x,y}]
```

{1.,{x→2,y→2.}}

8. 微分方程的数值解

NDSolve[{eqn1,eqn2,...},y[x],{x,xmin,xmax}]——求微分方程的数值解，x 的范围从 xmin 到 xmax，其他与 Dsolve[]命令相同；

NDSolve[{eqn1,eqn2,...},{y1[t],y2[t],...},{t,tmin,tmax}]——求微分方程组的数值解，其中 t 由 tmin 到 tmax。计算下例微分方程 $y''+2y'+10y=\sin 2x$ 在初始条件 $y(0)=1, y'(0)=0$ 的数值解，并画出解的图形（图 9.3），计算范围 $0 \leqslant x \leqslant 10$。

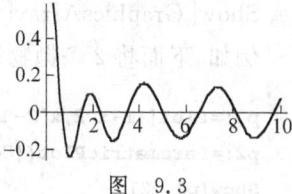

图 9.3

```
s=NDSolve[{y"[x]+2y'[x]+10y[x]==Sin[2x],y[0]==1,y'[0]==0},y[x],{x,0,10}];
{{{y[x]→InterpolatingFunction[{0.,10.}},<>][x]}}
f[x_]=s[[1,1,2]]
InterpolatingFunction[{{0.,10.}},<>][x]
Plot[f[x],{x,0,10}]
```

9.5 图形绘制

Mathematica 能够绘制各种类型的函数图形，下面分类介绍它的函数绘图命令。

1. 平面图形绘制

Plot[f,{x,xmin,xmax}]——画出 f 在区间(xmain,xmax)上的曲线图；
Plot[{f1,f2,...},{x,xmin,xmax}]——同上，但在一张图中同时画出 f1,f2,…的图形；
ListPlot[{{x1,y1},{x2,y2},...}]——由给定的数据绘图；
ParametricPlot[{x[t],y[t]},{t,tmin,tmax}]——画出参数方程图形。
下例将正弦函数和余弦函数画到一个图形中（图 9.4），结果如下：

```
Plot[{Sin[x],Cos[x]},{x,0,4Pi}]
```

下例画出星形线的图形（图 9.5）。

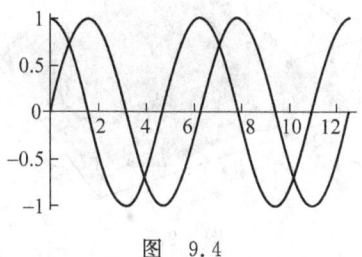

图 9.4

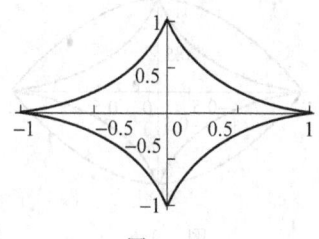

图 9.5

```
ParametricPlot[{Cos[t]^3,Sin[t]^3},{t,0,2Pi}]
```

2. 图形的重组

Show[plot1,plot2,…]——将多个图形画到一张图上；
Show[GraphicsArray[{{plot1,plot2,…},…}]]——绘制图形阵列。
例如，下面将 2 条抛物线和星形线画到一个图形中(图 9.6)。

```
p1:=Plot[{1-x^2,x^2-1},{x,-1,1}];
p2:=ParametricPlot[{Cos[t]^3,Sin[t]^3},{t,0,2 Pi}];
Show[p1,p2]
```

3. 空间图形绘制

Plot3D[f,{x,xmin,xmax},{y,ymin,ymax}]——画三维曲面图；
ListPlot3D[{{z11,z12,…},{z21,z22,…},…}]——由高度数据画图；
ParametricPlot3D[{x[t],y[t],z[t]},{t,tmin,tmax}]——空间曲线图；
ParametricPlot3D[{x[t,u],y[t,u],z[t,u]},{t,tmin,tmax},{u,umin,umax}]——画出参数方程所表示的空间曲面图；
ContourPlot[f,{x,xmin,xmax},{y,ymin,ymax}]——函数的等高线图；
ListContourPlot[{{z11,z12,…},…}]——由高度数组画等高线图；
DensityPlot[f,{x,xmin,xmax},{y,ymin,ymax}]——函数的密度图；
ListDensityPlot[{{z11,z12,…},…}]——由高度数组画密度图。

下例画出曲面
$$f(x,y) = \frac{\sin(x^2+y^2)}{x^2+y^2} \quad (-3 \leqslant x \leqslant 3, -3 \leqslant y \leqslant 3)$$
的图像(图 9.7)。

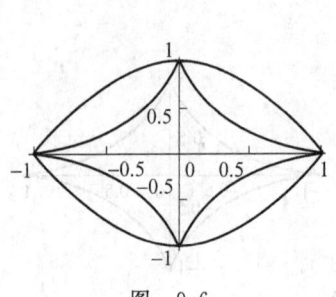

图 9.6

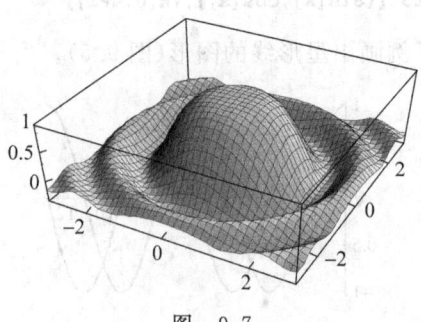

图 9.7

```
Plot3D[Sin[x^2+y^2]/(x^2+y^2),{x,-3,3},
  {y,-3,3},PlotPoints→40]
```

下例画出曲面 $f(x,y)=x^2-y^2$ ($-1\leqslant x\leqslant 1, -1\leqslant y\leqslant 1$) 的等高线图(图 9.8)。

```
ContourPlot[x^2-y^2,(x,-1,1},{y,-1,1}, ContourShading
  →False]
```

图 9.8

下例使用 ParametricPlot3D 画出螺旋线图形(图 9.9)。

```
ParametricPlot 3D[{cos[t],Sin[t],t/20},{t,0,6 Pi}]
```

下面使用 Mathematica 的图形功能画出球面 $x^2+y^2+z^2=1$ 与双曲面 $z=x^2-y^2$ 的交曲面(图 9.10)。

```
r=1;a1:=ParametricPlot3D[{r*Sin[φ]Cos[θ],r*Sin[φ]}Sin[θ]},r*Cos[φ]},{φ,0,π},
  {θ,0,2π}];
a2:=Plot3D[x^2-y^2,{x,-1,1},{y,-1,1}];
Show[a1,a2];
```

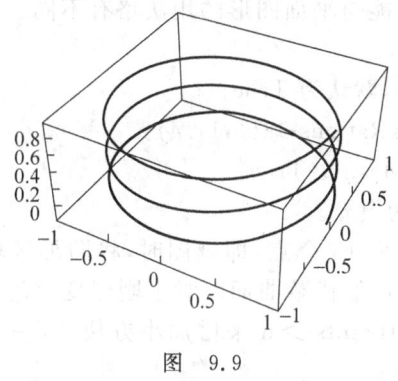

图 9.9

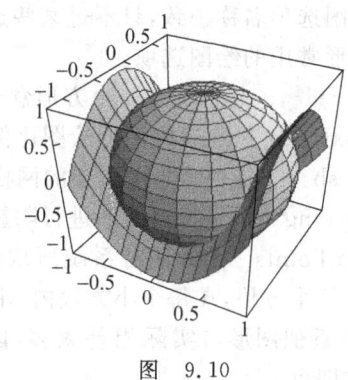

图 9.10

4. 绘图选项

Options[command]可以列出 command 命令所使用的参数设置,例如使用 Options[ListPlot]就可列出 ListPlot[]命令的所有默认选项,与上面所画的图一样,用户可以修改其中的一个或多个选项,以画出不同要求的图形。以下是常用的绘图平面图形绘图选项。

AspectRatio——图形的高与宽的比,默认值为 1/GoldenRatio,即黄金分割率的倒数。

Axes——图形中是否包含坐标轴,默认值为 True,可以修改为 False,即不画出坐标轴。

AxesLabel——是否在每个坐标轴上打印一个字符串,以便标记坐标轴,默认为 None,即不标记,例如对平面图形,可以修改为如:AxesLabel->{"X","Y"}。

AxesOrigin——坐标轴交叉点的位置,默认为系统自动选择,对平面图形,可以使用

AxesOrigin->{x0,y0}选择一个合适的坐标轴交叉点。

DefaultFont——图形中所显示文本的字体与字号,系统的默认值为$DefaultFont,此变量对不同的计算机,可能会有所差别,我们可用命令 DefaultFont->{"Courier",10}去修改它,它表示当前图形中文本的字体为 Courier,字号为 10 磅。

Frame——是否在图形周围加方框,默认为 False,即不加框,可以修改为 True,即将图形放在一个方框之内。

FrameLabel——图形框名称,若图形框选项 Frame 为 True 情况下,使用 FrameLabel->"string"可在图形框外打印一个字符串。

GridLines——是否画出网格线,默认为不画,改变此设置用 GridLines->Automatic 实现,也可用{{x1,x2,…},{y1,y2,…}}的形式自己定义网格线。

PlotLabel——给图形加上标题,用 PlotLabel->"Title"可为图形加上一个合适的标题。

PlotRange——指定绘图的范围,默认为系统自动选择,但可修改它,例如对平面图形,直接用 PlotRange->{{x1,x2},{y1,y2}}指定绘图的范围。

PlotJoined——ListPlot 命令的绘图选项,ListPlot 命令默认的绘图方式是画出一个个的点,用 PlotJoined->True 可将图形中的所有邻近的点用直线连接起来。

对于空间图形,对不同的绘图命令,都有不同的绘图选项,但大部分与上面关于平面图形的绘图选项名称一致,只不过某些选项的用法可能与平面图形的用法略有不同。以下是三维图形常用的绘图选项。

Boxed——是否加上一个方形盒子将图形框住,默认为 True。

BoxRatios——三维图形绘图比例,默认为 BoxRations->{1,1,.4}。

Mesh——是否画出图形中的网格线,默认为 Mesh->True。

Shading——是否对图形进行阴影填充,默认为填充。

PlotPoints——绘图时系统所取的点数,默认为 15 个点,即画图时,将图形区域分成 15×15 的小方块,在每个小方块内,用小平面块来近似代替曲面。对于剧烈变化的三维图形,这种近似图形与实际相差太多,因此要用 PlotPoints->n 来增加小方块数,一般 n 取 50 左右即可。

ViewPoint——三维视点选项,可以将一个三维图形想象成某个物体,某个绘图命令如 Plot3D 就是照相机,相机所处的位置即视点不同,则照出的像也不会相同。默认为{1.3,-2.4,2},可以根据三维图形的实际情况修改成其他值。

Contours——用 ContourPlot 画等高线时的等高线的条数,默认为画 10 条。

ContourShading——用 ContourPlot 绘图时是否使用明暗度,默认为 True,即使用明暗度,可以修改为 False。

下面我们只给出一个实际应用例子,画出一个随机图形(图 9.11)。

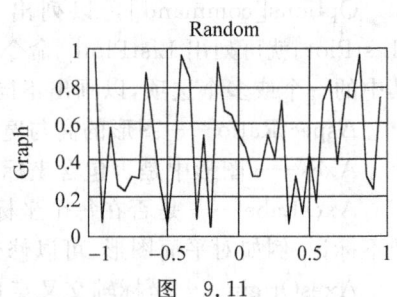

图 9.11

```
data=Table[{x,Random[]},{x,-1,1,0.05}];
ListPlot[data,PlotJoined→True,Frame→True,
FrameLabel→"Graph",PlotLabel→"Random",
DefaultFont→{"Arial",16},GridLines→Automatic]
```

5. 特殊图形

LogPlot[f,{x,xmin,xmax}]——x 为对数轴,其他与 Plot 命令相同;
LogLogPlot[f,{x,xmin,xmax}]——同上,但 y 轴也为对数轴;
LogListPlot[{{x1,y1},{x2,y2},...}]——x 轴为对数轴,其他与命令 ListPlot[]相同;
LogLogListPlot[{{x1,y1},{x2,y2},...}]——同上,但 y 轴也为对数轴;

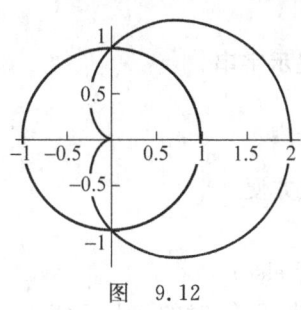

图 9.12

PolarPlot[r[t],{t,tmin,tmax}]——极坐标图形;
PieChart[list]——饼形图;
BarChart[list]——直方图。

使用上面这些绘图函数前,需要先装入\StandardPackages\Graphics\目录下的附加绘图软件包 Graphics.m。下面例子装入 Graphics.m 软件包并画出单位圆与心形线相交的图形(图 9.12)。

```
<<Graphics`Graphics`
PolarPlot[{1+Cos[t],1},{t,0,2 Pi}]
```

9.6 Mathematica 程序设计

如果要让 Mathematica 完成复杂的数学计算问题,那就需要利用 Mathematica 编写程序或者函数。本节将简要介绍 Mathematica 程序设计的基本功能。

1. 全局变量与局部变量

如果不使用 Clear[]等命令删除变量的话,全局变量在整个程序中都存在,而使用 Module[]或者 Block[]定义的变量称为局部变量(称为模块),它只在所定义的模块内是可见的。实际上,模块就是其他计算机语言中的函数或者子程序。

Module[{x,y,...},body]——建立模块,并且申请局部变量 x,y,…;
Module[{x=x0,y=y0,...},body]——同上,但已经给局部变量赋初值;
Block[{x,y,...},body]——建立模块,并且申请局部变量 x,y,…;
Block[{x=x0,y=y0,...},body]——同上,但已经给局部变量赋初值。

其中 body 中可含有多个语句,除最后一个语句外,各语句间以分号结尾,可以多个语句占用一行，也可一个语句占用多行。但这两个命令略有差别，当 Module[ ] 申请的局部变量与全局变量重名时，它会在内存中重新建立一个新的变量，Module[ ] 运行完毕，这个新的局部变量也会从内存中消失，而 Block[ ] 此时不会建立新的变量，它将重名的全局变量的值存起来，然后使用全局变量作为局部变量，当 Block[ ] 运行完毕后，再恢复全局变量的值。

另外，如果在 Module[ ] 或 Block[ ] 中有 Return[expr] 命令，则程序执行到 Return[expr] 后，将会跳出模块，并返回 expr 的值；若模块中无 Return[ ] 命令，则返回模块中最后一个语句的计算结果（注：最后一个语句不能以分号结束，否则将返回 Null，即空信息）。

2. 输入与输出

Mathematica 中，有两个在 Notebook 中不常用到的函数，对于程序设计来说很方便。

Print[expr1,expr2,…]——打印表达式；

Input["string"]——通过键盘输入表达式，其中 string 为提示字串。

3. 条件语句

Mathematica 提供了多种设置条件的方法，对于编程来说很方便。

lhs=rhs/;test——当 test 为 True 时，执行 lhs=rhs；

If[test,then,else]——若 test 为 True，执行 then，否则执行 else；

Which[test1,value1,test2,value2,…]——返回首个 testi 为 True 时的 valuei 值；

Switch[expr,form1,value1,form2,value2,…]——先计算 expr 的值，然后依次与 formi 比较，返回首个与 formi 匹配的 valuei 的值，如果没有匹配项则返回 Null；

Switch[expr,form1,value1,form2,value2,…,def]——同上，但如果没有匹配则返回 def。

下面以一个分段函数的定义为例来说明条件语句的使用方法。

f[x_]:=If[Abs[x]>=2,2,If[(Abs[x]>=1)&&(Abs[x]<2),Abs[x],x^2]]

此外，利用 Which[ ] 也可写成：

f[x_]:=Which[Abs[x]>=2,2,(Abs[x]>=1)&&(Abs[x]<2),Abs[x],(Abs[x]<1),x^2]

还可以写成如下形式：

f[x_]:=2/;Abs[x]>=2
f[x_]:=Abs[x]/;(Abs[x]>=1)&&(Abs[x]<2)
f[x_]:=x^2/;Abs[x]<1

在 Mathematica 中，用于条件判断的逻辑运算符与 C 语言是一致的，它们是 >、>=、<、<=、==、!=、&&、||。

4. 循环语句

Mathematica 提供了多种循环方式，例如 Nest[ ]、FixedPoint[ ]等，而我们下面介绍的是与其他计算机语言相似的三种循环结构，即 Do 循环、For 循环和 While 循环。

Do[expr,{n}]——将表达式重复计算 n 次。

Do[expr,{i,imax}]——计算 expr,i 从 1 到 imax,步长为 1。

Do[expr,{i,imin,imax}]——计算 expr,i 从 imin 到 imax,步长为 1。

Do[expr,{i,imin,imax,di}]——同上,但步长为 di。

For[start,test,incr,body]——以 start 为初值,重复计算 body,当 test 为 False 时,循环终止。其中 incr 一般为循环计数器。

While[test,body]——只要 test 为 True 时就重复执行 body。

Do 循环是三种循环结构中用法最简单的一个,下面是两个例子。

```
S=0;Do[s=s+1/k^2,{k,1,1000}];Print[N[Pi^2/6-S]]
0.0009995
S={};Do[AppendTo[S,{x,x^2}],{x,-1,1,0.2}];S
{{-1,1},{-0.8,0.64},{-0.6,0.36},{-0.4,0.16},{-0.2,0.04},
 {0.,0.},{0.2,0.04},{0.4,0.16},{0.6,0.36},{0.8,0.64},{1.,1.}}
```

For 循环与 C 语言中的 for(;;)语句用法一样,只不过现在变成了 For[,,,]的形式,下面是有关 For 循环的例子。

```
For [i=1,i≤10,i++,
      a=i^2;Print["a=",a];
    ]
a=1
a=4
…
a=81
a=100
```

其中 i++的用法与 C 语言相同,也可以用 i=i+1 代替。再如:

```
a={};For[x=0,x≤1,x=x+0.1,AppendTo[a,x^2]];a
{0,0.01,0.04,0.09,0.16,0.25,0.36,0.49,0.64,0.81,1.}
```

最后举一个 While 循环的例子,利用乘幂法求矩阵 A 按模最大的特征值 λ,其计算方法说明如下：首先选定一个初始向量 z_0,然后反复用公式 $y_k = A z_{k-1}$, $m_k = \max|y_k|$, $z_k = y_k/m_k$ ($k=1,2,\cdots$),最后得 $\lambda = \lim m_k$。

```
Clear[A,y,z,err,m,n,k];
```

```
A={{1,2,3},{2,3,4},{3,4,5}};err=10^(-6);y={1,1,1};
z={2,2,2};m=k=0;n=1;
While [Abs[m-n]>err,y=A.z//N;n=m;k++;m=Max[y]//N;
                    z=y/m//N;If[k==200,Break[]];
    ];
Print ["k=",k,"          m=",m];
k=8              m= 9.62348
```

5. 程序的流程控制

Break[]——退出最近一层的循环结构；
Continue[]——忽略 Continue[]后面的语句,进入下一次循环；
Return[expr]——用于函数中,返回 expr 的值；
Label[name]——定义一个名字为 name 的标号；
Goto[name]——直接跳转到当前过程中的 name 标号处；
Break[]——只能用于循环结构中,它退出离它最近的一层循环结构。
下面是 Break 命令在 Do 循环中的使用方法。

```
    Do[a=i^2;If[a>80,Break[]],{k,1,10}];Print[k]
8
```

Continue[]也与 Break[]一样,用于循环语句中,当程序执行到此语句后,将不会执行当前循环中 Continue[]后面的语句,而是继续下一次循环。例如：

```
For[i=1,i≤4,i++,If[i==2,Continue[]];Print[i];]
1
3
4
```

对于 Label[]与 Goto[]的用法,下面是一个例子。

```
Clear[i];i=1;Label[one];Print["i=",i];i=i+ 1;
If[i≤3,Goto[one],Goto[two]];Print["**********"];
Label[two];
i=1
i=2
i=3
```

在使用 Block[]用 Module[]编写函数子程序时,如果没有使用 Return[]语句,则程序返回最后一个表达式的值,并且此时最后一个表达式不能以分号结尾,否则程序将返回 Null,即返回一个空信息。但是,我们可以使用 Return[]语句在任何地方从程序中跳出,将某个表达式返回给函数。Return[]语句可以返回任何一个合法的 Mathematica 表达式。下面的例子是利用四阶龙格-库塔法求一阶微分方程

$$y' = f(x,y), \quad y(x_0) = y_0$$

的数值解,其中 x1 为终止计算时的 x 值,h 为计算步长,函数 y[x]将返回满足方程

$$y' = f(x,y), \quad y(x_0) = y_0$$

的积分曲线上在区间[x0,x]内间隔为 h 处每一点的值,并将这些数据存入 data 之中,最后用 ListPlot[]画出了方程解的函数曲线。

```
Clear[f,"x*","y*",h,data];f[x_,y_]=Input["f[x,y]="]//N;
x0=Input["init x0="]//N;y0= Input["init y0="]//N;
x1=Input["end y="]//N;h=Input["step length="]//N;
h=Abs[h];If[x1<x0,h=-h];data={};
y[x_]:=Block[{k1,k2,k3,k4,nowx,nowy,end,hh},end="n";
  hh=h;nowx=x0;nowy=y0;
  While[end=="n",AppendTo[data,{nowx,nowy}];
    If[Abs[nowx+hh]>Abs[x],hh=x-nowx;nowx=x;end="y",
      nowx=nowx+hh];
    k1=hh*f[nowx,nowy];k2= hh*f[nowx+h/2,nowy+k1/2];
    k3=hh*f[nowx+h/2,nowy+k2/2];k4= hh*f[nowx+hh,nowy+k3];
    nowy=nowy+(k1+2*k2+2*k3+k4)/6//N;];];
y[x1];
ListPlot[data];
```

6. 数据的存取

Mathematica 提供了一系列基本输入与输出函数用于文件的读写,在 Mathematica 中,可以将运算结果存入文件供其他应用程序调用,也可以从磁盘上读入其他应用程序生成的数据供 Mathematica 使用。下面是两个常用的数据读取语句。

(1) WriteString["file",expr1,expr2,…]——向文件 file 中写入表达式。

如果 file 不存在,则 WriteString[]就先在磁盘上创建文件 file,然后打开它;如果 file 存在,则 WriteString[]以向 file 尾部追加方式打开它。如果要向 file 中输出字符串,可用双引号括起来。另外,WriteString[]是不会自动输出回车换行符的,可用向 file 中写入"\n"的方式在 file 中加上回车换行符。下面的例子将 1 到 15 这 15 个数分三行写入文件 abc.dat,数据中间以逗号分隔。例如:

```
f="abc.dat";If[Length[FileNames[f]]==0,DeleteFile[f]];n=5;
j=1;For[i=1,i≤15,i++,
  If[j< 5,WriteString[f,i,","]; j=j+1,WriteString[f,i,"\n"];
    j=1;];];
```

```
Close[f];
```

上述程序第一行的意思是，如果文件 abc.dat 存在，就先删除此文件，然后再向文件中写入数据，最后用 Close["file"] 语句关闭文件。

```
!!abc.dat
```

1,2,3,4,5
6,7,8,9,10
11,12,13,14,15

在 Mathematica 中，通过 "!!" 命令，可以列出文本文件中的内容，其他命令还有："<<" 读入一个 Mathematica 程序并运行此程序。

(2) ReadList["file",type]——以指定类型 type 读入文件中的所有数据并将它赋给一个一维表；

ReadList["file",{type1,type2,...}]——读入所有数据，并将它赋给一个二维表，如果文件 file 中的数据不够则用文件结束符 EndOfFile 补齐；

ReadList["file",type,n]——只读入文件 file 中的前 n 个数据，形成一个一维表。其中 type 的类型为：String（字符串）、Integer（整数）、Real（近似实数）、Number（精确数或者近似数）。

另外，文件中的数据与数据间要用 Tab 占位符、空格或者回车换行符分隔开。假设 C 盘根目录下文件 file.dat 中存有 16 个数据，用记事本所看到的数据如下：

2　3　4　5
8
9　　10　　11
13　　14　　15
16

下面是用 ReadList[] 读取文件 file 的几个例子，应注意，如果文件名中带有路径，则应该用双反斜杠，如：c:\\dir\\dir1\\abc.dat。

```
Clear[a,b,c,d];f="c:\\file.dat";a=ReadList[f,Number]
```
{1,2,3,4,5,6,7,8,9,10,11,12,13,14,15,16}
```
b=ReadList[f,{Number,Number}]
```
{{1,2},{3,4},{5,6},{7,8},{9,10},{11,12},{13,14},{15,16}}
```
c=ReadList[f,{Number,Number,Number,Number}]
```
{{1,2,3,4},{5,6,7,8},{9,10,11,12},{13,14,15,16}}
```
d= ReadList[f,Number,9]
```
{1,2,3,4,5,6,7,8,9}

(3) 实际上，mathematica 还提供了两个更为强大的数据输入与输出函数，即 Import[]

和 Export[ ]，它可以输入或者输出各种数据文件、各种图像文件及各种声音文件，它完全可以代替上面两个函数的功能。下面是简单的例子。

Import["c:\\file.dat","Table"]
{{1,2,3,4,5},{7,8},{9,10,11},{12,13,14,15},{16}}
Import["c:\\file.data","List"]
{1,2,3,4,5,7,8,9,10,11,12,13,14,15,16}

Import[ ]命令可以读入任意格式的图像文件如 JPEG、BMP、TIFF 等，并形成一个图像矩阵。由于此方面内容太烦琐，在使用这些命令时，可以参考 Mathematica 的帮助。下面是一个读入 BMP 文件的例子，假设在 C:\\下有文件 lena.bmp 的大小是 256×256，并且具有 256 级灰度的 BMP 格式的图像，下面读入并显示此图像(图 9.13)。

lena=Import["c:\\lena.bmp","BMP"];gr=lena[[1,1]];Dimensions[gr]
(256,256)
ListDensityPlot[gr,Mesh→False,Frame→False]

其中 gr 是一个 256×256 的矩阵，gr 中的每一个元素代表图像中的一个点，即灰度值。

图 9.13

第 10 章 建模实践问题

下面这些题目是编者根据近两年的认识经历编写的,很多题目看起来很随意,更像是一种想象式的说法。无论如何,数学题目都应该条件完备并且数据充足,而下面的大部分题目都在这两个方面存在先天不足。

但是,我们还是愿意把这些问题写出来,这是因为,它们在某种程度上构成了人们在生活中真实的疑虑或困惑。我们希望呈现客观实际问题的一种原始的粗糙性,并不过分追求其在数学理论意义上的完善与合理。解决它们可以让生活更加完美,同时,也是人们对数学的一种期望。

读者可以利用任何资源查阅资料,当然,也可以根据实际情况对题目作适当修改。

1. 墨西哥湾猖獗的原油泄漏

2010 年 4 月 20 日,英国石油公司租赁的位于美国路易斯安那州威尼斯东南约 82 千米处海面的一座钻井平台爆炸起火,36 小时后油井沉没。钻井平台底部油井自 24 日起漏油不止并引发了大规模原油污染。据估计,油井日漏油量大约为 5000 桶。建立数学模型估计原油何时漂流到路易斯安那州沿岸,何时漂流到稍远的密西西比州、阿拉巴马州和佛罗里达州。另外,如果无法采取措施短期内阻止原油泄漏,估计漂流到路易斯安那州的原油每天的增长量。

2. 冰岛火山爆发会在中国形成酸雨吗

2010 年 3 月,冰岛火山持续爆发。4 月份,在中国互联网上出现了一条这样的流言:"从今天到 28 号,请大家不要淋到雨。750 年一次的酸雨,被淋到后患皮肤癌的几率很高。因为欧洲的一个火山的大爆发,向高空喷发了大量硫化物,在大气层 7000~10 000 米的高空形成了浓厚的火山灰层,强酸性。请大家注意,把这个信息转发给你身边的人,做一个有情的人。"这条流言在互联网上迅速传播。

冰岛火山爆发后,的确会产生大量的含硫化物的气体。随着气流影响,会把这股硫化物气体吹向北美地区,途经大西洋进行扩散。不过,国外马上就有气象专家指出,以上说法根本就是一个"骗局",火山灰云导致酸雨根本就是没有根据的说法,唯一影响的,只有欧洲的空中交通。中国气象局副局长矫梅燕指出,火山灰进入大气层后,随着高层气流的传输会到亚洲地区来,但浓度会极低,因此影响不大。

试建立数学模型估计冰岛火山灰是否能够传播到中国大陆,如果能够传到大陆,其造成的影响有多大?

背景资料

位于冰岛南部的埃亚菲亚德拉冰盖火山于 2010 年 3 月至 4 月接连两次爆发,岩浆融化冰盖引发的洪水以及火山喷发释放出的大量气体对航空运输、气候和人体健康产生不可低估的影响。

3 月 20 日午夜,冰岛首都雷克雅未克东偏南方向、约 160 千米处埃亚菲亚德拉冰盖冰川附近的一座火山突然爆发,喷出炽热的岩浆和火山灰。事实上,在 3 个星期的时间里,这座火山没有停止过喷发活动。直到 4 月 13 日,这座火山才完全停止喷发。

4 月 14 日,埃亚菲亚德拉冰盖火山再次大爆发,大量火山熔岩喷向天空,部分冰川融化引发洪水,冲毁了附近的道路和桥梁。火山灰中含有二氧化硅,这种化合物的熔点是 1100 摄氏度,而眼下大部分客机使用的涡轮发动机的工作温度为 1400 摄氏度。一旦火山灰被吸入引擎内部,二氧化硅熔化后会吸附在涡轮叶片和涡轮导向叶片上,致使引擎停转。

大量火山烟尘严重影响了欧洲地区 15 日的空中交通,导致飞往挪威、芬兰、俄罗斯西北部地区、英国和丹麦的许多航班被取消。

美国官员 14 日表示,由于冰岛的火山灰云可能往南飘移,当局已下令跨大西洋的多数航班停飞。冰岛火山爆发后,已限制受灰云影响区域的所有航班。目前苏格兰北部是首当其冲的地区,但预料灰云将往南移动。

埃亚菲亚德拉冰盖火山 5 月 7 日再次剧烈喷发,并腾起灰黑色蘑菇云,导致欧洲南部的机场陷入混乱。

3. 烦人的墙壁渗水

某开发商为了促销顶层的楼房,特在顶层修建了室外的露台并赠送给房屋购买者。由于防水做得不够严实,房屋主发现夏天下雨时,雨水会从露台的个别点向屋里渗透。从彩图 10.1 可以明显看出雨水顺着墙壁渗透到屋内的情况,房屋主想根据墙壁的雨水痕迹分布,确定到底有几个渗漏点,以及渗漏点的位置,以便在阳台上定点施工维修。请你建立一个数学模型帮助其解决该问题。

4. 国民收入需要倍增

2010 年 6 月 12 日来自网上的一条消息——针对收入分配改革的必要性、紧迫性以及改革阻力、方向等问题,人力资源和社会保障部劳动工资研究所所长、中国劳动学会薪酬专业委员会会长苏海南表示,收入分配改革方案年内应该会出来,中国现在已经基本具备条件实施"国民收入倍增计划"。

2009 年,针对国际通用的、反映贫富差距的基尼系数,我国已经达到了 0.47。国际上通常认为,基尼系数 0.4 是警戒线,一旦基尼系数超过 0.4,表明财富已过度集中于少数人手里,该国社会处于可能发生动乱的"危险"状态。实际上,收入分配不合理、贫富差距拉大,不再是老百姓不满的思想问题,已经导致了不少严重的社会问题。

请研究我国国民目前的收入状况,建立国民收入增加模型,分析国民收入增加到什么程度,可以降低我国的基尼系数到一个合理的水平。

5. 钱塘江的"美女二回头"

每年的中秋期间,钱塘江的潮汐成为一道壮丽的景观,吸引众多游人前来观潮。

地球每 24 小时自转一次,其某一点必然有一次向着月亮、一次背着月亮。向月时,月亮引力大于地球离心力,于是使海水升高;背月时,地球的离心力大于月亮的引力,海水再一次升高,结果造成海水一天两次涨升的自然现象。

每逢农历初一、十五,太阳、月亮、地球三者位置基本是成一线,日月引力一致,形成大潮。到了农历八月十五,由于地球绕太阳公转的位置处于椭圆形轨道的短轴上,日月离地球最近,吸引潮涨的能量也就最大,因此便形成一年一度的特大潮水。

位于钱塘江南岸的赭山湾是钱塘江口一个向南凹进的大河湾。这里,有一道长约 500 米的"丁字坝"直插江心,宛如一只力挽狂澜的巨臂。当涌潮西行至此,全线与围堤成一锐角扑来,坝头以内的潮头同坝身、围堤构成直角三角形,潮头线两端受阻,分别沿坝身和围堤向直角顶点逼进,最终在坝根"嘣"一声怒吼,涌浪如突兀而起的醒狮,化成一股水柱,直冲云霄,高达十余米。由于大坝的横江阻拦,直立的潮水又折身返回,形成一个"卷起沙堆似雪堆"的奇特回头潮,如彩图 10.2 所示,"美女二回头"因此得名。

请你建立数学模型,计算大潮对堤坝的撞击力,并对大潮遇到堤坝等阻碍物后返回形成的回头潮进行数理模拟。

6. 你一天排放多少碳

2009 年 12 月 7 日,联合国气候变化大会在丹麦首都哥本哈根开幕。110 个国家的领导人出席本次会议,来自 190 多个国家的超过 1.5 万名各界代表参会。本次会议的主要目的是讨论在 2012 年《京都议定书》第一承诺期到期后的温室气体减排安排。

低碳是指较低的温室气体(二氧化碳为主)排放。人类应该改变过去以增加能源消耗和温室气体排放为代价的"面子消费","节水、节电、节油、节气"应成为大力倡导的低碳生活方式。

请你计算一下,目前你一天平均要排放多少碳?

7. 二胎政策的影响

据《快乐老人报》报道,中国人口问题专家何亚福近日透露来自"内部渠道"的消息——2011 年起,我国将以黑龙江、吉林、辽宁、江苏和浙江为试点,允许夫妻双方只要有一人是独生子女,就可以生第二胎,即"一独生二胎";而且,这项政策将在五年之内扩展到全国。

事实上,最近几年,各界关于计划生育的讨论空前热烈。2010年全国"两会"上,"放开二胎"政策成为最热门话题之一,不少政协委员提议放开二胎的限制。2009年11月,清华大学国情研究中心主任胡鞍钢,公开发文呼吁"从现在起开始实行第二代人口政策,即'一对夫妇生育两个孩子',其政策目标是防止人口严重老龄化和少子化"。

实践也在为放开二胎提供依据。从20世纪80年代以来,甘肃省酒泉、山西省翼城、河北省承德、湖北省恩施等地,一直在试行二胎政策。专家发现,总数超过800万人的试点人群,在宽松的生育政策下也常年保持人口低增长,且二胎的比例不断下降。

据《瞭望东方周刊》报道,从何亚福提及的5个试点省份计生委的回应可以看出,"一独生二胎"新政策总体方向并无太大疑问。不过,有关专家表示,随着育儿成本升高,"一独生二胎"新政策可能惠及的家庭有多少会选择生育二胎,结果尚未可知。

查阅我国人口的资料,针对我国不同地域及城镇与农村对生育的不同认识差异,分别就目前的政策及生二胎政策建立人口模型,预测未来五年及十年中国人口的数量。

8. 清军能否改写历史

1840年6月—1842年8月,鸦片战争爆发。清政府在英军的炮口下,被迫签订了丧权辱国的《南京条约》,同意开放广州、厦门、福州、宁波、上海五个口岸城市为通商口岸,向英国赔款及割让香港岛。

有关鸦片战争的失利,我们在电影上或宣传上看到的是对英军洋枪洋炮的大肆渲染,而清军则武备废弛,使用的还是冷兵器。一个直观的印象是,英国军队在武器方面,显然居于优势地位。果真如此吗?

先看英军。当时英军装备的标准武器是前装燧发滑膛枪。这种枪根本不是现代意义上的先进武器,其最大射程不超过300码(1码约合0.9米),可以对人体进行瞄准设计的距离为100码。而且,这种枪在使用时也较为烦琐,经常出现将通条遗忘在枪管中、误将弹头当作火药塞入枪口及哑火等毛病,使用起来不很方便。

而事实上,清军也有一半士兵使用火器,主要是鸟枪及抬枪,以鸟枪为主。鸟枪也属于滑膛枪,但射程稍小于英军的滑膛枪,其射击速度也比英军不差多少。

英军及清军在火器上的差别大体可以简化成——英军燧发枪每分钟发射3发,命中率为90%;清军鸟枪每分钟发射2发,命中率70%。这种武器上的差异根本算不上悬殊。要知道,鸦片战争是在中国本土作战,清军完全可以利用人数的优势来弥补武器上的差异。清军当时总兵力约80万,先后投入战场的也有10万人左右,而英军最初派出海、陆军大约共7000多人,最多才增至2万人。

另外一半清军虽然使用冷兵器,但传统兵器也不比火器差多少。比如,古代弩弓的最大射程为300米,而且准确率很高,可以精确瞄准。一个训练有素的弩手,可以准确命中200米外一个人形大小的靶子。而且,弩弓射速大约是每分钟3到4发,操作十分简便。况且,弩弓的穿透力甚至比火枪子弹更强,神臂弓的箭可以穿透两层铁甲。

尽管如此,清军却处处遭受败绩,这很大程度上归结于清军在战法和战术上与英军的差异。如英军滑膛枪上都配有刺刀,便于射击与肉搏的转换;英军在列阵时也排列合理,阵形灵活,机动性强,重、轻火力搭配有序;尤其是英军依靠海上的优势,调动军力快速,而清军兵力众多,却分散在从盛京到广东的七个省份,兵力分散,调兵由于交通不便而显得速度缓慢,难以集中优势兵力抗敌。

所以,鸦片战争的失利,更多的是输在软的方面。如果调配合理,请你计算一下清军与英军的实际战力,并给出最后的作战结果。(文中一些资料来自 2011-01-20《生活报》G85 版)

9. 如何写作

一个人长期坐在微机前工作,颈椎容易疲劳而形成颈椎病。因此,使用微机工作 30 分钟应站立起来活动活动筋骨休息 5 分钟。由于思考的原因,在微机上直接写作的速度只有 30 字/分钟。也可采取另外的一种策略,就是先在草纸上打好草稿,再到微机上完成写作。已知人在思考的状态下的手写速度为 50 字/分钟,在微机前打字的速度为 80 字/分钟,问:

(1) 一篇 1000 字的文章,采取何种写作方案最快?

(2) 如果文章字数是 2000、3000、……呢?

(3) 实际情况是,随着工作时间的增加,休息的时间也在增加;另一方面,长时间的思考也会使脑力变得疲劳,思维迟钝。当文章超过 5000 字时,请根据实际情况建立适当的模型。

10. 凶猛的"鲇鱼"

2010 年 10 月 24 日 8 时,中国气象局解除台风 Ⅱ 级应急响应,标志着 23 日在我国福建省漳浦县登陆的 13 号超强台风"鲇鱼"的影响已经结束。"鲇鱼"是近二十年同期西北太平洋和南海上最强的台风,同时也是今年以来全球范围内的最强台风。

2010 年 10 月 13 日 20 时,第 13 号热带风暴"鲇鱼"正在西北承平洋洋面上生成。10 月 14 日晚,其在西北承平洋洋面上加强为强热带风暴,15 日 17 时加强为台风,其中心位于菲律宾马尼拉以东大约 1770 千米的西北承平洋洋面上,北纬 13.9 度,东经 137.5 度,焦点附近最大风力为 33 米/秒,中心最低气压为 975 百帕;16 日 8 时,"鲇鱼"位于菲律宾马尼拉东偏北方大约 1320 千米的西北承平洋洋面上,北纬 17.5 度,东经 133.0 度,中心附近最大风力为 13 级(40 米/秒),中心最低气压为 955 百帕;16 日晚上加强成为强台风,17 日 5 时,其位于菲律宾马尼拉东北标的目标大约 890 千米的西北承平洋洋面上,北纬 18.7 度,东经 128.2 度,中心最大风力为 15 级(48 米/秒),中心最低气压为 945 百帕;"鲇鱼"于 17 日 8 时加强为超强台风,其中心位于菲律宾马尼拉东北标的目标大约 830 千米的西北承平洋洋面上,北纬 18.7 度,东经 127.6 度,中心附近最大风力为 17 级(60 米/秒),中心最低气压为 920 百帕。据估算,"鲇鱼"将以每小时 20 千米左右的速度向偏西标的目标挪动,强度还将略微加强,并逐渐向菲律宾吕宋岛北部一带沿海接近,将于明天擦过或登陆菲律宾吕宋岛北部后,进入南海东部海面。19日9时,"鲇鱼"中心位于广东茂名东南标的目标大约1020千米的南海东部海面上,北纬16.3度,东经118.8度,中心附近最大风力为16级(52米/秒),中心最低气压为940百帕。"鲇鱼"于21日9时在南海北部海面削弱为强台风,其中心位于广东省惠来县南偏东大约395千米的南海北部海面上,北纬19.5度,东经117.5度,中心附近最大风力为15级(50米/秒),中心最低气压为945百帕。

根据以上资料,预测热带风暴"鲇鱼"在我国何地登陆,其破坏范围有多大?

11. 北京大学2010年推荐中学的确定问题

2009年11月,经北大自主招生专家委员会审议,综合考察申请中学的办学条件、生源质量等因素,北京大学最终确定了39所中学为北大2010年"中学校长实名推荐制"推荐中学。此举立即引起全国广泛的热议。从北大公布的名单看,有的省市多,有的省市少,有的省市没有,有的中学校长推荐名额只有1人,有的却有5人。这些学校是根据什么确定的?这些校长的推荐名额是凭什么确定的?

建立数学模型解决上述问题。

12. 汶川地震是诱发的吗

2008年5月12日14时28分04秒,8级强震猝然袭击四川汶川一带,大地颤抖,举国悲痛。

有人开始把地震与三峡大坝的修建联系起来,认为水库蓄水后改变了地面的应力状态,能使地轴产生轻微偏离。

由于水库蓄水、油田注水等活动而引发的地震称为诱发地震。这类地震仅在某些特定的水库库区或油田地区发生。

据人民网的消息,长江水利委员会设计院地震处处长曾新平介绍说,水库蓄水诱发地震主要在库区,一般离库岸5公里左右,最远不超过15公里。目前三峡水库蓄水回水不到重庆,即使产生诱发地震,也会在重庆以下地区。他进一步强调,三峡大坝与汶川根本不在一个地质构造单元,三峡库区主要在鄂西山地和四川盆地东部,而汶川处于龙门山地震带,两者在地质上没有任何联系。

你能否建立数学模型来给上述问题一个明确的解释?

13. 窜高的海南房价

2010年来自网上的消息,海南将要成为国际旅游岛了,这种概念式的远景规划却使海南的房价在二、三个月里涨到了令所有人瞠目结舌的地步。

无疑,从全国各地奔赴海南买房的投资客使海南的房价节节攀升。高峰时,三亚有些楼盘每天每平方米涨1000元。即便如此,购房者也极有可能在某处打算开盘的项目前被售楼人员告知,现在已经没有房源了。

酒店价格也水涨船高,三亚酒店的报价单显示,三亚湾附近五星级酒店的价格每晚基本上都超过了1.5万元,个别酒店甚至超过了2万一夜,同比翻了一番。如此疯狂的定价背后不仅是投资者近期赴三亚看房买楼的热情,还有囤积客房的加价链条。

请你根据海南的实际发展状况,针对三亚房地产一个普通的6层楼60平方米的房间,标出一个合适的价格。

14. 核废料的处理问题

核电将在"十二五"期间迎来大规模发展。2010年7月,能源局表示,随着岭澳核电二期一号机组顺利投产,我国核电装机容量已突破1000万千瓦,预计到2015年,中国核电装机将达到3900万千瓦,2020年中国的核电装机容量将从4000万千瓦提高到7000万～8000万千瓦。原发改委能源研究所所长周大地指出,如果要实现核电装机容量到2020年达到7000万千瓦以上的目标,必须在2015年前开工至少60个100万千瓦的核电站。

随之大批核电工程的陆续开工,将会有更多的核废料产生,核废料处理需求快速增长,铀资源、市场机制、关键技术设备等将成为我国核电建设的制约因素,而核废料处理作为世界性的难题,也将引起广泛的关注。

清华大学核能与新能源技术研究员梁俊福对时代周报记者表示,核废料处理与国家核电布局有密切关系,如果不能尽快建成大型核废料处理厂,我国核电产业在未来将无法发挥出应有的作用。

过去一段时间,美国原子能机构委员会也在处理浓缩的核废料问题,他们把废料装入密封的圆桶中,然后放入水深91.5米的海底。一些生态学家和科学家对此表示担心:圆桶是否会在运输途中破裂而造成放射性废料的泄露,从而污染环境? 美国原子能委员会向他们保证"圆桶决不会破裂"。另外,又有工程师提出如下问题:圆桶扔到大海里是否会因与海底的碰撞而发生破裂?美国原子能委员会仍保证说"绝对不会"。然而,工程师进行大量试验后发现:当圆桶的下落速度超过12.2米/秒时,就会因与海底碰撞而破裂。

试就这一问题建立数学模型,计算装有核废料的圆桶投入大海里到达海底时与海底的撞击力。已知圆桶的体积为0.208立方米,圆桶重量为2346.51牛顿,海水密度为1026.52千克/立方米。

15. 地膜补充灯的布置问题

地膜是寒冷天气种植各类农作物的一项技术。目前,温度等问题已经很好地控制,但由于缺乏阳光,使农作物很难与正常农作物一样良好地生长。补光灯即是在这样一个状况下产生出的,它可以产生紫外线模拟太阳光的照射。如何设置补光灯的高度及补光灯之间的距离,以使农作物被照射的强度适当而均匀?建立数学模型解决这一问题。

16. "八分生活学"的道理

来自《读者》2009 年 19 期金雯的文章《八分生活学》讲,2009 年在日本和中国台湾地区正流行"八分生活学",而这一观念也逐渐被中国内地的一些城市所接受。所谓"八分生活学",是指无论是生活或是工作,不再渴求全力投入,十分力气只使上八分,剩下的可以用来养心,也可以用来蓄锐或者纯粹只是用来浪费。那些日程表奴隶,那些将统筹方法运用的完美无缺的人,一门心思往前赶的危险是:在某一天被证明自己属于不可再生的枯竭型资源。

从人体能量稳定的角度讲,"八分生活学"有无道理?

17. 给太阳岛一个低碳的环境

2009 年,哈尔滨市委市政府提出"超越自我、再塑形象、奋起追赶、努力晋位,把哈尔滨建设成为现代化大都市"的总体目标和"北跃、南拓、中兴、强县"的发展战略,明确提出要把城市建设成为松花江领域高效、低碳、生态产业示范区。

在北跃规划的 578 平方千米区域里,要建设原生态万顷松花江湿地和松花江至呼兰河区域的"两纵、四横、十八湖"的北国水城系建设。目前,江北人烟相对稀少,自然植物和河流较多,生态环境好,其中包括享誉全国的太阳岛风景区。随着江北的开发,包括创建科技创新城和高新技术产业园等,江北居民将逐渐增多。依照哈尔滨的规划,江北居民人数在 5 年内会有一个什么样的增长,新增企业以及交通车辆的增加对江北环境会有什么样的影响,请建立模型,给出具体的结论,并给市政府提供一个建议。

18. 打移动靶问题

共和国迎来第六十一个生日之际,万众瞩目的嫦娥二号腾空而起,直飞月球。与首次奔月的嫦娥一号相比,嫦娥二号首次运用火箭将卫星直接送入地月转移轨道,进入工作轨道时间更快、测量精度更高、试验项目更多,绕月飞行轨道高度由 200 千米降至 100 千米,离月球更近了。

新浪网 2010 年 10 月 2 日报道,长三甲系列型号火箭系统副总设计师汪玲在接受南方都市报记者采访时说:"嫦娥一号发射的时候,就像打固定靶一样,打固定的点。"汪玲解释:"嫦娥一号对长三甲来讲就是固定的,距离也近,要求低一点。"

"对嫦娥二号来讲,就相当于打移动靶,移动靶目标在变。"汪玲笑道,"发射日不一样,它的发射时间和设计的入轨的要求都是不一样的,所以相当于打移动靶,移动靶比固定靶肯定难度要高一些。而且这个移动靶比嫦娥一号的固定靶还远了 10 倍以上,38 万千米,以前打的都是 3.6 万千米。"

让我们来研究一个类似的小问题——飞碟射击问题。该项目比赛始于 1900 年第二届奥运会,1929 年举行了第一次世界锦标赛,以后即成为历届奥运会、世界锦标赛、亚运会以及亚洲射击锦标赛的主要竞赛项目。早期的飞碟项目,是对放飞的鸽子进行射击,后改为对碟靶射击。飞碟项目近似狩猎活动,趣味性强,深受人们的欢迎。飞碟多向射击时,碟靶飞行最远距离为75米,飞行时间4～5秒,散弹最佳命中距离是35米以内。因此,射手必须在碟靶飞出靶壕15～20米内完成击发,也就是说要求射手必须在0.4～0.6秒内完成运枪、瞄准、击发一系列动作,其动作之迅速、反应之快是可想而知的。碟靶在一定范围内向不同方向(包括不同角度和高度)飞行。靶壕内装有15台抛靶机,每3台为一组,分别有3个抛靶方向。碟靶的飞行高度可在1.5～3.5米之间变化,规则中有9个抛靶方案供比赛使用,每一个方案的抛射角度和高度都不一样,充分表现了多变的特点。子弹使用重24克装有约270粒铅丸的散弹,发射后依靠散布面的任何一部分弹丸命中目标。因此,只能是概略瞄准目标。

建立飞碟射击的模型,给飞碟射击运动员一个明确的指导性建议。

19. 水的降温哪种方式快

某人想喝适当温度的水,他从冰箱里取出半杯5℃的凉水,准备采取两种方法合成一杯温水。先把半杯水烧开,放十分钟,再倒入先前的半杯凉水中;或者,将半杯开水直接倒入凉水中,再放十分钟。已知当时的室温是20℃,问这两个过程最后的水温是否一样?

20. 激发生产力的企业环境

某企业为了高效率发挥职工劳动的积极性,试图在环境装修上作一番改善,目的是通过职工眼中的环境(主要是墙壁的涂料颜色)调整职工的心情及工作状态。如职工上班时见到的工作大楼的颜色应让职工有精神焕发的感觉,使职工尽快达到工作状态;职工在换衣间见到的墙壁颜色应让职工有精神舒畅的感觉;在工作时周围的颜色应是使职工保持清醒的色调;工作完毕,职工洗浴时应布置浴室色调让职工感到工作后有轻松愉快的满足感。根据你的理解,试建立环境颜色与心情之间的一种关系模型。

21. 石首厨师死亡事件

据新华网及荆楚网报道,2009年6月17日晚8时许,石首市永隆大酒店厨师涂远高(男,24岁)坠楼身亡。警方在对死者所住房间进行检查后,发现死者留下一份遗书,大致内容是自己因悲观厌世而轻生。经公安机关调查初步认定为自杀,并将调查结果告知了死者亲属。死者亲属对死因表示质疑,为向酒店索要赔偿,故意将尸体停放在酒店大厅,引起群众围观。19日,一些人在该市两大交通要道东岳山路和东方大道设置路障,阻碍交通,现场秩序出现混乱。20日凌晨,事态开始恶化。少数不法分子借机制造事端,在停放尸体的酒店内纵火滋事,并煽动一些围观群众,袭击前来灭火的消防战士和公安民警,导致公安、武警人员共62人受伤,16台警用车辆遭到不同程度的损毁;永隆大酒店、疾控中心、笔架山派出所被焚烧、打砸;周边企业、学校等单位的生产经营、教学和居民生活秩序受到严重干扰,造成重大财产损失和恶劣的社会影响。

事件发生后,中央领导同志高度重视,对处理事件作出明确批示。湖北省委书记罗清泉、省长李鸿忠赶赴石首市处理。20日夜间至21日凌晨,事态逐渐平息。

在全球范围内,群体事件也时有发生。往往是一个小的问题,由于不明真相或解释不及时,导致大的风波或动乱。研究群体性事件的特点,对其建立模型模拟群体性事件的发展过程,并研究事态扩散的速度及危害性。

22. 单双号通行规定的可行性

2008年北京奥运会期间,为了减少污染及缓解城市交通压力,北京市区实行了车辆尾号限行规定,即单号日子仅允许单号车出行,双号日子仅允许双号车出行。由于机动车在各城市迅速猛增,而城市道路建设远远不及机动车的增加速度。以北京为例,截至2010年9月6日,据北京市交管局发布,北京机动车保有量已经突破450万大关,达450.3万辆,且每周净增机动车1.4万辆。

在这种情况下,各大城市也纷纷效仿北京的做法,实行了部分道路单双号通行制度。单双号限行给机动车的出行带来了极大的不便。以哈尔滨为例,2010年"十一"之前,共有18条街道实行单双号通行。为此,地方政府希望解决以下问题:

(1) 以交通不拥堵为目标,研究在单双号通行规定下的街道的最低数。
(2) 以交通通畅为目标,研究在单双号通行规定下的街道的最低数。
(3) 以交通不拥堵为目标,城市的汽车最大保有量为多少?

以你所在城市为例,解决上述问题。

23. 食堂的苦恼

哈尔滨工程大学在校学生数剧增,每届本科生有3500人,每届硕士研究生2000人(研究生在校2年毕业),博士生每届500人(博士生一般3年毕业),在校学生共计2万余人。除了学生外,该校有教职员工2500人,其中1/3在食堂就餐,这给食堂就餐造成极大压力,尤其是中午就餐。学校共有两个食堂,每个食堂有110个窗口经营各式饭菜、副食等。食堂配有售卖划卡机,每卖出一份饭菜平均需要15秒钟。

由于上午上课比较集中,中午12点下课时,众多学生涌向食堂,造成混乱。学校为解决这个问题,规定在两个教学楼中选择其一推迟下课时间,将中午下课时间定为12点5分。试分析食堂就餐排队等候时间的变化。如果推迟10分钟,食堂情况如何?15分钟呢?

资料:窗口经营有闽南菜、川菜、鲁菜、宫廷玉锅、四川拌菜、副食、炝拌菜、火锅、煎炸类、水煮类、美式炸鸡、烧烤、砂锅、坛肉、麻辣烫、膳食(鱼类)、特色炒饭、煎锅、小笼包、特色粥、兰州拉面、水煮类、饼类、地方风味小吃、回民窗口、精炒小盆菜、水果、饮料。

24. 家乐福与沃尔玛欺诈的代价大吗?

国家发改委2010年1月26日披露,经查实,一些城市的部分超市存在虚构原价、低价招徕顾客高价结算、不履行价格承诺、误导性价格标示等欺诈行为。

近几年,上海、北京、云南及长春等地的家乐福与沃尔玛陆续遭到投诉,揭露其虚假降价、虚假折扣、低标高结以及在标签上作"大小写"的手脚。消费者刘先生投诉,称其在家乐福北京方庄店购物时遇到了"价签标低价结账收高价"的情况,说他购买的健达夹心牛奶巧克力 8 条装(净含量 100 克)价签标为 9.9 元,实际结算价为 10.8 元,多收了他 9 角钱;在上海市家乐福联洋店,该店销售每袋 338 克的"正林特供香瓜子",价签标示原价每袋 14.80 元、现价每袋 6.90 元,经查实原价为每袋 7.40 元;一个拨浪鼓在货架上的标价为 5.9 元,可是结账时却变成了 12.9 元,这是湖南长沙的张女士在当地家乐福超市购物时的遭遇;在长春市家乐福新民店,一套七匹狼男士内衣标示原价每套 169 元,促销价每套 50.70 元,而真实原价才每套 119 元;在上海市家乐福南翔店,衣架标示每排 9.90 元,实际结算价每排 20.50 元;在昆明市家乐福世纪城店,鱿鱼丝销售价为每袋 138 元,标签标示却用大号字体标示"13",诱导消费者误认为每袋 13.80 元。

因涉嫌价格欺诈,家乐福、沃尔玛等超市在部分城市的连锁店将面临严厉处罚。上海市价格主管部门按照相关规定,责令家乐福立即改正价格欺诈行为,退还多收价款,并将依照法定程序,实施 5 万元以上、50 万元以下的行政处罚。家乐福反应迅速,1 月 26 日晚就价签问题发表声明,正式向消费者致歉,并表示将严格执行"5 倍退差"政策,即商品收银价格如高于商品的标示价格,家乐福将给予顾客差价 5 倍的赔偿。

然而,据家乐福一位离职管理人员声称,价格欺诈行为其实是零售行业通病,存在不是一两年了。之所以敢于进行这样的欺诈,有一个很重要的原因,就是零售业巨头已经计算好了他们欺诈的代价。

首先,2008 年家乐福在华 134 家门店,销售额为 338 亿元,单店年销售额 2.52 亿元。与此相对比,发改委对家乐福问题超市的罚款是 5 万元以上、50 万元以下。其次,"五倍退差",看似五倍,但它退的是差额的五倍。再有,很多消费者表示,因为他们在家乐福购物的时间已经很久了,根本不知道是否被欺骗,当时的促销标签可能早就撤下来了。更何况,时间一长,没有多少消费者能够保留小票,即使想讨要五倍退差,又有什么凭据呢?

你能帮这些问题超市估算一下其进行价格欺诈的代价吗?

25. 航班延误如何补偿

2010 年,使人烦恼的一件事情便是乘坐飞机——航班晚点已经成为惯常之事,并多次引发乘客与航空公司之间的争端。

某记者在首都国际机场调查了 293 趟国际、国内航班实际到港时间。调查发现,晚点比例上午比下午高,国内航班比国际航班高。

在记者记录的 293 趟航班中,有 250 趟晚点,达到 85.3%,其中 9 时至 11 时有 72 趟航班到达,其中未按计划时间到达的有 67 趟,占 93.1%,平均每航班延误时间为 31 分钟;

11时至14时有127趟航班到达,未按计划到达的有112趟,占88.2%,平均晚点27分钟；14时至17时,94次航班中有71趟延误,占75.5%,平均延长了15.76分钟。

记者对250趟晚点航班的晚点时间长短进行了统计,结果平均延误时间为30.75分钟,53.2%的误机情况发生在20分钟内,1/10的晚点航班会延误1小时以上。

从记者调查记录的293趟航班到达时间看,41趟国际航空公司航班的平均晚点时间为10.80分钟,252趟国内航空公司航班平均晚点时间是26.69分钟,两者相差16分钟。国际航空公司有29趟航班晚点的情况,占总数的70.7%；国内航空公司有221趟晚点,占总数87.7%,比国际航空公司高出了许多。

在记录的293趟航班中,83趟国际航班的平均晚点时间为17.66分钟,210趟国内航班平均晚点时间是27.15分钟,两者相差10分钟左右。国际航班、国内航班的晚点率分别为75.9%和89.0%,两者相差13个百分点。

飞机晚点原因多种多样,某航空公司站长称,飞机晚点原因有三大类：第一是机场承受压力大,如机场每天进、出港航班数太多,如果几班航班同一时间起飞,跑道不够,肯定要延误；其次是遇上大雾、暴雨等天气,飞机晚点也很正常；航空管制也是经常引起飞机晚点的原因,像空中有专机、军事演习不让别的飞机靠近等。另外,也有等待个别乘客等原因。

按照国际惯例,航班晚点要对乘客进行补偿。深圳航空公司是在2004年7月1日民航总局出台《航班延误经济补偿指导意见》之后,国内第一家公布了有关补偿内容的航空公司。在这份《深航顾客服务指南》中规定："因工程机务、航班计划、运输服务、空勤人员四种属深航原因造成的航班延误,延误时间4至8小时,补偿不超过所持客票票面价格的30%；延误8小时以上,补偿不超过顾客所持客票票面价格的100%。"

请你调查目前航班运行的状况,某航空公司如何在使乘客满意又要使航空公司赚取利润的前提下,制定合理的航班延误经济补偿办法？

26. 加装暖气的惩罚

小王在哈尔滨买了一套商品住房,担心冬天室内寒冷,在装修房屋时私自在地热管道内多接了几组暖气管。结果物极必反,由于集中供热烧的很好,其他人家房屋的室温达到22℃,而小王家冬天各屋的温度达到28℃,反倒热得难受。哈尔滨实行的是分户供暖,每户家庭的各个房间、卫生间及客厅都有开关控制暖气流量。小王想将房间暖气开关拧小些,但有朋友告诉他,开关放小会使水流放慢,导致水垢积在开关处,造成日后水管堵塞,唯一的办法是将开关关闭。图10.3所示为小王家的户型图,他家的上下层及西侧都有人家,东侧临公共楼梯间,南北侧面向户外。小王想关掉某屋或几个屋的暖气开关,通过其他房间的温度扩散而使各个房间温度达到22℃左右,这个办法可行吗？

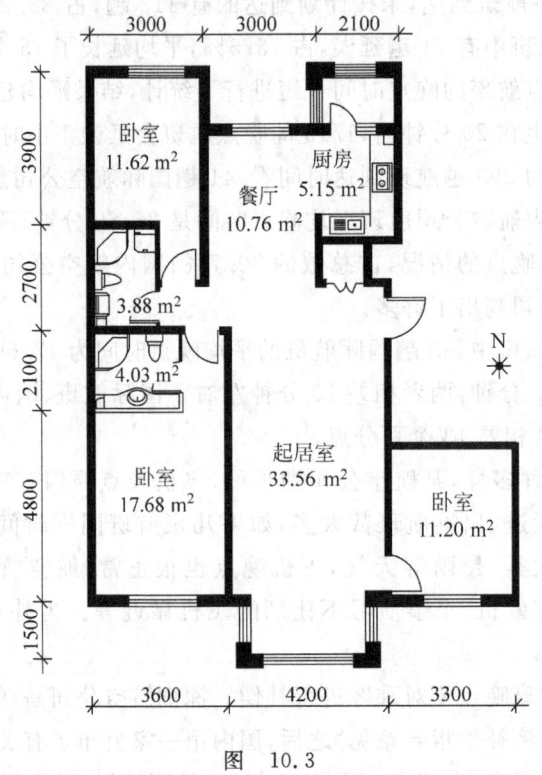

图 10.3

参 考 文 献

1. 姜启源.数学模型[M].北京：高等教育出版社,1987
2. 杨启帆,边馥萍.数学模型[M].杭州：浙江大学出版社,1990
3. 唐焕文,冯恩民,孙育贤,孙丽华.数学模型引论[M].大连：大连理工大学出版社,1990
4. 赵焕臣等.层次分析法：一种简易的新决策方法[M].北京：科学出版社,1980
5. 蔡云龙.模式识别[M].西安：西北电讯工程学院出版社,1986
6. 杨勇胜,彭增起,靳红果,闫丽萍.线性代数学在西式香肠配方设计中的应用[J].食品研究与开发,2008,29(11)：167~170
7. 胡运权.运筹学基础及应用[M].哈尔滨：哈尔滨工业大学出版社,1993
8. 近藤次郎著.官荣章等译.数学模型[M].北京：机械工业出版社,1985
9. 徐仲安,暴丽艳,马青梅等.正交实验设计法推广应用典型案例实证分析[J].科技情报开发与经济,2003,13(1)：109~111
10. 叶其孝主编.数学建模教育与国际数学建模竞赛——《工科数学》专辑[M].合肥：中国工业与应用数学学会与《工科数学》杂志社,1994.8
11. 邓聚龙.灰色系统基本方法[M].武汉：华中理工大学出版社,1987
12. Frank R Giordano, Maurice D Weir, William P Fox. A First Course in Mathematical Modeling[M]. Third Edition.北京：机械工业出版社, 2004
13. 沈继红.围棋中的数学模型问题[J].数学的实践与认识,1995(1)：15~19
14. 王政贤,赖定文.观众厅地面升起曲线的求解问题[J].南京工学院学报,1978,1(3)：24~35
15. Willam F Lucas著.朱煜民,周宇虹译.微分方程模型[M].长沙：国防科技大学出版社,1988
16. Thmas L C著.靳敏,王辉青译.对策论及其应用[M].北京：解放军出版社,1988
17. Bondy J A, Murty U S R著.吴望名等译.图论及其应用[M].北京：科学出版社,1984
18. Luenberger D G.线性与非线性规划引论[M].北京：北京科学出版社,1980
19. 温强,胡明明,桑楠.基于彩色线阵CCD的大米色选算法[J].农业机械学报,2008,39(10)：105~108
20. 胡明明.基于彩色线阵CCD的大米色选算法实验研究.哈尔滨工程大学硕士学位论文,2007.6
21. 张肃文,陆兆熙.高频电子线路[M].北京：高等教育出版社,1993
22. 俞绍宏,汪用征.多目标决策中算术平均法的条件及修正方案[J].运筹学杂志,1991,13(1)：45~49
23. 陈强.中心制造船模式的研究与应用.哈尔滨工程大学博士论文,2001
24. Shi J P. Pattern Formations in Mathematical Biology. Undergraduate lecture, Partly in Chinese (Powerpoint 报告), 2004.5
25. 史峻平.生命的另一个奥秘——浅谈生物数学与斑图生成[J].科学(上海),2005,57(6)：28~32
26. 王宏健,方国兴.彩票最优销售方案的非线性规划模型[J].福州大学学报,2004,32(3)：266~269
27. Shen J H, Wang Z Y, Zhao X R. The Prediction of Ship Pitch Using Grey System Theory[J]. Advances in Systems Science and Applications, 2000,1(1)：185~189
28. Yi F Q, Wei J J, Shi J P. Diffusion-driven Instability and Bifurcation in the Lengyel-Epstein System[J]. Nonlinear Analysis: Real word Applications,2008,9(3)：1038~1051

29. 徐耀群,何少平,张莉.带扰动的混沌神经网络的研究[J].计算机工程与应用,2008,44(36):66～69
30. Kennedy J, Eberhart R C. Particle Swarm Optimization[C]. In Proc. IEEE Int'l. Conf. on Neural Networks. Piscataway,1995,4:1942～1948
31. 李积德,王淑娟,李焱,沈继红.基于灰色MGM(1,N)的舰船升沉——纵摇运动预报[J].船舶力学,2008,12(1):31～36
32. 郭金龙,沈继红,张浩.船体可靠性评估[J].海洋科学,2009,33(12):64～67
33. 韩力群.人工神经网络教程[M].北京:北京邮电大学出版社,2006
34. 闻新等.Matlab神经网络仿真与应用[M].北京:科学出版社,2003
35. 杨广义,沈继红,毕晓君.嵌入式灰色系统人工神经网络方法在投资决策中应用[J].哈尔滨工程大学学报,2006,27(B07):164～168
36. 王冬光,许丽艳,沈继红.基于人工神经网络的投资优化预测模型[J].中国科技信息,2005(10):25～26
37. 许丽艳,沈继红,毕晓君.基于空间收缩的新颖粒子群优化算法[J].哈尔滨工程大学学报,2006,27(B07):542～546
38. 徐耀群,孙明.Shannon小波混沌神经网络及其在TSP中的应用[C].Proceedings of the 25th Chinese Control Conference. Harbin,2006,中册:1172～1176
39. 董永峰,杨彦卿,宋洁等.基于改进粒子群算法的变电站选址规划[J].继电器,2008,36(5):32～35
40. 道·霍夫斯塔特原著.乐秀成编译.GEB——一条永恒的金带[M].成都:四川人民出版社,1984
41. Liptontea.巴赫的《十二平均律曲集》介绍. http://liptontea.bokee.com/5798394.html. 2006.10.26
42. 刘少刚,孟庆鑫,罗跃生等.任意结构形状的电容传感器原理和数学模型[J].北京林业大学学报,2008,30(4):17～21
43. 哈根等著.戴葵等译.神经网络设计[M].北京:机械工业出版社,2002